向为创建中国卫星导航事业

并使之立于世界最前列而做出卓越贡献的北斗功臣们

致以深深的敬意！

"十三五"国家重点出版物
出版规划项目

卫星导航工程技术丛书

主 编 杨元喜
副主编 蔚保国

GNSS 伪卫星定位系统原理与应用

Principle and Application of GNSS Pseudolite Positioning System

蔚保国 甘兴利 李雅宁 等著

国防工业出版社
·北京·

内 容 简 介

本书立足于北斗伪卫星导航系统的应用需求和技术创新,全面论述 GNSS 伪卫星系统的基本理论,涵盖信号与兼容性、信道传播模型、定位原理、误差特性等多个方面,系统介绍全球卫星导航系统(GNSS)伪卫星定位系统体系结构、组网与高精度时间同步、测量与定位方程等技术,系统总结 GNSS 伪卫星在各个领域的成功应用案例,包括测绘、工业控制、军事导航和 GNSS 测试试验等。

本书可作为卫星导航领域工程技术人员的工具书,也可作为高校师生的专业参考书。

图书在版编目(CIP)数据

GNSS 伪卫星定位系统原理与应用/蔚保国等著. —北京:国防工业出版社,2022.4
(卫星导航工程技术丛书)
ISBN 978 – 7 – 118 – 12273 – 2

Ⅰ. ①G… Ⅱ. ①蔚… Ⅲ. ①卫星导航 – 全球定位系统 – 研究 Ⅳ. ①P228.4

中国版本图书馆 CIP 数据核字(2022)第 038520 号

※

国防工业出版社出版发行
(北京市海淀区紫竹院南路23号　邮政编码100048)
天津嘉恒印务有限公司印刷
新华书店经售

*

开本 710×1000　1/16　插页 18　印张 20　字数 376 千字
2022 年 4 月第 1 版第 1 次印刷　印数 1—2000 册　定价 158.00 元

(本书如有印装错误,我社负责调换)

国防书店:(010)88540777　　书店传真:(010)88540776
发行业务:(010)88540717　　发行传真:(010)88540762

孙家栋院士为本套丛书致辞

探索中国北斗自主创新之路
凝练卫星导航工程技术之果

当今世界，卫星导航系统覆盖全球，应用服务广泛渗透，科技影响如日中天。

我国卫星导航事业从北斗一号工程开始到北斗三号工程，已经走过了二十六个春秋。在长达四分之一世纪的艰辛发展历程中，北斗卫星导航系统从无到有，从小到大，从弱到强，从区域到全球，从单一星座到高中轨混合星座，从 RDSS 到 RNSS，从定位授时到位置报告，从差分增强到精密单点定位，从星地站间组网到星间链路组网，不断演进和升级，形成了包括卫星导航及其增强系统的研究规划、研制生产、测试运行及产业化应用的综合体系，培养造就了一支高水平、高素质的专业人才队伍，为我国卫星导航事业的蓬勃发展奠定了坚实基础。

如今北斗已开启全球时代，打造"天上好用，地上用好"的自主卫星导航系统任务已初步实现，我国卫星导航事业也已跻身于国际先进水平，领域专家们认为有必要对以往的工作进行回顾和总结，将积累的工程技术、管理成果进行系统的梳理、凝练和提高，以利再战，同时也有必要充分利用前期积累的成果指导工程研制、系统应用和人才培养，因此决定撰写一套卫星导航工程技术丛书，为国家导航事业，也为参与者留下宝贵的知识财富和经验积淀。

在各位北斗专家及国防工业出版社的共同努力下，历经八年时间，这套导航丛书终于得以顺利出版。这是一件十分可喜可贺的大事！丛书展示了从北斗二号到北斗三号的历史性跨越，体系完整，理论与工程实践相结合，突出北斗卫星导航自主创新精神，注意与国际先进技术融合与接轨，展现了"中国的北斗，世界的北斗，一流的北斗"之大气！每一本书都是作者亲身工作成果的凝练和升华，相信能够为相关领域的发展和人才培养做出贡献。

"只要你管这件事，就要认认真真负责到底。"这是中国航天界的习惯，也是本套丛书作者的特点。我与丛书作者多有相识与共事，深知他们在北斗卫星导航科研和工程实践中取得了巨大成就，并积累了丰富经验。现在他们又在百忙之中牺牲休息时间来著书立说，继续弘扬"自主创新、开放融合、万众一心、追求卓越"的北斗精神，力争在学术出版界再现北斗的光辉形象，为北斗事业的后续发展鼎力相助，为导航技术的代代相传添砖加瓦。为他们喝彩！更由衷地感谢他们的巨大付出！由这些科研骨干潜心写成的著作，内蓄十足的含金量！我相信这套丛书一定具有鲜明的中国北斗特色，一定经得起时间的考验。

我一辈子都在航天战线工作，虽然已年逾九旬，但仍愿为北斗卫星导航事业的发展而思考和实践。人才培养是我国科技发展第一要事，令人欣慰的是，这套丛书非常及时地全面总结了中国北斗卫星导航的工程经验、理论方法、技术成果，可谓承前启后，必将有助于我国卫星导航系统的推广应用以及人才培养。我推荐从事这方面工作的科研人员以及在校师生都能读好这套丛书，它一定能给你启发和帮助，有助于你的进步与成长，从而为我国全球北斗卫星导航事业又好又快发展做出更多更大的贡献。

2020 年 8 月

祝贺卫星导航工程技术丛书

圆满出版

杨长风

于2019年第十届中国卫星导航年会期间题词。

于2019年第十届中国卫星导航年会期间题词。

卫星导航工程技术丛书
编审委员会

主　　　任	杨元喜
副　主　任	杨长风　冉承其　蔚保国
院士学术顾问	魏子卿　刘经南　张明高　戚发轫
	许其凤　沈荣骏　范本尧　周成虎
	张　军　李天初　谭述森
委　　　员	（按姓氏笔画排序）

丁　群　王　刚　王　岗　王志鹏　王京涛
王宝华　王晓光　王清太　牛　飞　毛　悦
尹继凯　卢晓春　吕小平　朱衍波　伍蔡伦
任立明　刘　成　刘　华　刘　利　刘天雄
刘迎春　许西安　许丽丽　孙　倩　孙汉荣
孙越强　严颂华　李　星　李　罡　李　隽
李　锐　李孝辉　李建文　李建利　李博峰
杨　俊　杨　慧　杨东凯　何海波　汪　勃
汪陶胜　宋小勇　张小红　张国柱　张爱敏
陆明泉　陈　晶　陈金平　陈建云　陈韬鸣
林宝军　金双根　郑晋军　赵文军　赵齐乐
郝　刚　胡　刚　胡小工　俄广西　姜　毅
袁　洪　袁运斌　党亚民　徐彦田　高为广
郭树人　郭海荣　唐歌实　黄文德　黄观文
黄佩诚　韩春好　焦文海　谢　军　蔡　毅
蔡志武　蔡洪亮　裴　凌

丛书策划	王晓光

卫星导航工程技术丛书
编写委员会

主　　　编　杨元喜
副　主　编　蔚保国
委　　　员　(按姓氏笔画排序)
　　　　　　尹继凯　朱衍波　伍蔡伦　刘　利
　　　　　　刘天雄　李　隽　杨　慧　宋小勇
　　　　　　张小红　陈金平　陈建云　陈韬鸣
　　　　　　金双根　赵文军　姜　毅　袁　洪
　　　　　　袁运斌　徐彦田　黄文德　谢　军
　　　　　　蔡志武

丛 书 序

宇宙浩瀚、海洋无际、大漠无垠、丛林层密、山峦叠嶂,这就是我们生活的空间,这就是我们探索的远方。我在何处?我之去向?这是我们每天都必须面对的问题。从原始人巡游狩猎、航行海洋,到近代人周游世界、遨游太空,无一不需要定位和导航。

正如《北斗赋》所描述,乘舟而惑,不知东西,见斗则寤矣。又戒之,瀚海识途,昼则观日,夜则观星矣。我们的祖先不仅为后人指明了"昼观日,夜观星"的天文导航法,而且还发明了"司南"或"指南针"定向法。我们为祖先的聪颖智慧而自豪,但是又不得不面临新的定位、导航与授时(PNT)需求。信息化社会、智能化建设、智慧城市、数字地球、物联网、大数据等,无一不需要统一时间、空间信息的支持。为顺应新的需求,"卫星导航"应运而生。

卫星导航始于美国子午仪系统,成形于美国的全球定位系统(GPS)和俄罗斯的全球卫星导航系统(GLONASS),发展于中国的北斗卫星导航系统(BDS)(简称"北斗系统")和欧盟的伽利略卫星导航系统(简称"Galileo 系统"),补充于印度及日本的区域卫星导航系统。卫星导航系统是时间、空间信息服务的基础设施,是国防建设和国家经济建设的基础设施,也是政治大国、经济强国、科技强国的基本象征。

中国的北斗系统不仅是我国 PNT 体系的重要基础设施,也是国家经济、科技与社会发展的重要标志,是改革开放的重要成果之一。北斗系统不仅"标新""立异",而且"特色"鲜明。标新于设计(混合星座、信号调制、云平台运控、星间链路、全球报文通信等),立异于功能(一体化星基增强、嵌入式精密单点定位、嵌入式全球搜救等服务),特色于应用(报文通信、精密位置服务等)。标新立异和特色服务是北斗系统的立身之本,也是北斗系统推广应用的基础。

2020 年 6 月 23 日,北斗系统最后一颗卫星发射升空,标志着中国北斗全球卫星导航系统卫星组网完成;2020 年 7 月 31 日,北斗系统正式向全球用户开通服务,标志着中国北斗全球卫星导航系统进入运行维护阶段。为了全面反映中国北斗系统建设成果,同时也为了推进北斗系统的广泛应用,我们紧跟北斗工程的成功进展,组织北斗系统建设的部分技术骨干,撰写了卫星导航工程技术丛书,系统地描述北斗系统的最新发展、创新设计和特色应用成果。丛书共26个分册,分别介绍如下:

卫星导航定位遵循几何交会原理,但又涉及无线电信号传输的大气物理特性以及卫星动力学效应。《卫星导航定位原理》全面阐述卫星导航定位的基本概念和基本原理,侧重卫星导航概念描述和理论论述,包括北斗系统的卫星无线电测定业务(RDSS)原理、卫星无线电导航业务(RNSS)原理、北斗三频信号最优组合、精密定轨与时间同步、精密定位模型和自主导航理论与算法等。其中北斗三频信号最优组合、自适应卫星轨道测定、自主定轨理论与方法、自适应导航定位等均是作者团队近年来的研究成果。此外,该书第一次较详细地描述了"综合PNT"、"微PNT"和"弹性PNT"基本框架,这些都可望成为未来PNT的主要发展方向。

北斗系统由空间段、地面运行控制系统和用户段三部分构成,其中空间段的组网卫星是系统建设最关键的核心组成部分。《北斗导航卫星》描述我国北斗导航卫星研制历程及其取得的成果,论述导航卫星环境和任务要求、导航卫星总体设计、导航卫星平台、卫星有效载荷和星间链路等内容,并对未来卫星导航系统和关键技术的发展进行展望,特色的载荷、特色的功能设计、特色的组网,成就了特色的北斗导航卫星星座。

卫星导航信号的连续可用是卫星导航系统的根本要求。《北斗导航卫星可靠性工程》描述北斗导航卫星在工程研制中的系列可靠性研究成果和经验。围绕高可靠性、高可用性,论述导航卫星及星座的可靠性定性定量要求、可靠性设计、可靠性建模与分析等,侧重描述可靠性指标论证和分解、星座及卫星可用性设计、中断及可用性分析、可靠性试验、可靠性专项实施等内容。围绕导航卫星批量研制,分析可靠性工作的特殊性,介绍工艺可靠性、过程故障模式及其影响、贮存可靠性、备份星论证等批产可靠性保证技术内容。

卫星导航系统的运行与服务需要精密的时间同步和高精度的卫星轨道支持。《卫星导航时间同步与精密定轨》侧重描述北斗导航卫星高精度时间同步与精密定轨相关理论与方法,包括:相对论框架下时间比对基本原理、星地/站间各种时间比对技术及误差分析、高精度钟差预报方法、常规状态下导航卫星轨道精密测定与预报等;围绕北斗系统独有的技术体制和运行服务特点,详细论述星地无线电双向时间比对、地球静止轨道/倾斜地球同步轨道/中圆地球轨道(GEO/IGSO/MEO)混合星座精密定轨及轨道快速恢复、基于星间链路的时间同步与精密定轨、多源数据系统性偏差综合解算等前沿技术与方法;同时,从系统信息生成者角度,给出用户使用北斗卫星导航电文的具体建议。

北斗卫星发射与早期轨道段测控、长期运行段卫星及星座高效测控是北斗卫星发射组网、补网,系统连续、稳定、可靠运行与服务的核心要素之一。《导航星座测控管理系统》详细描述北斗系统的卫星/星座测控管理总体设计、系列关键技术及其解决途径,如测控系统总体设计、地面测控网总体设计、基于轨道参数偏置的 MEO 和 IGSO 卫星摄动补偿方法、MEO 卫星轨道构型重构控制评价指标体系及优化方案、分布式数据中心设计方法、数据一体化存储与多级共享自动迁移设计等。

波束测量是卫星测控的重要创新技术。《卫星导航数字多波束测量系统》阐述数字波束形成与扩频测量传输深度融合机理,梳理数字多波束多星测量技术体制的最新成果,包括全分散式数字多波束测量装备体系架构、单站系统对多星的高效测量管理技术、数字波束时延概念、数字多波束时延综合处理方法、收发链路波束时延误差控制、数字波束时延在线精确标校管理等,描述复杂星座时空测量的地面基准确定、恒相位中心多波束动态优化算法、多波束相位中心恒定解决方案、数字波束合成条件下高精度星地链路测量、数字多波束测量系统性能测试方法等。

工程测试是北斗系统建设与应用的重要环节。《卫星导航系统工程测试技术》结合我国北斗三号工程建设中的重大测试、联试及试验,成体系地介绍卫星导航系统工程的测试评估技术,既包括卫星导航工程的卫星、地面运行控制、应用三大组成部分的测试技术及系统间大型测试与试验,也包括工程测试中的组织管理、基础理论和时延测量等关键技术。其中星地对接试验、卫星在轨测试技术、地面运行控制系统测试等内容都是我国北斗三号工程建设的实践成果。

卫星之间的星间链路体系是北斗三号卫星导航系统的重要标志之一,为北斗系统的全球服务奠定了坚实基础,也为构建未来天基信息网络提供了技术支撑。《卫星导航系统星间链路测量与通信原理》介绍卫星导航系统星间链路测量通信概念、理论与方法,论述星间链路在星历预报、卫星之间数据传输、动态无线组网、卫星导航系统性能提升等方面的重要作用,反映了我国全球卫星导航系统星间链路测量通信技术的最新成果。

自主导航技术是保证北斗地面系统应对突发灾难事件、可靠维持系统常规服务性能的重要手段。《北斗导航卫星自主导航原理与方法》详细介绍了自主导航的基本理论、星座自主定轨与时间同步技术、卫星自主完好性监测技术等自主导航关键技术及解决方法。内容既有理论分析,也有仿真和实测数据验证。其中在自主时空基准维持、自主定轨与时间同步算法设计等方面的研究成果,反映了北斗自主导航理论和工程应用方面的新进展。

卫星导航"完好性"是安全导航定位的核心指标之一。《卫星导航系统完好性原理与方法》全面阐述系统基本完好性监测、接收机自主完好性监测、星基增强系统完好性监测、地基增强系统完好性监测、卫星自主完好性监测等原理和方法,重点介绍相应的系统方案设计、监测处理方法、算法原理、完好性性能保证等内容,详细描述我国北斗系统完好性设计与实现技术,如基于地面运行控制系统的基本完好性的监测体系、顾及卫星自主完好性的监测体系、系统基本完好性和用户端有机结合的监测体系、完好性性能测试评估方法等。

时间是卫星导航的基础,也是卫星导航服务的重要内容。《时间基准与授时服务》从时间的概念形成开始:阐述从古代到现代人类关于时间的基本认识,时间频率的理论形成、技术发展、工程应用及未来前景等;介绍早期的牛顿绝对时空观、现代的爱因斯坦相对时空观及以霍金为代表的宇宙学时空观等;总结梳理各类时空观的内涵、特点、关系,重点分析相对论框架下的常用理论时标,并给出相互转换关系;重点阐述针对我国北斗系统的时间频率体系研究、体制设计、工程应用等关键问题,特别对时间频率与卫星导航系统地面、卫星、用户等各部分之间的密切关系进行了较深入的理论分析。

卫星导航系统本质上是一种高精度的时间频率测量系统,通过对时间信号的测量实现精密测距,进而实现高精度的定位、导航和授时服务。《卫星导航精密时间传递系统及应用》以卫星导航系统中的时间为切入点,全面系统地阐述卫星导航系统中的高精度时间传递技术,包括卫星导航授时技术、星地时间传递技术、卫星双向时间传递技术、光纤时间频率传递技术、卫星共视时间传递技术,以及时间传递技术在多个领域中的应用案例。

空间导航信号是连接导航卫星、地面运行控制系统和用户之间的纽带,其质量的好坏直接关系到全球卫星导航系统(GNSS)的定位、测速和授时性能。《GNSS空间信号质量监测评估》从卫星导航系统地面运行控制和测试角度出发,介绍导航信号生成、空间传播、接收处理等环节的数学模型,并从时域、频域、测量域、调制域和相关域监测评估等方面,系统描述工程实现算法,分析实测数据,重点阐述低失真接收、交替采样、信号重构与监测评估等关键技术,最后对空间信号质量监测评估系统体系结构、工作原理、工作模式等进行论述,同时对空间信号质量监测评估应用实践进行总结。

北斗系统地面运行控制系统建设与维护是一项极其复杂的工程。地面运行控制系统的仿真测试与模拟训练是北斗系统建设的重要支撑。《卫星导航地面运行控制系统仿真测试与模拟训练技术》详细阐述地面运行控制系统主要业务的仿真测试理论与方法,系统分析全球主要卫星导航系统地面控制段的功能组成及特点,描述地面控制段一整套仿真测试理论和方法,包括卫星导航数学建模与仿真方法、仿真模型的有效性验证方法、虚-实结合的仿真测试方法、面向协议测试的通用接口仿真方法、复杂仿真系统的开放式体系架构设计方法等。最后分析了地面运行控制系统操作人员岗前培训对训练环境和训练设备的需求,提出利用仿真系统支持地面操作人员岗前培训的技术和具体实施方法。

卫星导航信号严重受制于地球空间电离层延迟的影响,利用该影响可实现电离层变化的精细监测,进而提升卫星导航电离层延迟修正效果。《卫星导航电离层建模与应用》结合北斗系统建设和应用需求,重点论述了北斗系统广播电离层延迟及区域增强电离层延迟改正模型、码偏差处理方法及电离层模型精化与电离层变化监测等内容,主要包括北斗全球广播电离层时延改正模型、北斗全球卫星导航差分码偏差处理方法、面向我国低纬地区的北斗区域增强电离层延迟修正模型、卫星导航全球广播电离层模型改进、卫星导航全球与区域电离层延迟精确建模、卫星导航电离层层析反演及扰动探测方法、卫星导航定位电离层时延修正的典型方法等,体系化地阐述和总结了北斗系统电离层建模的理论、方法与应用成果及特色。

卫星导航终端是卫星导航系统服务的端点,也是体现系统服务性能的重要载体,所以卫星导航终端本身必须具备良好的性能。《卫星导航终端测试系统原理与应用》详细介绍并分析卫星导航终端测试系统的分类和实现原理,包括卫星导航终端的室内测试、室外测试、抗干扰测试等系统的构成和实现方法以及我国第一个大型室外导航终端测试环境的设计技术,并详述各种测试系统的工程实践技术,形成卫星导航终端测试系统理论研究和工程应用的较完整体系。

卫星导航系统 PNT 服务的精度、完好性、连续性、可用性是系统的关键指标,而卫星导航系统必然存在卫星轨道误差、钟差以及信号大气传播误差,需要增强系统来提高服务精度和完好性等关键指标。卫星导航增强系统是有效削弱大多数系统误差的重要手段。《卫星导航增强系统原理与应用》根据国际民航组织有关全球卫星导航系统服务的标准和操作规范,详细阐述了卫星导航系统的星基增强系统、地基增强系统、空基增强系统以及差分系统和低轨移动卫星导航增强系统的原理与应用。

与卫星导航增强系统原理相似,实时动态(RTK)定位也采用差分定位原理削弱各类系统误差的影响。《GNSS 网络 RTK 技术原理与工程应用》侧重介绍网络 RTK 技术原理和工作模式。结合北斗系统发展应用,详细分析网络 RTK 定位模型和各类误差特性以及处理方法、基于基准站的大气延迟和整周模糊度估计与北斗三频模糊度快速固定算法等,论述空间相关误差区域建模原理、基准站双差模糊度转换为非差模糊度相关技术途径以及基准站双差和非差一体化定位方法,综合介绍网络 RTK 技术在测绘、精准农业、变形监测等方面的应用。

GNSS 精密单点定位(PPP)技术是在卫星导航增强原理和 RTK 原理的基础上发展起来的精密定位技术,PPP 方法一经提出即得到同行的极大关注。《GNSS 精密单点定位理论方法及其应用》是国内第一本全面系统论述 GNSS 精密单点定位理论、模型、技术方法和应用的学术专著。该书从非差观测方程出发,推导并建立 BDS/GNSS 单频、双频、三频及多频 PPP 的函数模型和随机模型,详细讨论非差观测数据预处理及各类误差处理策略、缩短 PPP 收敛时间的系列创新模型和技术,介绍 PPP 质量控制与质量评估方法、PPP 整周模糊度解算理论和方法,包括基于原始观测模型的北斗三频载波相位小数偏差的分离、估计和外推问题,以及利用连续运行参考站网增强 PPP 的概念和方法,阐述实时精密单点定位的关键技术和典型应用。

GNSS 信号到达地表产生多路径延迟,是 GNSS 导航定位的主要误差源之一,反过来可以估计地表介质特征,即 GNSS 反射测量。《GNSS 反射测量原理与应用》详细、全面地介绍全球卫星导航系统反射测量原理、方法及应用,包括 GNSS 反射信号特征、多路径反射测量、干涉模式技术、多普勒时延图、空基 GNSS 反射测量理论、海洋遥感、水文遥感、植被遥感和冰川遥感等,其中利用 BDS/GNSS 反射测量估计海平面变化、海面风场、有效波高、积雪变化、土壤湿度、冻土变化和植被生长量等内容都是作者的最新研究成果。

伪卫星定位系统是卫星导航系统的重要补充和增强手段。《GNSS 伪卫星定位系统原理与应用》首先系统总结国际上伪卫星定位系统发展的历程,进而系统描述北斗伪卫星导航系统的应用需求和相关理论方法,涵盖信号传输与多路径效应、测量误差模型等多个方面,系统描述 GNSS 伪卫星定位系统(中国伽利略测试场测试型伪卫星)、自组网伪卫星系统(Locata 伪卫星和转发式伪卫星)、GNSS 伪卫星增强系统(闭环同步伪卫星和非同步伪卫星)等体系结构、组网与高精度时间同步技术、测量与定位方法等,系统总结 GNSS 伪卫星在各个领域的成功应用案例,包括测绘、工业控制、军事导航和 GNSS 测试试验等,充分体现出 GNSS 伪卫星的"高精度、高完好性、高连续性和高可用性"的应用特性和应用趋势。

GNSS 存在易受干扰和欺骗的缺点,但若与惯性导航系统(INS)组合,则能发挥两者的优势,提高导航系统的综合性能。《高精度 GNSS/INS 组合定位及测姿技术》系统描述北斗卫星导航/惯性导航相结合的组合定位基础理论、关键技术以及工程实践,重点阐述不同方式组合定位的基本原理、误差建模、关键技术以及工程实践等,并将组合定位与高精度定位相互融合,依托移动测绘车组合定位系统进行典型设计,然后详细介绍组合定位系统的多种应用。

未来 PNT 应用需求逐渐呈现出多样化的特征,单一导航源在可用性、连续性和稳健性方面通常不能全面满足需求,多源信息融合能够实现不同导航源的优势互补,提升 PNT 服务的连续性和可靠性。《多源融合导航技术及其演进》系统分析现有主要导航手段的特点、多源融合导航终端的总体构架、多源导航信息时空基准统一方法、导航源质量评估与故障检测方法、多源融合导航场景感知技术、多源融合数据处理方法等,依托车辆的室内外无缝定位应用进行典型设计,探讨多源融合导航技术未来发展趋势,以及多源融合导航在 PNT 体系中的作用和地位等。

卫星导航系统是典型的军民两用系统,一定程度上改变了人类的生产、生活和斗争方式。《卫星导航系统典型应用》从定位服务、位置报告、导航服务、授时服务和军事应用 5 个维度系统阐述卫星导航系统的应用范例。"天上好用,地上用好",北斗卫星导航系统只有服务于国计民生,才能产生价值。

海洋定位、导航、授时、报文通信以及搜救是北斗系统对海事应用的重要特色贡献。《北斗卫星导航系统海事应用》梳理分析国际海事组织、国际电信联盟、国际海事无线电技术委员会等相关国际组织发布的 GNSS 在海事领域应用的相关技术标准,详细阐述全球海上遇险与安全系统、船舶自动识别系统、船舶动态监控系统、船舶远程识别与跟踪系统以及海事增强系统等的工作原理及在海事导航领域的具体应用。

将卫星导航技术应用于民用航空,并满足飞行安全性对导航完好性的严格要求,其核心是卫星导航增强技术。未来的全球卫星导航系统将呈现多个星座共同运行的局面,每个星座均向民航用户提供至少 2 个频率的导航信号。双频多星座卫星导航增强技术已经成为国际民航下一代航空运输系统的核心技术。《民用航空卫星导航增强新技术与应用》系统阐述多星座卫星导航系统的运行概念、先进接收机自主完好性监测技术、双频多星座星基增强技术、双频多星座地基增强技术和实时精密定位技术等的原理和方法,介绍双频多星座卫星导航系统在民航领域应用的关键技术、算法实现和应用实施等。

  本丛书全面反映了我国北斗系统建设工程的主要成就,包括导航定位原理,工程实现技术,卫星平台和各类载荷技术,信号传输与处理理论及技术,用户定位、导航、授时处理技术等。各分册:虽有侧重,但又相互衔接;虽自成体系,又避免大量重复。整套丛书力求理论严密、方法实用,工程建设内容力求系统,应用领域力求全面,适合从事卫星导航工程建设、科研与教学人员学习参考,同时也为从事北斗系统应用研究和开发的广大科技人员提供技术借鉴,从而为建成更加完善的北斗综合 PNT 体系做出贡献。

  最后,让我们从中国科技发展史的角度,来评价编撰和出版本丛书的深远意义,那就是:将中国卫星导航事业发展的重要的里程碑式的阶段永远地铭刻在历史的丰碑上!

2020 年 8 月

前 言

全球卫星导航系统(GNSS)能够实时地为地球表面与近地空间的广大用户提供全天候、高精度的导航定位和授时服务,是拓展人类活动、推动社会发展的重要空间信息基础设施。GNSS 应用领域几乎无所不在,包括空中、海上、地面和轨道交通运输与管理,智能电网、电信系统和金融系统等使用的精密时间,智能手机定位与位置服务,自动驾驶,测绘勘探,罪犯跟踪,应急救援,石油勘探,精密农业,武器精密制导与打击等军事应用。GNSS 的诞生,正使世界政治、军事、科技、文化等诸多方面发生革命性的变化。

但是由于 GNSS 的先天不足(发射功率低、星地距离较远、城市峡谷影响、多路径(简称"多径")效应等),难以满足高精度、高连续性和室内外无缝定位的应用需求。为了克服目前卫星导航系统的脆弱性弊端,科研人员提出了 GNSS 伪卫星增强定位的概念。伪卫星作为 GNSS 的有益补充,能够与卫星导航系统组合以增强导航定位的精度、连续性和可用性,进一步提升卫星导航的应用能力。

基于以上原因,本书从信号、传播、系统、终端、应用等方面,结合作者长期研究成果,对伪卫星定位系统做了全面介绍。

(1) 在介绍四大全球导航系统的基本情况及其脆弱性之后,简述了伪卫星的发展历程,按照与 GNSS 组合关系、信号发射方式、调制方式、时间同步方式、载体的不同对伪卫星进行分类,并概括介绍伪卫星服务类型及场景,此部分内容涉及第 1 章。

(2) 介绍伪卫星信号和传播模型,从伪卫星信号特性角度介绍信号体制和与空间卫星信号的兼容性分析方法,探讨脉冲信号抗远近效应原理及伪卫星脉冲信号方案。从信号传播角度阐述伪卫星信号的传播机理和特性,介绍信道建模的统计性方法和确定性方法,在此基础上提出伪卫星信号的传播模型,分析路径损耗、多径时延等参数的变化规律,此部分内容涉及第 2、3 章。

(3) 介绍伪卫星定位基本原理,包括发射段、用户段和控制段的系统模型,定位过程中常用的时空基准、测距和定位原理,伪距测量、载波相位和多普勒测量的基础知识,伪卫星定位过程中使用的测量方程与测速的基本原理等,此部分内容涉及第 4 章。

(4) 详细介绍 GNSS 伪卫星定位系统、转发式伪卫星定位系统和伪卫星增强系统,包括系统构成、核心模块、工作模式等基本概念,其中伪卫星增强系统又分为自闭环同步伪卫星系统和非同步阵列伪卫星系统。讲述了基于监测站反馈的时间同步方法,运用仿真技术指导伪卫星网络部署优化设计,并在山区和城市峡谷的实际场景进行试验验证,此部分内容涉及第5、6章。

(5)阐述伪卫星接收机的基本架构,包括码跟踪环、基带数字信号处理和信号捕获基本原理,介绍常用的GNSS芯片及IP软核定位方法,由于接收机本身和外界多径等其他因素的干扰,导致伪卫星载波锁相环路失锁、发生周跳,针对此问题研究了伪卫星接收机数据处理方法,此部分内容涉及第7章。

(6)总结GNSS伪卫星标准与应用实践,介绍欧洲通信委员会的伪卫星相关标准、室内信息定位系统(IMES)伪卫星和Locata伪卫星的信号接口文件,归纳伪卫星的各类应用场景,包括城市应用、景区应用、工业应用、民航应用、测绘应用、军事应用、太空应用和GNSS测试应用,此部分内容涉及第8章。

本书由蔚保国、甘兴利主笔。李雅宁博士撰写了伪卫星信道模型部分,并参与了全书的统改工作;张衡博士和祝瑞辉博士撰写了伪卫星的测量方程与误差特性等相关内容;盛传贞博士撰写了伪卫星高精度定位的相关内容;黄璐博士、梁晓虎博士和程建强工程师提供了伪卫星的部分实验数据和测试结果。

感谢中国电子科技集团公司第五十四研究所卫星导航系统与装备技术国家重点实验室、国防工业出版社等单位在本书编写和出版过程中给予的大力支持。感谢杨元喜院士在本书编写过程中给予的指导。感谢王晓光编审对本书提出的宝贵意见与建议。

本书内容难免有疏漏或不当之处,恳请相关领域的专家、学者以及广大读者批评指正。

著 者

2021年3月

目 录

第1章 绪论 … 1

1.1 GNSS及其脆弱性 … 1
1.1.1 GNSS … 1
1.1.2 GNSS的脆弱性 … 2
1.2 伪卫星发展历史 … 3
1.3 伪卫星定义及分类 … 4
1.3.1 伪卫星的定义 … 5
1.3.2 伪卫星的分类 … 6
1.4 伪卫星服务类型及场景 … 12
1.5 本书主要内容 … 13
参考文献 … 14

第2章 GNSS伪卫星信号与兼容性 … 16

2.1 GNSS与伪卫星的信号 … 16
2.1.1 GNSS信号特性 … 16
2.1.2 伪卫星信号特性 … 17
2.1.3 伪卫星扩频码 … 19
2.2 远近效应与脉冲信号 … 22
2.2.1 远近效应问题 … 22
2.2.2 脉冲信号抗远近效应原理 … 23
2.2.3 伪卫星脉冲信号方案 … 25
2.2.4 脉冲信号对接收机的影响 … 28
2.3 伪卫星的信号兼容分析 … 31
2.3.1 兼容性分析方法 … 31
2.3.2 伪卫星的信号兼容仿真分析 … 35

2.4 伪卫星信号性能评价 ·· 39
    2.4.1 射频信号质量 ·· 39
    2.4.2 通道时延及稳定性 ··· 43
参考文献 ·· 44

第3章 GNSS 伪卫星信道传播模型 ·· 47

3.1 无线电信号传播 ··· 47
    3.1.1 自由空间传播 ·· 47
    3.1.2 非视距传播 ··· 49
    3.1.3 阴影衰落 ··· 50
    3.1.4 多径效应 ··· 50
3.2 信道传播经验模型 ··· 51
    3.2.1 经验模型研究现状 ··· 51
    3.2.2 大尺度统计模型 ·· 52
    3.2.3 小尺度统计模型 ·· 54
3.3 射线追踪与计算模型 ··· 59
    3.3.1 射线追踪精确模型 ··· 59
    3.3.2 射线追踪算法 ·· 59
    3.3.3 射线场强计算 ·· 62
3.4 伪卫星信道传播仿真 ··· 67
    3.4.1 空间环境定义 ·· 67
    3.4.2 仿真参数设置 ·· 67
    3.4.3 射线追踪仿真结果 ··· 69
    3.4.4 伪卫星信道传播模型 ··· 71
参考文献 ·· 72

第4章 GNSS 伪卫星定位原理 ·· 74

4.1 伪卫星系统 ··· 74
    4.1.1 伪卫星系统典型组成 ··· 74
    4.1.2 独立组网系统 ·· 75
4.2 时空基准 ··· 75
    4.2.1 坐标系 ··· 75
    4.2.2 时间 ·· 80
4.3 定位基本原理 ··· 82
    4.3.1 传播时间定位 ·· 82
    4.3.2 位置指纹定位 ·· 84

		4.3.3 邻近定位	86
4.4	定位服务的性能		87
		4.4.1 定位精度	87
		4.4.2 可用性	90
		4.4.3 连续性	90
		4.4.4 完好性	90
4.5	伪卫星测量方程与误差特性		90
		4.5.1 伪卫星系统的伪距测量	90
		4.5.2 伪卫星系统的载波相位测量	92
		4.5.3 伪卫星多普勒测量	94
		4.5.4 载波平滑的伪距测量	95
		4.5.5 伪卫星系统的测距误差	96
4.6	伪卫星定位与测速的基本原理		102
		4.6.1 伪距单点定位	102
		4.6.2 载波相位差分定位	107
		4.6.3 多普勒测速与定位	108
4.7	高精度定位与模糊度解算		110
		4.7.1 已知点初始化算法	110
		4.7.2 LAMBDA算法	111
参考文献			112

第5章 GNSS伪卫星定位系统 — 115

5.1	伪卫星定位系统组成		115
		5.1.1 体系结构	115
		5.1.2 组成单元	116
		5.1.3 系统工作原理	118
		5.1.4 核心单元或模块	118
5.2	工作模式		128
		5.2.1 初始化模式	128
		5.2.2 基本模式	128
		5.2.3 扩展基本模式	129
		5.2.4 脉冲模式	129
		5.2.5 虚拟全运行模式	129
5.3	时间同步		129
		5.3.1 系统时间维持	129
		5.3.2 基于监测站反馈的时间同步	131

5.3.3　时间同步误差 ································· 132
5.4　网络部署与仿真分析 ································· 134
　　　5.4.1　伪卫星部署仿真原理 ····························· 134
　　　5.4.2　伪卫星部署仿真方法 ····························· 135
　　　5.4.3　伪卫星部署仿真分析 ····························· 137
5.5　伪卫星定位系统试验验证 ······························ 139
　　　5.5.1　山区峡谷定位试验 ······························ 141
　　　5.5.2　城市峡谷定位试验 ······························ 145
5.6　转发式伪卫星定位系统 ································ 146
　　　5.6.1　体系结构 ···································· 146
　　　5.6.2　链路预算 ···································· 154
　　　5.6.3　时间同步 ···································· 155
　　　5.6.4　试验验证 ···································· 157
参考文献 ··· 160

第6章　GNSS 伪卫星增强系统 ································· 161

6.1　自闭环时间同步伪卫星系统 ····························· 161
　　　6.1.1　体系结构 ···································· 161
　　　6.1.2　自闭环时间同步 ································ 161
　　　6.1.3　伪卫星与 GNSS 组合定位方程 ······················· 162
　　　6.1.4　关键指标测试 ································· 163
　　　6.1.5　定位试验结果 ································· 166
6.2　非同步阵列伪卫星增强系统 ····························· 168
　　　6.2.1　体系结构 ···································· 168
　　　6.2.2　无钟差测量方程 ································ 170
　　　6.2.3　伪卫星和 GNSS 组合定位 ·························· 171
　　　6.2.4　定位试验结果 ································· 172
　　　6.2.5　定位误差分析 ································· 174
参考文献 ··· 178

第7章　GNSS 伪卫星接收机 ································· 179

7.1　基本架构 ·· 179
7.2　载波跟踪环 ······································ 180
7.3　码环和基带处理 ··································· 181
　　　7.3.1　码环 ······································ 181
　　　7.3.2　信号捕获 ···································· 183

  7.3.3 信号跟踪 ·· 185
  7.3.4 基带处理 ·· 188
7.4 GNSS 芯片及定位 IP 软核 ·· 189
7.5 伪卫星信号失锁 ·· 190
7.6 伪卫星接收机数据处理 ·· 190
  7.6.1 自主完好性处理 ··· 191
  7.6.2 多径与钟漂抑制处理 ······································ 192
参考文献 ··· 194

第 8 章 GNSS 伪卫星标准与应用 ·· 196

8.1 伪卫星的相关标准 ··· 196
  8.1.1 ECC 的伪卫星标准 ·· 196
  8.1.2 日本 IMES 伪卫星接口文件 ······························· 196
  8.1.3 Locata 伪卫星接口文件 ··································· 204
8.2 伪卫星应用实践 ·· 279
  8.2.1 城市应用 ·· 279
  8.2.2 景区应用 ·· 280
  8.2.3 工业应用 ·· 280
  8.2.4 飞机应用 ·· 280
  8.2.5 测绘应用 ·· 281
  8.2.6 军事应用 ·· 281
  8.2.7 太空探测 ·· 282
  8.2.8 GNSS 测试应用 ··· 282

参考文献 ··· 283

缩略语 ··· 285

第1章 绪　　论

1.1　GNSS 及其脆弱性

1.1.1　GNSS

全球卫星导航系统(GNSS)是泛指所有的卫星导航系统,包括美国的全球定位系统(GPS)、俄罗斯的全球卫星导航系统(GLONASS)、欧盟的 Galileo 系统、中国的北斗卫星导航系统(BDS)四大全球卫星导航系统,美国的广域增强系统(WAAS)、欧洲静地轨道卫星导航重叠服务(EGNOS)系统、日本的准天顶卫星系统(QZSS)、GLONASS差分校正和监测系统(SDCM)和印度的 GPS 辅助型地球静止轨道卫星增强导航(GAGAN)等区域增强系统,并且涵盖在建和以后要建设的其他卫星导航系统。

1.1.1.1　北斗卫星导航系统

北斗卫星导航系统(简称"北斗系统")是中国着眼于国家安全和经济社会发展需要,自主建设、独立运行的卫星导航系统,是为全球用户提供全天候、全天时、高精度的定位、导航和授时服务的国家重要空间基础设施。该系统具有以下特点:一是北斗系统空间段采用三种轨道卫星组成的混合星座,与其他卫星导航系统相比高轨卫星更多,抗遮挡能力强,尤其低纬度地区性能特点更为明显;二是北斗系统提供多个频点的导航信号,能够通过多频信号组合使用等方式提高服务精度;三是北斗系统创新融合了导航与通信能力,具有实时导航、快速定位、精确授时、位置报告和短报文通信服务五大功能。

北斗系统由空间段、地面运行控制系统和用户段3部分组成。空间段由若干地球静止轨道(GEO)卫星、倾斜地球同步轨道(IGSO)卫星和中圆地球轨道(MEO)卫星3种轨道卫星组成混合导航星座。地面运行控制系统包括主控站、时间同步/注入站和监测站等若干地面站。用户段包括北斗兼容其他卫星导航系统的芯片、模块、天线等基础产品,以及终端产品、应用系统与应用服务等[1]。

北斗系统的时间基准为北斗时(BDT)。BDT 采用国际单位制(SI)秒作为单位连续累计,不闰秒,时间起点为 2006 年 1 月 1 日协调世界时(UTC)00 时 00 分 00 秒。目前,北斗系统的空间基准采用北斗坐标系。

1.1.1.2　GPS

美国从 20 世纪 70 年代开始研制 GPS,主要是为陆、海、空 3 大领域提供实时、全天候和全球性的导航服务,并用于情报收集、核爆监测等军事目的,经过 20 余年的研究实验,耗资 300 亿美元,到 1994 年,全球覆盖率高达 98% 的 24 颗 GPS 卫星星座已布设完成。目前,美国正在积极推进下一代 GPS 研制,即 Block Ⅲ 计划。Block Ⅲ 计划分为 3 个阶段实施,包括 8 颗 GPS ⅢA、8 颗 GPS ⅢB 和 16 颗 GPS ⅢC 卫星。GPS 运行服务使用的空间坐标基准为 1984 世界大地坐标系(WGS-84),时间基准为 GPS 时(GPST)。GPS 提供标准定位服务(SPS)和精确定位服务(PPS)。

1.1.1.3 GLONASS

苏联自 1976 年开始组建 GLONASS,后由俄罗斯继续跟进。1995 年,建成由 24 颗卫星组成的卫星星座,第一次实现全球覆盖。但由于 GLONASS 卫星平均在轨道上的寿命较短,且加上俄罗斯经济困难,在随后的时间里,GLONASS 在轨可用卫星数量较少,不能独立组网。2011 年,GLONASS 第二次实现全球覆盖,共有 31 颗卫星在轨,其中 24 颗卫星正在运行,3 颗卫星即将投入运行,2 颗卫星处于维护中,1 颗卫星正在实验,1 颗卫星备用。

1.1.1.4 Galileo 系统

Galileo 系统是由欧盟研制和建立的全球卫星导航定位系统,该计划于 1999 年 2 月由欧洲委员会公布,欧洲委员会和欧洲空间局共同负责。系统由轨道高度为 23616km 的 30 颗卫星组成,其中 27 颗工作星,3 颗备份星。卫星轨道高度约 2.4 万 km,位于 3 个倾角为 56°的轨道平面内。截至 2016 年 12 月,已经发射了 18 颗工作卫星,具备了早期操作能力。全部 30 颗卫星(调整为 24 颗工作卫星,6 颗备份卫星)于 2020 年发射完毕[2]。Galileo 系统主要由空间段、地面段、用户段 3 部分组成,提供 5 种服务:开放服务(OS),与 GPS 的标准定位相类似,免费提供;生命安全(SOL)服务;商业服务(CS);公共特许服务(PRS);搜索与援救(SAR)服务。

1.1.2 GNSS 的脆弱性

GNSS 的应用几乎无所不在,只要人能够想到的地方都可能找到其应用,包括空中、海上和地面运输与管理,智能电网,电信系统,移动手机定位,智能载运工具,勘探测绘,罪犯跟踪,应急救援,疾病控制,捕鱼作业,石油勘探,精密农业,还有武器精密制导与打击等国防应用。GNSS 像一个隐身技术,在背后默默无闻地支持着以上应用,并且为许多与国计民生关系密切的重要基础设施提供了支撑,如智能电网(授时服务)、银行运行(授时服务)、交通运输系统(定位和授时服务)和通信系统(定位和授时服务)。

由于 GNSS 的先天不足,难以满足高精度、高连续性和室内外无缝定位的应用需求。首先,卫星导航定位系统发射功率低,星地距离较远,以北斗地球静止轨道(GEO)卫星为例,其轨道距离地面的高度约为 36000km,当地面用户接收到卫星的信号时,信号已经非常微弱,如果是在地下室或隧道内,加上信号传播过程各种环境因素的影响,用户根本无法接收到导航信号;其次,容易受干扰,导航卫星信号功率很弱,导致极易受到干扰(理论上,一台干扰功率达到 1W 的干扰机,在 GPS 工作功率附近加上实时调频噪声干扰,可使22km范围内接收机不能工作);再次,导航卫星按照特定轨道处于不断的运行之中,因此不能实现对偏远山区或复杂城区的持续覆盖,而且对地形的适应能力也比较弱;最后,卫星导航定位系统面临城市峡谷影响,超高建筑物或茂密树木对导航信号遮挡影响,导致部分区域存在定位盲区。

为了克服GNSS卫星导航系统的脆弱性弊端,提出了伪卫星(PL)增强的概念。伪卫星是一种地面信号发射机,所发射的信号和GNSS信号兼容,这样普通的GNSS接收机和芯片在硬件模块不做任何改变的情况下,通过升级软件就可实现定位。伪卫星作为GNSS的有益补充,能够与卫星导航系统组合以增强定位精度、连续性和可用性,在军事及民用领域的应用越来越广泛。

1.2 伪卫星发展历史

图1.1是国内外GNSS伪卫星的发展历史[3-7]。伪卫星概念的出现要早于GPS,在第一颗GPS卫星发射之前,就在美国尤马(YUMA)测试场部署了伪卫星,对GPS的概念、信号和系统进行了试验。

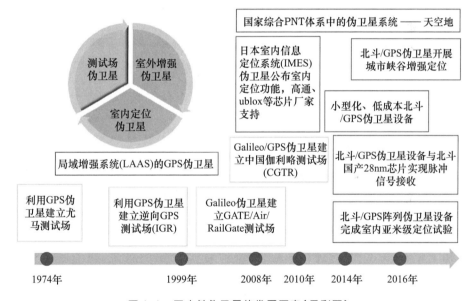

图1.1 国内外伪卫星的发展历史(见彩图)

第一份有关伪卫星增强GPS导航定位的文章发表于1984年,Klien和Parkinson在文章中论证了伪卫星不仅能够优化GPS的几何构型,而且还有增强GPS卫星导航性能的效果。20世纪90年代初期,Stanford Telecom建成一套伪卫星测试系统,并进行了一系列的静、动态测试,结果表明利用伪卫星技术可以有效解决远近效应问题。斯坦福大学的学者研究了一种低价位的GPS L1 C/A码伪卫星,用于飞机精密进近。

2002年，美国通过10台地面伪卫星和1个位于白沙导弹测试场的控制中心，建成逆向GPS测试场，在20英里（1英里≈1.6×10^3m）×20英里区域完成GPS抗干扰接收机的测试。同时期，欧盟在德国慕尼黑建成伽利略试验测试环境，通过6个固定在地面上的室外伪卫星来发射Galileo信号，开展接收机在真实信号环境中的测试，验证Galileo卫星导航系统的应用性能。

芬兰的SPACE SYSTEMS公司也在伪卫星定位方面做了大量的研究，生产了一套能够发射GPS L1信号的伪卫星发射机。德国Anchalee Puengnim等提出一种基于伪卫星虚拟同步的高精度定位方案，并通过实时差分的方式有效地将定位精度提高到厘米级。澳大利亚Locata公司研制LocataLite伪卫星，满足自动控制、采矿业、港口精密定位、室内定位等领域的自组网用户，水平定位精度达到厘米级。

近年来，伪卫星技术的发展主要由室外增强定位转入室内定位。日本在建设准天顶卫星系统(QZSS)的过程中，还发展了一种室内信息定位系统(IMES)，IMES通过使用一个伪卫星单元设备提供室内三维位置服务，定位精度约为10m。日本还在研究一种新的厘米级阵列伪卫星定位系统，通过利用天线阵的方案，利用双曲线定位实现伪卫星的高精度定位，经过验证室内定位可以达到亚米级甚至厘米级，该系统主要应用于室内智能机器人领域，并作为机器人室内控制的基础手段。

中国的伪卫星系统随着北斗系统建设同步发展。2009年，中国电子科技集团公司第五十四研究所将伪卫星系统应用在中国伽利略测试场，利用6个可直发信号的脉冲伪卫星在河北野三坡搭建了伪卫星定位试验系统，伪距单点定位精度优于10m(95%)，并且实现伪卫星与空间导航卫星的联合定位。2014年，中国电子科技集团公司第五十四研究所研发出我国首台小型化、低成本的伪卫星增强设备，它将原来采用高精度原子钟驱动的伪卫星系统，通过算法简化为恒温晶振驱动，并设计了兼容北斗和GPS的伪卫星信号协议，以及GNSS/伪卫星导航芯片知识产权(IP)软核，该系统装备已经在九寨沟的山区峡谷增强导航中应用。2017年，卫星导航系统与装备技术国家重点实验室利用国家重点研发计划项目支持，开始研制北斗/GPS室内定位伪卫星基站，利用阵列伪卫星实现了优于0.3m(95%)的定位精度，并且在国产28nm GNSS芯片上开展了伪卫星信号的接收和定位试验，实现了室内外的无缝高精度定位。

1.3 伪卫星定义及分类

伪卫星作为一种卫星导航区域/局域增强技术，在我国的交通运输、航空发展、地质测绘、军事防御等方面发挥了重要作用，为我国下一阶段的卫星导航技术升级改造提供了参考与借鉴。不同应用场合对于伪卫星有不同的技术需求，也决定了伪卫星形态的多样性。

1.3.1 伪卫星的定义

1) 百度百科——"伪卫星"[8]

伪卫星是布设于地面上发射某种定位信号的发射器,通常发射类似于 GPS 的信号。也正因为这个原因,通常所说的伪卫星都是针对 GPS 所设计的伪卫星。当然,也有极少数伪卫星其信号是模拟 Galileo 系统或者 GLONASS 的,甚至某些特殊用途的伪卫星采用的是自定义的定位信号格式。

2) 百度百科——"GPS 伪卫星"[9]

GPS 伪卫星是类似于 GPS 卫星的固定基准台,发射频率为 1575.42MHz,由 50bit/s 的数据和 1.023×10^6 码元/s 的 C/A 码进行调制,数据格式与 GPS 卫星数据格式兼容,并且提供距离和修正信息,看起来像一颗"GPS 卫星",称为 GPS 伪卫星。

3) 维基百科——"Pseudolite"[10]

Pseudolite is a contraction of the term "pseudo-satellite", used to refer to something that is not a satellite which performs a function commonly in the domain of satellites. Pseudolites are most often small transceivers that are used to create a local, ground-based global positioning system (GPS) alternative. The range of each transceiver's signal is dependent on the power available to the unit.

4) 欧洲通信委员会(ECC)的 ECC report 128 and ECC report 183

Pseudolites are ground based radio transmitters, that transmit an "RNSS"-like navigation signal that can be received and processed by customised radio navigation receivers compatible to the signals published in the signal-in-space interface control documents of the GPS and Galileo systems. They are intended to complement systems in the radio navigation satellite service(RNSS) by transmitting on the same frequencies in the bands 1164 ~ 1215 MHz, 1215 ~ 1300 MHz, and 1559 ~ 1610MHz.

5) 其他定义

Pseudolites are ground-based GPS signal transmitters which can improve the "open air" signal availability, or even replace the GPS satellites constellation for certain indoor applications. Pseudolites(PL) typically transmit signals at the GPS L1 frequency. Both pseudo-range and carrier phase measurements can be made on the PL signals, in theory making possible the full range of GPS-like accuracy capability.

Pseudolites, or pseudo-satellites, are ground based transmitters of global navigation satellite system(GNSS)-like signals. They have been proposed as a solution to the problem of navigation in scenarios where the reception of GNSS signals is problematic, such as indoors, in urban canyons, open pit mines, and also as an aid to GNSS-only navigation for the purposes of increasing the accuracy, availability or integrity of the final navigation solution.

从上述伪卫星的定义可以总结出:伪卫星是一种部署在地面的、兼容 GNSS 信号的发射机,主要用于增强 GNSS 或实现室内定位;它发射的兼容信号能够在接收机不改变硬件的条件下接收和测量,并且只需要更改接收机或 GNSS 芯片的软核即可实现定位。因此,伪卫星系统的本质特征如下:

(1) 伪卫星部署在地面、室内或近地空间。

(2) 伪卫星发射的导航信号与 GNSS 兼容,信号体制和电文格式与 GNSS 相似或一致。

(3) 用户接收机(GNSS 芯片)能够在不改变硬件的条件下对伪卫星信号进行捕获、跟踪和输出观测量。

(4) 伪卫星能够独立组网定位,也可与 GNSS 组合定位。

1.3.2 伪卫星的分类

1.3.2.1 按照与 GNSS 组合关系划分

伪卫星按照与 GNSS 组合关系划分为伪卫星增强系统[11]和伪卫星定位系统[12-13]。

1) 伪卫星增强系统

伪卫星增强系统是指在地面部署一定数量的伪卫星,与 GNSS 导航卫星组合在一起进行定位,主要用于增加接收机的可用、可见的信号源数量。与导航卫星组合来进行定位,可增强卫星导航定位系统的性能,在可视导航卫星数受到限制的环境下,通过增设伪卫星,不仅可以大为改善卫星的几何图形结构,而且可以明显提高整个定位系统的精度、可靠性和完好性。

2) 伪卫星定位系统

伪卫星定位系统是指由伪卫星组建的独立定位的星座,并不和 GNSS 组合定位。在山区峡谷、地下、隧道及室内等环境下,导航卫星信号可完全被人工与自然的障碍物所遮挡,无法应用卫星导航技术进行导航定位。如果采用一套能替代导航卫星的伪卫星来保证特殊环境下的导航定位工作,即完全基于伪卫星的导航定位系统,便可克服卫星导航技术应用的局限。

1.3.2.2 按照信号发射方式划分

伪卫星按照发射方式划分为直发式伪卫星和转发式伪卫星。

1) 直发式伪卫星

本地生成兼容空间 GNSS 信号的导航信号后,以 L 频段直接发射导航信号,向用户区提供定位服务,被称为直发式伪卫星,如图 1.2 所示。

2) 转发式伪卫星

伪卫星发射非 L 频段的导航信号,经过其他布设点的转发器转发后,变换为 L 频段的导航信号,向用户区提供定位服务,被称为转发式伪卫星,如图 1.3 所示。

1.3.2.3 按照调制方式划分

伪卫星按照是否采用脉冲调制方式划分为连续信号伪卫星和脉冲信号伪卫星。

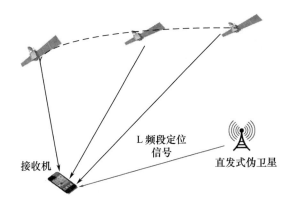

图 1.2　直发式伪卫星示意图（见彩图）

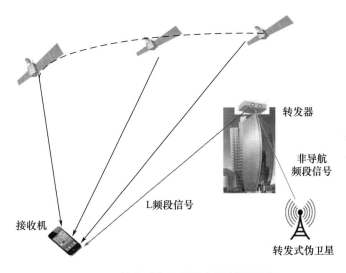

图 1.3　转发式伪卫星示意图（见彩图）

1）连续信号伪卫星

连续信号伪卫星是产生一个完全符合标准 GNSS 接口控制文件的导航信号。连续信号伪卫星的方框图如图 1.4 所示。载波频率由压控振荡器产生。通过改变调谐输入电压，可以设置压控振荡器（VCO）的输出频率。锁相环（PLL）将 VCO 频率分频，并与从参考温控晶振（TCXO）来的时钟信号进行比较，然后通过环路滤波器调整 VCO 调谐输入电压直到这两个信号的频率和相位匹配。这个过程将 VCO 设置到卫星信号的载频，信号误差由参考 TCXO 的稳定度决定。

2）脉冲信号伪卫星

当伪卫星用于增强 GNSS 卫星定位时，远近问题就成了一个需要解决的问题。由于 GNSS 卫星距离用户接收机的距离很远，所以当用户接收机位置变化时，GNSS 卫星与接收机之间的几何距离可以认为近似不变，接收到的信号强度也不会发生显著变化。而伪卫星则不然，它距离接收机较近，接收机收到的信号强度会随着用户位

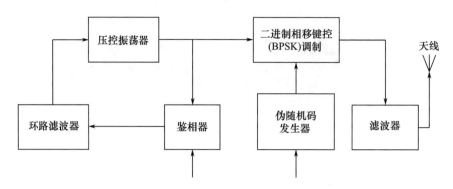

图 1.4 连续信号伪卫星框图

置变化而剧烈变化,并且有时比接收到的 GNSS 卫星的信号强度要高出许多。这将导致接收机不能很好地接收两者的信号从而产生所谓的"远近问题"。

目前,对于远近问题已经进行了很多相关的研究,可以通过采用一种加长的新伪随机码序列来改善远近问题。而脉冲伪卫星设计是一种基于硬件设计方案来改善伪卫星与轨道卫星之间远近问题的方法。伪卫星信号仅在传送时才会对 GNSS 卫星信号的接收产生影响,假如伪卫星信号发射时间仅占定位信号接收的十分之一,那么它对轨道卫星信号干扰的时间也就只有十分之一。这样用户接收机就有百分之九十的时间可以接收到轨道卫星的信号,从而能够同时跟踪伪卫星和轨道卫星的信号,而不会因为伪卫星信号过强而对轨道卫星信号产生抑制。

图 1.5 是脉冲信号伪卫星的原理框图[14]。可以看出,它是在简单型伪卫星的基础上加以改进而得到的。微处理器和简单伪卫星产生的信号保持同步,并产生数据调制,实现了脉冲化。

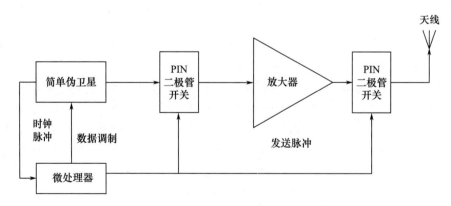

图 1.5 脉冲信号伪卫星原理框图

1.3.2.4 按照时间同步方式划分

1) 同步伪卫星

将能够实现接收信号与发射信号同步的收发型伪卫星称为同步伪卫星。同步伪卫星的设计为同步问题的解决提供了一种比较经济的选择,因为它仅使用了接收机级别的计时器。同步伪卫星发射的信号和接收信号载波频率相同,只是伪随机码不同。图 1.6 给出了同步伪卫星的原理示意图,简要说明了信号的传递过程,这样的传送机制下接收信号与发射信号相位同步。由于发射信号电平和接收电平之间差别较大,为了避免伪卫星内部的接收器被发射信号堵塞,可以采用脉冲伪卫星解决远近问题时的处理方法,同步伪卫星发射器发射信号为短脉冲,接收器在脉冲之间进行接收。此时的同步伪卫星就像一面位于地面的电子反射镜,能够发射和轨道卫星一致的复制信号,用户接收机可以利用接收到的定位信息进行差分定位。

从图 1.6 看出,同步伪卫星[14]的接收信号可以是来自导航卫星的信号也可以是其他伪卫星的发射信号。接收器把接收到的信号与本振混频将输入信号频率降低到合适的中频频率上,本振信号、码信号和载波信号在接收器中被剥离,伪卫星发射器硬件将来自不同通道的载波和伪随机码重组并调制到载波上,这样就产生了具有新的伪随机码序列的发射信号,并和接收信号保持同步。但是,混频后发射出去的信号会出现一个镜像信号,因此在具体的电路设计中应加入滤波器将镜像信号滤除掉。

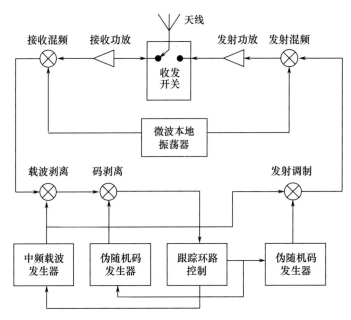

图 1.6 同步伪卫星原理框图

2) 非同步伪卫星

不需要时间同步处理,即可实现伪卫星组网和定位服务,被称为非时间同步伪卫星,一种是类似日本 IMES 伪卫星的邻近定位方式,另一种是利用接收的信号强度指示(RSSI)定位的伪卫星,还有一种同源阵列的伪卫星,这些均不需要高精度的时间同步,即可用于定位服务,如图 1.7 所示。

 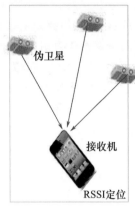 

图 1.7　非同步伪卫星示意图(见彩图)

1.3.2.5　按照载体划分

1)机载或浮空平台伪卫星

通过机载或浮空平台搭载伪卫星发射机,被称为机载或浮空平台伪卫星,如图 1.8 所示。浮空平台伪卫星的技术难点在于时间同步和精密定轨。

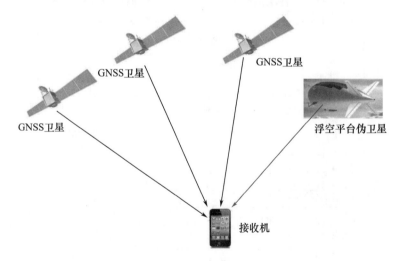

图 1.8　浮空平台伪卫星示意图(见彩图)

2)地面固定伪卫星

在地面依靠城市建筑、山体等具有一定高度的环境条件,部署安装伪卫星,被称为地面固定伪卫星,如图 1.9 所示。

3)机动车载伪卫星

通过车辆搭载的伪卫星系统,被称为车载伪卫星系统,如图 1.10 所示。

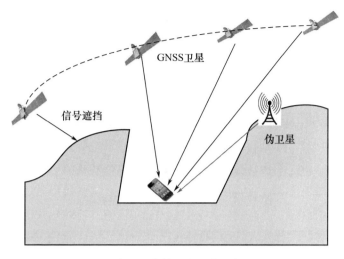

图 1.9 地面固定伪卫星示意图(见彩图)

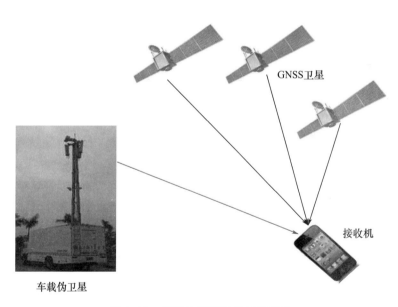

图 1.10 车载伪卫星系统(见彩图)

1.3.2.6 按照服务空间划分

1)室外伪卫星

用于室外定位的伪卫星称为室外伪卫星。它的服务区域位于室外,通常可以和 GNSS 组合定位,如图 1.11 所示。

2)室内伪卫星

用于室内定位的伪卫星称为室内伪卫星。它的服务区位于室内,通常是独立定位形式,如图 1.12 所示。

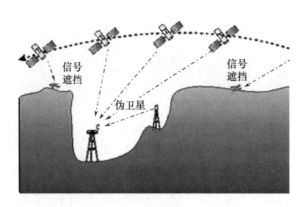

图 1.11 室外伪卫星示意图（见彩图）

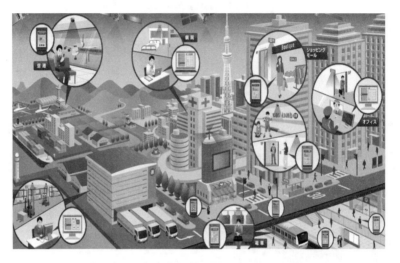

图 1.12 室内定位伪卫星示意图（见彩图）

1.4 伪卫星服务类型及场景

本书所涉及的伪卫星是发射类似卫星导航系统信号的伪卫星，很多的应用场景中，伪卫星发射器都用来增强卫星导航定位系统的星座，大体上分为室内和室外两方面的增强定位。比如：在地上控制地下采矿区域的机器；对板块运动的监测；区域及室内车辆及物品的定位；在遍布楼宇的城市中提高 GNSS 信号的覆盖范围等。原则上，在导航卫星信号不可利用或者可见度被削弱的区域里，比如室内、隧道等，伪卫星是可以代替导航卫星星座的。伪卫星被用来提高定位服务在恶劣的无线传播环境如室内、峡谷中的可用性、有效性和实用性。

目前，伪卫星已发展成为增强 GNSS 应用的信号源，它不仅能改善室外卫星的几何构型，而且在某些情况下（如室内、地下）甚至可以替代 GNSS 卫星星座。伪卫星具有多方面的应用,随着近年来伪卫星技术及 GNSS 用户设备的发展,伪卫星可广泛应用于增强 GNSS 的可行性、可靠性、完好性和精确性,如飞机着陆、城市环境下的地面交通导航、变形监测、太空探测等方面的应用[15-16]。因此,伪卫星的服务类型与GNSS 基本相同,主要包括如下几点。

(1) 开放服务:这对于用户是免费的,主要面向大众用户。伪卫星信号会提升指定区域的定位精度和可用性,与 GNSS 组合后,能够满足广大用户室内外无缝位置服务需求。

(2) 商业增值服务:这一服务是指需要用户付费才能够获得更好的定位精度、安全性以及室内外无缝定位。通过伪卫星信号的使用,可以对 GNSS 服务能力有所增强和拓展。

(3) 生命安全服务:这项服务能力不仅针对航空导航和飞机着陆应用,还包括船舶在港口导航服务、高速铁路的进站精密定位等,但是需要伪卫星系统具备更强大的完好性监测能力。早期的局域增强系统(LAAS)伪卫星主要应用于飞机的精密进近和着陆,目前还有一些研究机构论证伪卫星在机场应用场景。

(4) 军事服务:现代战争对导航和授时的依赖程度极高,GNSS 的脆弱性会给战时的导航和授时带来极大影响。军用伪卫星可以调高发射功率,改善卫星几何构型,增强抗干扰能力和定位的可靠性。因此,伪卫星技术在 GNSS 拒止环境中的军事应用得到更加广泛的共识。

1.5 本书主要内容

全书共分 8 章,各章的主要内容简述如下:

第 1 章为绪论。重点分析 GNSS 及其脆弱性;简要介绍全球定位系统(GPS)、俄罗斯全球卫星导航系统(GLONASS)、北斗系统(BDS)和 Galileo 系统四大全球卫星导航系统和伪卫星发展历程;总结伪卫星的系统定义和类型,伪卫星的服务场景;概括全书主要内容。

第 2 章为 GNSS 伪卫星信号与兼容性。首先介绍伪卫星的基本信号体制,包括频率、调制、扩频码、天线极化等内容;其次,给出兼容 GNSS 的伪卫星导航电文格式定义,包括伪卫星位置信息、系统时间、伪卫星时钟特性数据、广播群时延、完好性信息等;再次,阐述远近效应及脉冲调制的原理;最后,给出伪卫星信号的兼容性分析方法,并通过仿真分析了伪卫星与 GNSS 的兼容性。

第 3 章为 GNSS 伪卫星信道传播模型。探讨和研究伪卫星导航信号在地面传输过程中的两种衰落形式:大尺度衰落和小尺度衰落。它们将影响接收机的捕获跟踪性能,以及高精度的测量性能。

第 4 章为 GNSS 伪卫星定位原理。首先总结伪卫星系统模型,重点讨论发射段、用户段和控制段功能组成;其次,介绍伪卫星系统在定位过程中常用的时空基准,到达时间(TOA)测距和定位原理,同时,与 GNSS 相同,定义伪卫星定位系统的精度、连续性、可用性和完好性等服务性能;再次,介绍伪卫星测量方程与误差特性,系统阐述伪距测量、载波相位和多普勒测量的基础知识,给出在伪卫星定位过程中所使用的测量方程,对影响伪距测量精度和载波相位测量精度的误差项进行详细阐述;最后,介绍伪卫星定位与测速的基本原理,简单介绍利用码相位测量的伪距单点定位和定位方程的解算处理方法,以及伪卫星精密定位常用的载波相位差分方程和基于伪卫星的多普勒测速和定位基本方法。

第 5 章为 GNSS 伪卫星定位系统。主要介绍地基伪卫星定位系统的体系机构、组成单元、工作原理、工作模式等内容,重点介绍伪卫星定位系统的时间同步技术,以及基于监测接收机的同步算法;其次,对地基伪卫星网络部署进行仿真分析,给出这类伪卫星在山区峡谷和城市峡谷的定位试验结果;最后,详细介绍转发式伪卫星的架构、同步方法和原理。

第 6 章为 GNSS 伪卫星增强系统。设计了两种地基伪卫星增强系统:一种称为自闭环时间同步伪卫星;另一种称为非同步阵列伪卫星。分别对这两种伪卫星的系统构成、时间同步原理和测量方程进行描述,并给出定位试验结果。

第 7 章为 GNSS 伪卫星接收机。首先,介绍该接收机的基本架构,包括射频前端、基带数字处理和定位导航模块;其次,介绍载波跟踪环的基本原理;再次,介绍码环和基带信号处理的过程;最后,介绍常用的 GNSS 商品化芯片,以及接收伪卫星信号后进行伪卫星 IP 软核定位的方法。

第 8 章为 GNSS 伪卫星标准与应用。详细介绍欧洲通信委员会的伪卫星标准研究情况,以及 IMES 伪卫星和 Locata 伪卫星的信号接口文件;同时,总结伪卫星的各类应用场景,包括城市导航增强、工业控制、测绘、军事和太空探测等应用。

参考文献

[1] 中国卫星导航定位应用管理中心. 北斗卫星导航系统简介[EB/OL]. (2019-06-26)[2019-11-5]. http://www.chinabeidou.gov.cn/xtjs/98.html.

[2] 徐翠平,陆静. 伽利略卫星导航系统简介[J]. 航天标准化,2009(3):47-49.

[3] LEMASTER E A, MATSUOKA M, ROCK S M. Field demonstration of a Mars navigation system utilizing GPS pseudolite transceivers[C]//Position Location and Navigation Symposium, Palm Springs, CA, USA, 2002.

[4] SCHELLENBERG S R, FARLEY M G. Airborne pseudolite navigation system: US5886666[P]. 1999-3-23.

[5] COSSER E, MENG X L. Precise engineering applications of pseudolites augmented GNSS[J]. Engineering Surveying Equipment for Construction, 2004, 26: 169-173.

[6] MARTIN S, KUHLEN H. Interference and regulatory aspects of GNSS pseudolites[J]. Positioning,

2007,1:12.

[7] RIZOS C. Locata:A positioning system for indoor and outdoor applications where GNSS does not work[C]//Proceedings of the 18th Association of Public Authority Surveyors Conference,Canberra,Australia,March 12-14,2013:73-83.

[8] 百度百科. 伪卫星[EB/OL]. [2019-11-5]. https://baike.baidu.com/item/伪卫星/5198160?fr=aladdin.

[9] 百度百科. GPS 伪卫星[EB/OL]. [2019-11-5]. https://baike.baidu.com/item/GPS 伪卫星/1049616.

[10] Wiki. Pseudolite[EB/OL]. [2019-11-5]. https://everipedia.org/wiki/lang_it/Pseudolite/.

[11] HATCH,RONALD R. Pseudolite-aided method for precision kinematic positioning:US5886666[P]. 1999-1-5.

[12] WANG J. Pseudolite applications in positioning and navigation:progress and problems[J]. Positioning,2002,1(1):48-56.

[13] KENNEDY J,JOSEPH P. Pseudolite positioning system and method:US6952158[P]. 2005-10-4.

[14] STEWART C H. GPS Pseudolites:theory,design,and applications[D]. Palo Alto:Stanford University,1997.

[15] YI Y,GREJNER D,TOTH C,et al. GPS/INS/pseudolites-an integrated system[J]. GPS World,2003,14(7):42-49.

[16] LEMASTER E A. Self-calibrating pseudolite arrays:theory and experiment[M]. Palo Alto:Stanford University Press,2002.

第 2 章　GNSS 伪卫星信号与兼容性

GNSS 伪卫星系统和用户接收机之间的接口为一种射频信号链路,以便向各类用户终端提供实现定位任务所需的测距码和电文数据。根据 GNSS 伪卫星的定义,伪卫星必须发射与 GNSS 兼容的定位信号格式,并且支持用户接收机或 GNSS 芯片的硬件不做任何改变,即可捕获和跟踪伪卫星信号,并输出定位结果。但伪卫星系统大多部署在地面,它的定位信号强度要远大于接收机接收的 GNSS 信号,因此,会产生明显的远近效应问题。抗远近效应且与 GNSS 信号体制兼容的伪卫星导航信号体制是本章讨论的一个重点。本章:首先介绍伪卫星的基本信号体制,包括频率、调制、扩频码、天线极化等内容;其次给出兼容 GNSS 的伪卫星导航电文格式定义,包括伪卫星位置信息、系统时间、伪卫星时钟特性数据、广播群时延、完好性信息等;再次阐述远近效应及脉冲调制的原理;最后给出伪卫星信号的兼容性分析方法,并通过仿真分析了伪卫星与 GNSS 的兼容性。

2.1　GNSS 与伪卫星的信号

本质上,伪卫星信号是 GNSS 信号的兼容扩展。保持兼容意味着载波、调制方式、码速率、信息速率等参数保持基本不变;实现扩展意味着测距码、导航电文均可重新设置,即导航源数量和携带信息可变。由于伪卫星相对于导航卫星而言工作于局域环境,其与 GNSS 信号保持兼容要充分考虑伪卫星安装部署的环境平台因素,即在受限的空间环境内,基于兼容覆盖和兼容定位需求进行兼容性设计和计算。

2.1.1　GNSS 信号特性

GNSS 导航信号的结构通常包括三层,分别为数据码、扩频码和信号载波。目前,GPS、北斗系统、Galileo 系统和 GLONASS 等的信号载波均选在 L 频段,未来可能向 S 频段和 C 频段扩展。由于要考虑伪卫星信号与 GNSS 信号兼容的问题,所以绝大多数伪卫星发射的信号频率选用与 GNSS 卫星相同的频率,保证所有的 GNSS 接收机都能直接接收伪卫星信号。

由于 GNSS 是多星共用载波频率的定位系统,需要采用码分多址方式来区分各个卫星的地址,对每颗卫星分配一个伪随机序列的扩频码。大多数 GNSS 采用的扩频码是 Gold 码,它们具有优良的自相关特性。调制方式为二进制相移键控(BPSK)。
GPS 和北斗系统的导航信号特征参数[1-3]如表 2.1 所列。

表 2.1　北斗系统和 GPS 导航信号特征参数

导航星座频点	信号	调制方式	中心频率/MHz	最小接收功率/dBW	接收机带宽/MHz
GPS L1	C/A	BPSK(1)	1575.42	-158.5	2×1.023
	P	BPSK(10)	1575.42	-161.5	24×1.023
	M	BOC(10,5)	1575.42	-157	30×1.023
	L1C	MBOC(6,1,1/11)	1575.42	-157	24×1.023
GPS L2	L2C	BPSK(1)	1227.6	-158.5	2×1.023
	M	BOC(10,5)	1227.6	-157	10×1.023
GPS L5	L5C	BPSK(10)	1176.45	-157	20×1.023
北斗系统 B1	B1I	BPSK	1561.098	-158	4×1.023
	B1C	BOC(1,1)	1561.098	-158	32×1.023
北斗系统 B2	B2a	BPSK(10)	1176.45	-158	20×1.023
	B2b	BPSK(10)	1207.14	-160	20×1.023
	B2I	BOC(10,5)	1207.14	-163	20×1.023
北斗系统 B3	B3I	BPSK(2)	1268.52	-163	20×1.023

注:二进制偏移载波(BOC);复用二进制偏移载波(MBOC)

2.1.2　伪卫星信号特性

1) 载波频率

伪卫星的载波频率应该与 GNSS 相同,考虑到大众用户接收机或芯片可以使用的民用 GNSS 频点,伪卫星将兼容 GPS-L1(1575.42MHz)和北斗-B1(1561.098MHz)的导航信号,载波频率、极化和带宽如表 2.2 所列。

表 2.2　伪卫星的载波频率

频段	频率参数	中心频率/MHz	极化	发射带宽/MHz
L1	FL1	1575.42	RHCP(右旋圆极化)	±1.023
B1	FB1	1561.098	RHCP	±2.046

2) 调制类型

伪卫星将使用 GPS 和北斗控制接口文件中所定义的调制类型,同时,也支持航空无线电技术委员会(RTCA)制定的 RTCA/DO 246B-2001 等定义的脉冲调制方式[4],因此,伪卫星的调制方式一般为"码分多址(CDMA)+时分多址(TDMA)"。

脉冲调制定义：对 1% ~100% 的每个所需脉冲占空因数都生成了一个必要脉冲方案周期的脉冲调制序列，并存储在内存中。该脉冲方案对扩展码的每个码片都进行定义，不管其是 ON 还是 OFF，这种方式对任意可能的脉冲方案提供了最大灵活性，同时保持了所需的脉冲/码片相干性。最小脉冲或间隙持续时间等于脉冲调制信号单个码片的长度。

内存中脉冲调制序列的编码定义如图 2.1 所示。两个字节的单位表示一个脉冲对众多码片是开还是关。第一位指示脉冲应该开还是关，后续 15 个最低有效位指示对多少码片是有效的。采用这种方式可对 0 ~32767 个码片进行编码。如果打算将更多的码片作为一个脉冲或脉冲间隙，可以使用两个具有相同首位的这种双字节表示法。

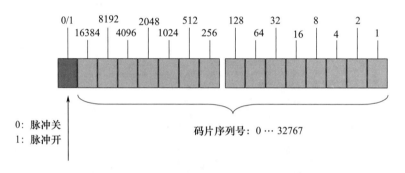

图 2.1 脉冲调制序列的编码定义（见彩图）

使用 0x0000 这个特定值来重复脉冲调制周期，并指示脉冲调制序列结束。

脉冲调制序列的长度需要覆盖约 1s 的最快使用扩展码序列，即 10.23MHz。因此，必须覆盖 10.230.000 码片的脉冲调制序列长度。

下面给出一个两字节序列的简单例子：
0x937f　0x3fa3　0xace5　0x3810　0x0000

脉冲调制序列将以一个 4991 码片的脉冲开始，然后接下来的 16291 个码片无脉冲，再接着是一个 11493 码片的脉冲，又接着是一个 14352 码片的间隙，最后是 0x0000 指示脉冲调制序列结束以及脉冲调制方案会以 4991 码片的第一个脉冲重新开始。

3）相关损耗

相关损耗定义为在伪卫星导航信号带宽收到的信号功率与相同带宽的理想相关接收机所重新获得的信号功率之差。对于这种情况，相关损耗分配将应如下所述。

（1）伪卫星调制不完全性为 0.6dB。

（2）理想的用户接收机波形失真为 0.4dB。

4）载波相位噪声

载波相位噪声是指在偏移中心频率一定范围内，单位带宽内的功率与总信号功率的比,单位为 dBc/Hz。该指标是评价信号频谱纯度的重要指标。

5) 带内杂散

带内杂散是指本频带内与输出信号无谐波关系的一些无用谱。一般在频带内出现相位截断误差时,会使 NCO 输出信号的频谱中含有杂散谱线,进而对输出信号的频谱纯度产生影响。伪卫星发射信号的带内杂散不超过 −40dBc。

6) 用户-接收信号电平

伪卫星应提供的在服务区域内的最低 L1 和 B1 频率导航信号强度如表 2.3 所列。

表 2.3 服务区域内的最低 L1 和 B1 频率导航信号强度

信道	收到的最低射频信号强度
L1	−158.5dBW
B1	−158.5dBW

7) 设备群时延

设备群时延定义为伪卫星信号发射端相位(由天线相位中心测量获得)对自身频率的变化率,即相位相对自身频率的微分特性。该时延包括偏移项和不确定度。偏移项可由导航电文中的时钟修正参数计算得出,群时延有效的不确定度不应该超过 0.3ns(2σ)。

8) 信号极化

伪卫星信号发送方式采用右旋圆极化(RHCP)。

2.1.3 伪卫星扩频码

为了保证 GNSS 接收机对伪卫星信号的捕获和跟踪,伪卫星的扩频码族应该与 GNSS 相同。在 GPS 接口控制文件中已经规定了地面信号发射基站的伪随机噪声码编号,我们在开发伪卫星定位系统时,可以直接使用。但是北斗导航系统尚未公布伪卫星可用伪随机噪声(PRN)码编号,需要自定义。

2.1.3.1 GPS 伪卫星的扩频码

1) 扩频码的产生

图 2.2 是 GPS 及伪卫星的扩频码发生器,每个 $G_i(t)$ 序列是一个 1023bit 的 Gold 码,其本身是两种 1023bit 线性模式,G1 和 G2i 的模二和。G2i 序列是通过有效地延迟 G2 序列整数的码片个数而构成的。G1 和 G2 序列是具有以下多项式的 10 级移位寄存器参考移位寄存器输入数据而生成的:

$$G1 = X^{10} + X^3 + 1 \tag{2.1}$$

$$G2 = X^{10} + X^9 + X^8 + X^6 + X^3 + X^2 + 1 \tag{2.2}$$

G1 和 G2 的初始状态为 1111111111。通过对 G2 移位寄存器的双级输出值进行模二相加,可以有效延迟 G2 序列来构成 G2i 序列。然而,这两种抽头编码器的实施仅生成了有效扩频码的一个有界集。

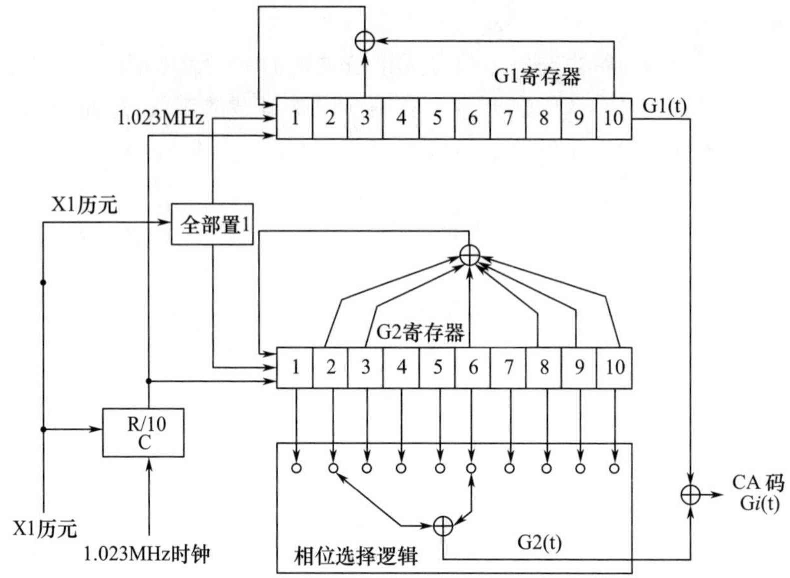

图 2.2　GPS 及伪卫星在 L1 频点的扩频码发生器

2）扩频码的分配

用于伪卫星标识号 i 的伪随机噪声粗捕获码是一个长度为 1ms、码片速率为 1023 kbit/s 的 Gold 码——$Gi(t)$。$Gi(t)$ 序列是由两种子序列（G1 和 G2i）进行模二相加产生的一种线性模式，其中每个都采用 1023 码片长的线性模式。G2i 序列是有选择地延迟了预分配码片数的 G2 序列，从而可以产生一套不同的粗捕获码。

表 2.4 给出了 GPS 伪卫星的扩频码分配表。GPS 伪卫星扩频码（PRN 号）的分配为 173～184。

表 2.4　GPS 伪卫星扩频码分配表

卫星号	G2 延迟码片（十进制）	G2 初始值（八进制）
173	150	1362
174	395	1654
175	345	0510
176	846	0242
177	798	1142
178	992	1017
179	357	1070
180	995	0501

(续)

卫星号	G2 延迟码片（十进制）	G2 初始值（八进制）
181	877	0455
182	112	1566
183	144	0215
184	476	1003

2.1.3.2 北斗伪卫星的扩频码

1）扩频码的产生

图 2.3 是北斗及其伪卫星在 B1 频点的测距码产生器。测距码码速率为 2.046Mchip/s，码长为 2046chip。测距码由两个线性序列 G1 和 G2 模二和产生平衡 Gold 码后截短 1chip 生成。G1 和 G2 序列分别由两个 11 级线性移位寄存器生成，其生成多项式为

$$G1(X) = 1 + X + X^7 + X^8 + X^9 + X^{10} + X^{11} \quad (2.3)$$

$$G2(X) = 1 + X + X^2 + X^3 + X^4 + X^5 + X^8 + X^9 + X^{11} \quad (2.4)$$

G1 和 G2 的初始相位如下：

G1 序列初始相位:01010101010。

G2 序列初始相位:01010101010。

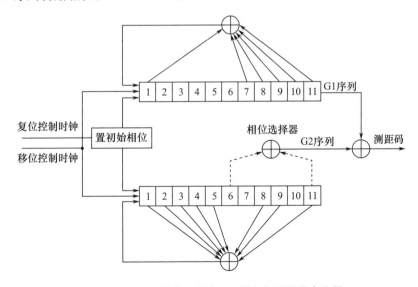

图 2.3 北斗及其伪卫星在 B1 频点的测距码产生器

2）扩频码的分配

针对产生所需序列的移位寄存器，进行不同取点，再模二相加，这样得到了序列的相位错位组合。两个序列模二相加可以得到多种伪卫星的测距码，北斗伪卫星建议的扩频码分配为 173～184，具体如表 2.5 所列。

表 2.5　北斗伪卫星建议选取的扩频码

卫星号	抽头 1	抽头 2	抽头 3	抽头 4	抽头 5
173	2	5	7	10	11
174	2	6	7	10	11
175	3	4	5	10	11
176	3	4	6	10	11
177	3	4	8	10	11
178	3	4	9	10	11
179	3	5	9	10	11
180	3	6	7	10	11
181	3	6	9	10	11
182	4	5	6	10	11
183	4	6	9	10	11
184	6	7	8	10	11

2.2　远近效应与脉冲信号

2.2.1　远近效应问题

伪卫星在设计过程中存在远近效应的问题,分析发现其原因主要是伪卫星布设在地面或飞机等近地目标上,即与 GNSS 相比,伪卫星与接收机之间相距很近,当两者距离发生相对变化时,信号强度会发生剧烈的变化,两者距离很近时信号功率会很强,距离相对较远时,信号变得较弱,很强的伪卫星信号会干扰 GNSS 信号,甚至阻塞接收机,在远距离范围的边界之外,由于伪卫星信号太弱,以致接收机跟踪不到,此即为远近效应[5-8]。伪卫星信号发射功率计算公式为

$$P_T = P_R + 20 \lg \left(\frac{4\pi d}{\lambda} \right) - G_a \tag{2.5}$$

式中:P_T 为伪卫星发射功率;P_R 为接收机接收功率;d 为几何距离;G_a 为天线增益。

由式(2.5)可得,当 P_T、P_R、G_a 的值确定后,d 的取值范围是受限制的,其中 d 的有效范围如图 2.4 所示。假设距伪卫星的最小距离为 50m 左右,最大距离约为 50km,则信号功率范围大概为 60dB,伪卫星接收机必须能接受这一范围。伪卫星发射信号的远近效应对一定区域范围内的接收机带来的影响主要体现在以下几点。

(1)功率谱覆盖干扰。当用户接收机与伪卫星之间的距离缩进时,接收机收到的信号功率快速增强,功率谱范围内的其他信号会受到影响而导致很难被捕获跟踪。

(2)接收机与伪卫星相距较近,导致伪卫星发射的信号功率超出接收机的处理范围,造成接收机接收信号的接收饱和。

(3) 伪卫星之间的信号干扰。

以上 3 点远近效应模式对于某些特定应用并不一定存在,例如目标具有严格的轨迹约束,可以在允许阈值范围内运行,伪卫星可通过合理的布设避免远近效应。而对于非轨迹约束下的服务对象,伪卫星需要采用一定的发送措施来减轻远近效应。目前用于减缓远近效应的措施有:①频分多址(FDMA),即使用带外发射的方式,使发射频率与天上星的频率相比有一定的偏移;②功率控制,使用一定的功率调控方式实现接收机始终处于允许阈值内,这在通信中应用较为广泛,可应用于单目标导航增强,如密度疏散的飞行器和舰只引导,但在多目标场合难以应用;③在扩频码上选择类 GNSS 码序列编码;④时分多址(TDMA),利用时隙脉冲发射伪卫星信号。

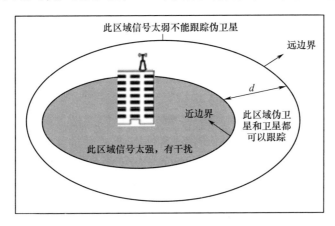

图 2.4　伪卫星信号远近效应示意图(见彩图)

伪卫星系统在信号体制上采用直序扩频。直序扩频具有共享时频资源的优势,但存在远近效应问题的困扰。例如伪卫星采用 1.023Mbit/s 的扩频码,当进行互相关时其值为 −21 ~ −23dB,也就是说当各路信号强度大致相同时,互相关信号比自相关信号低 20dB 左右,这时各通道的信号之间可以很好分离,彼此不会形成干扰。但是当存在一路信号很强时,如果互相关值上升了 20dB 以上,此时该值将会影响到其他信号的捕获。因此,在调制方式上选择脉冲调制。脉冲调制一般由主控管理站按照时分多址的方式为每个伪卫星分配一个时隙。在规定的时隙内,每颗伪卫星以统一的载波频率对外发送带有调制信息的信号,而在非时隙内,伪卫星不发射调制信号,从而形成脉冲调制信号。这种调制方式一般只在调制信号的时隙内对卫星信号产生干扰,在非时隙内不会产生干扰,从而有效地避免了远近效应问题。

2.2.2　脉冲信号抗远近效应原理

由于伪卫星与接收机间距非常小,且位置在变化,所以伪卫星接收功率比卫星无线电导航业务(RNSS)信号接收功率大很多,且随间距变化剧烈。远区域边界与伪卫星的传送信号功率大小有关。信号在自由空间衰减损耗公式为

$$P = 20\lg(l/4\pi d) \tag{2.6}$$

式中：l 为载波的波长，约 $0.19\mathrm{m}$；d 为信号的传播距离；P 为自由空间的传播损耗（dB）。

伪卫星信号的功率损耗如下：

$$P = P_t - P_{rmin} \tag{2.7}$$

式中：P_t 为伪卫星发射信号的功率；P_{rmin} 为接收机可接收到的最小功率，即 $-130\mathrm{dBm}$，结果得出的距离 d 定义为远边界。

近边界和远边界的距离比值是由接收机与卫星信号的互相关干扰确定的，这里的干扰是指在近距离的伪卫星强信号。前面提到，伪卫星发射的信号和 GNSS 信号是类似的，都是扩频码经过扩频调制的信号，而因为多普勒效应，地面接收机收到的信号有 $\pm 6\mathrm{kHz}$ 的频偏，则在这范围内，两扩频码的最差互相关是 $-21.6\mathrm{dB}$，所以伪卫星信号对 GNSS 卫星信号造成的干扰最大为 $-21.6\mathrm{dB}$。当前商品化接收机需要 $6\mathrm{dB}$ 的信干比来跟踪定位信号，则有 $15.6\mathrm{dB}$ 的跟踪余量，而这一余量决定了远近距离比的大小。

当伪卫星发射连续信号时，由于信号太强，很容易会干扰 GNSS 信号，也会让接收机达到饱和状态。脉冲信号可以有效增大伪卫星信号和 GNSS 信号的互相关值，是抑制远近效应问题的有效方法。当伪卫星工作时，才会扰乱到 GNSS 信号，若伪卫星只是在 10% 的周期里工作，而其余 90% 的周期里静默，则扰乱只会存在这 10% 的周期里，而在其余周期里，用户接收机正常收到 RNSS 信号，这就实现了同时接收伪卫星与 GNSS 信号。可接收的最小功率为 $-130\mathrm{dBm}$，而脉冲信号由于有 10% 的占空比 d，由占空比产生的损耗 D 为

$$D = -10\lg d \tag{2.8}$$

因此会有 $10\mathrm{dB}$ 的占空比损耗，若想达到 $-130\mathrm{dBm}$ 的最小接收功率，接收机接收的伪卫星信号电平至少要 $-120\mathrm{dBm}$。

天线处的热噪声功率电平为

$$N = kTB \tag{2.9}$$

式中：k 为玻耳兹曼常量；T 为环境温度（K）；B 为测量带宽。

附加的噪声来自天线前置放大器，使用噪声指数来衡量前置放大器。噪声指数指的是内部产生的噪声与环境热噪声之比，假设前置放大器的噪声指数是 $4\mathrm{dB}$，高质量的前置放大器的噪声指数可能会更低，效果可能会更好。一般情况下，环境热噪声为 $290\mathrm{K}$，kT 的值为 $-174\mathrm{dBm/Hz}$，C/A 码带宽为 $2\mathrm{MHz}$，还有另外的 $4\mathrm{dB}$ 的噪声指数，因此接收机的相关前的噪声功率是 $-107\mathrm{dBm}$。

当接收机相关前的噪声功率是 $-107\mathrm{dBm}$ 时，伪卫星信号靠近接收机，接收功率会增加，只要不大于 $-107\mathrm{dBm}$，就不会产生远近效应。当随着距离的减小，接收功率大于 $-107\mathrm{dBm}$ 时，接收机饱和，所有的功率都会限制在 $-107\mathrm{dBm}$ 上。但是由于接收机相关前的伪卫星脉冲信号只有 10% 的占空比，所以伪卫星信号相关前的信噪比 S/N 是 $-9.5\mathrm{dB}$，而 RNSS 信号相关前的信噪比 S/N 是 $-30\mathrm{dB}$，伪卫星信号比卫星信

号强约20dB,因此用户接收机可以很好地追踪脉冲信号和GNSS信号。

从图2.5中可以看出,由于脉冲信号的10%的占空比,导致相对于连续信号有10dB的损耗,所以脉冲信号在同一距离处都会比连续信号功率弱一些,且脉冲信号使接收机达到饱和时的距离会比连续信号使接收机饱和的距离更近一些,相当于缩小了近边界。而对于脉冲信号,远边界由发射功率大小决定,只要相应地增加发射功率,远边界仍可保持与连续信号时的远边界一致。这样,近边界和远边界之间的可同时追踪伪卫星信号和卫星信号的区域扩大了。而在脉冲信号达到饱和距离内时,由于脉冲信号只有10%的时间发射信号,所以仍然可以同时跟踪两者信号,脉冲信号达到了抗远近效应的作用。

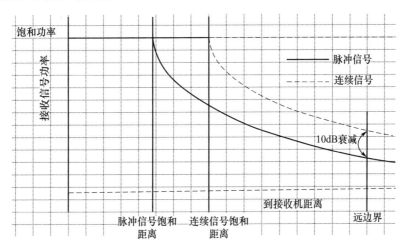

图2.5 脉冲信号与连续信号饱和距离比示意图

2.2.3 伪卫星脉冲信号方案

2.2.3.1 脉冲图案的设计因素

脉冲调制在当前的伪卫星信号调制中被认为是一种非常有效的方式,可以减少远近效应的影响[9-13]。然而在设计过程中,伪卫星的脉冲图案的好坏直接影响到伪卫星的性能,有可能会对周围的卫星信号甚至临近的伪卫星信号形成干扰,导致用户接收机的捕获跟踪受到影响。因此,在设计脉冲图案的过程中将主要从以下几点考虑对脉冲的优选过程进行分析。

(1) 扩频码。扩频码的设计对伪卫星信号的捕获与识别有重要的影响,同时还会影响接收机的信号跟踪性能。一组好的扩频码设计通常需要从以下几个因素考虑:自相关性、互相关性、平衡性、自相关旁瓣峰值、互相关旁瓣峰值。

(2) 脉冲持续时间。脉冲宽度的选择是伪卫星设计最重要的参数之一,脉冲宽度的大小直接关系到有多少卫星信号会受到干扰。理想情况下,脉冲持续时隙越短,伪卫星信号对GNSS信号影响越小;但是从伪卫星的角度考虑,脉冲信号越宽接收机才能更好地捕获跟踪。因此在设计时需要综合考虑。

(3) 脉冲位置。脉冲位置决定伪卫星信号传输时的时隙分布。脉冲位置随机性越高,伪卫星信号间的脉冲重叠相应越少。如果每个时隙伪卫星的脉冲位置都是一样的,则接收机有可能误判伪卫星互相关的相关峰值和低强度的卫星信号的自相关峰值,从而导致接收机对伪卫星信号出现虚捕的情况。

脉冲位置的出现需要从两个方面进行考虑,即伪卫星自身双系统之间的脉冲位置尽可能减少重叠和伪卫星之间的脉冲位置尽可能减少重叠,如果可以有效地控制占空比的位置和大小,则这种干扰可以有效地得到改善。通常情况下,脉冲位置的多少是与脉冲宽度直接相关的。

(1) 信号饱和。在 Sven Martin 的论文中,信号饱和有 3 种情况:一是伪卫星信号功率大小适中,接收机处于正常工作状态;二是伪卫星信号功率超过接收机最大允许状态,接收机一直处于饱和状态;三是当接收机靠近伪卫星到一定距离范围时,接收机出现饱和状态,当处于该范围之外时,接收机不再饱和。

(2) 脉冲消隐。通过脉冲消隐可以提高卫星和伪卫星的信噪比(SNR)和信号干扰比(SIR),进而可以改善接收机的跟踪性能。该技术在研究过程中要考虑到既不可以对非伪卫星信号接收机有影响,也不可以对参与伪卫星信号的接收机有太多修改,即在接收伪卫星信号时,我们认为接收机是饱和的且没有采取消隐策略。

(3) 伪卫星数量。该因素同样需要认真考虑,当伪卫星的架设台数增多时,过多的伪卫星信号时隙重叠既会影响 GNSS 卫星信号,也会导致伪卫星信号脉冲之间的彼此冲突,从而失去了伪卫星服务的实际效果。研究发现:伪随机方式的脉冲从一定程度上可以减少脉冲之间的重叠干扰;但另一方面,重叠越小脉冲的累加就越大,所以出现对卫星信号的干扰就越大。要想实现最佳的脉冲方式需要从以上角度多重考虑。

(4) 信号强度。伪卫星信号的最大使用范围除了与伪卫星数目和伪卫星的布设位置有关外,还与伪卫星的信号强度有关。伪卫星信号功率越高,信号覆盖越广,接收机捕获旁瓣信号概率就越大。因此在考虑覆盖区域功率损耗时,必须充分考虑周围环境的因素。根据环境区域的大小和环境的特殊性调整信号功率电平的大小。

2.2.3.2 脉冲图案设计

考虑伪卫星和 GNSS 卫星信号间的影响关系,通常 GNSS 卫星信号受到干扰时,可以根据卫星信号的信干比大小进行分析:

$$\left(\frac{S}{I}\right)_{avg} = \frac{S}{I+P} \tag{2.10}$$

式中:S 为卫星导航信号功率;I 为当前卫星受到的其他卫星干扰功率;P 为伪卫星信号对当前卫星的干扰功率。

由此可知,随着伪卫星功率的增强,卫星信号的信干比逐渐减小,当信干比减小到卫星的临界值时,卫星将不能进行正常的捕获跟踪。同时,由 Cobb 给出的计算伪卫星占空比的信干比公式为

$$\left(\frac{S}{I}\right)_{\text{avg}} = 10\lg\left(\frac{S_{\text{typ}}(1-d)}{p \cdot d + (1-d)}\right) \tag{2.11}$$

式中:d 为占空比,取值范围 0~1。

$$S_{\text{typ}} = 10^{(\frac{S}{I})_{\text{typ}} \cdot 10^{-1}}, \quad p = 10^{(\frac{P}{I}) \cdot 10^{-1}} \tag{2.12}$$

式中:$\left(\frac{S}{I}\right)_{\text{typ}}$ 为卫星典型的跟踪信干比(dB)。

从式(2.11)可以发现,伪卫星信号对 GNSS 信号的影响与 d 有关。d 越高,卫星的信干比越小。所以在确定伪卫星的最大占空比时,需要充分考虑这一点。

其次,伪卫星信号彼此之间也会产生一定的干扰衰弱。由 LeMaster 给出公式

$$\left(\frac{S}{I}\right)_{\text{avg}} = 10\lg\left(\frac{S_{\max} \cdot d}{p \cdot (N_{\text{PL}} - 1) \cdot d + 1 - (N_{\text{PL}} - 1) \cdot d}\right) \tag{2.13}$$

式中:$S_{\max} = 10^{(\frac{S}{I})_{\max} 10^{-1}}$;$N_{\text{PL}}$ 为伪卫星数。

从式(2.13)可以看出,在指定的区域,伪卫星的数目和伪卫星的占空比同样会影响伪卫星的信干比,从而影响接收机对伪卫星的捕获跟踪。

最常用的一种脉冲模式是由国际 RTCM(海事无线电技术委员会)的 RTCM-104 会议提出的定义。这种模式定义在一个 C/A 码周期(epoch)中有 11 个间隙。在每个周期中的间隙中传送单个脉冲。在每 1ms 中,一个 C/A 码包括 1023 个码片,每个脉冲传播 93 个码片或者大概 90.91μs。这些实际的间隙是由完整的序列定义的,每 200ms 重复一次,在每第十个周期就会发送 2 个脉冲,保证平均占空比达到 10%。而满足这些占空比的脉冲可以使接收机饱和。一个简单的占空比为 10% 的重复脉冲模式是由一个脉冲和随后的 9 个脉冲宽度的"空闲时间"组成。当有相邻很近的两个或者多个伪卫星信号同时工作时,使每个伪卫星只在其余伪卫星的空闲时间发射信号,伪卫星脉冲间距必须小于脉冲宽度和光速的乘积,这样可以避免这些脉冲在所有方向上发生叠加。图 2.6 是对 RTCM-104 定义的脉冲信号仿真图。

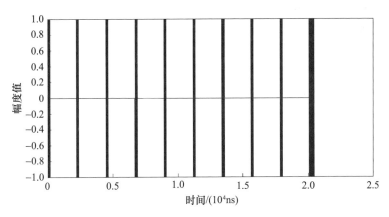

图 2.6　RTCM-104 定义的脉冲信号仿真图(见彩图)

2.2.4 脉冲信号对接收机的影响

伪卫星可以有效地扩展 GNSS 的定位能力,但是伪卫星也可能对卫星接收机产生严重的干扰,导致接收机无法正常进行信号解算。因此,通过仿真对脉冲伪卫星信号对卫星接收机的影响进行定量的分析。

仿真条件设置如下:下面一共选用了 13 颗星进行仿真,其中 GPS 选用 1~4 号星,北斗系统选用 1~4 号星,伪卫星 PL01 选用 GPS32 和 BD33,伪卫星 PL02 选用 GPS33 和 BD34,伪卫星 PL03 选用 GPS34 和 BD35,伪卫星 PL04 选用 GPS35 和 BD36,伪卫星 PL05 选用 GPS36 和 BD37。其中 GPS 和北斗系统的 1~4 号星采用连续周期扩频码,伪卫星的脉冲图案按上节设置。

在图 2.7 和图 2.8 中以 GPS01 号星的捕获结果为例给出了当不存在伪卫星和存在伪卫星数分别为 1、3、5 时的信号捕获结果与随着伪卫星数目变化 GPS01 捕获的相关主峰值、次峰值和主次峰的关系图。由图 2.7 可得,随着伪卫星的增多,卫星接收机对 GPS01 号星捕获的主峰值和次峰值逐渐减小,当伪卫星的数量为 5 时,GPS01 号星完全被干扰,不能正常使用;但由主次峰比值变化可见,伪卫星信号的增多可以有效地减少次峰的影响,因此,在一定区域布设伪卫星时可以考虑使所有伪卫星的占空比之和小于 100%,这样可以有效避免某些位置因占空比和为 100% 而产生的对正常卫星的干扰。

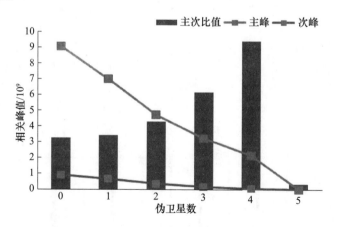

图 2.7 捕获结果主次峰值变化(见彩图)

伪卫星在设计时结构与卫星相似,所以正常情况下,卫星接收机可以捕获跟踪伪卫星。但是实验测试时发现,当存在多颗伪卫星时,卫星接收机会出现难以同时捕到所有的伪卫星、伪卫星数据跳动太大等现象,研究发现卫星接收机在接收脉冲信号时会出现以下几种现象。

(1)相关函数中主瓣和旁瓣峰值的关系比采用连续信号差很多。当接收机的积分时间很短时,这一影响非常大,即对高数据率非常关键。当无数据或仅有低数据率时,影响减弱。

(2)相关性函数的多个旁瓣包括具备不同相关性级别的许多峰值,表明接收机跟踪环路一定程度上"被激励"(不像采用连续信号时那么稳定)。

(3)脉冲与接收机内产生的连续参考信号的部分自相关导致不对称自相关曲线的出现。这又进一步导致编码测量的偏差。这些偏差在高不对称时最差,导致积分间隔短。

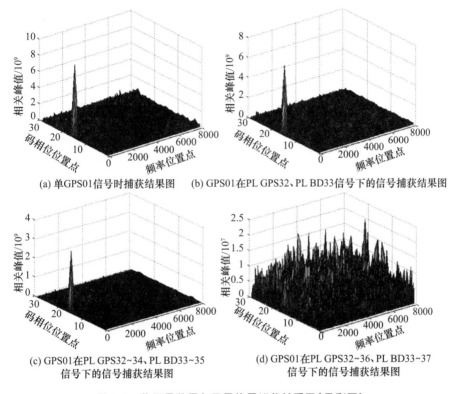

(a) 单GPS01信号时捕获结果图
(b) GPS01在PL GPS32、PL BD33信号下的信号捕获结果图
(c) GPS01在PL GPS32~34、PL BD33~35信号下的信号捕获结果图
(d) GPS01在PL GPS32~36、PL BD33~37信号下的信号捕获结果图

图 2.8 伪卫星数目与卫星信号捕获关系图(见彩图)

下面将针对存在多颗伪卫星时的捕获特征给出仿真分析,仿真条件设置如下:伪卫星 PL01 选择 GPS33 和 BD33 的扩频码;伪卫星 PL02 选择 GPS34 和 BD34 的扩频码;伪卫星 PL03 选择 GPS35 和 BD35 的扩频码;伪卫星 PL04 选择 GPS36 和 BD36 的扩频码;伪卫星 PL05 选择 GPS37 和 BD37 的扩频码。其中脉冲时隙关系按 2.2.3.2 节的脉冲图案而定。

由图 2.9 中伪卫星 PL01 和 PL02 的捕获结果可得:当采用卫星接收机进行捕获时,GPS33 出现两个峰值,且其余的旁瓣峰值错落交织,接收机在捕获时很难确定正确的码相位位置,严重影响接收机后续的跟踪和时间的计算;在 GPS34 中尽管相对 GPS33,峰值较好,但仍然存在峰值展宽的现象,这样的现象同样会影响接收机码相位的确定;而关于 BD33 和 BD34,由图可见,接收机已经很难完成捕获。

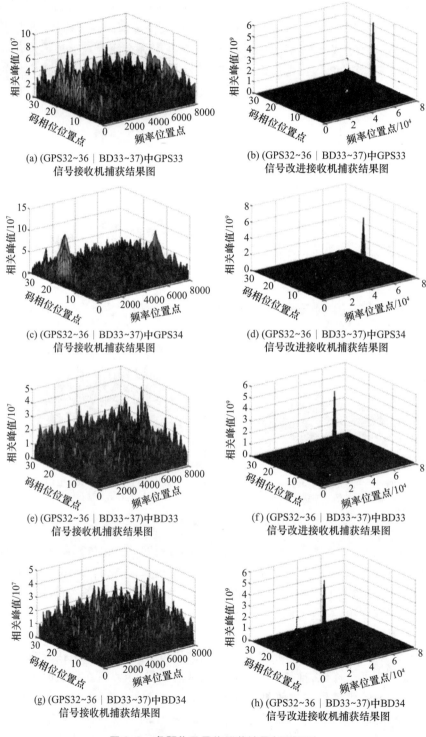

图 2.9 多颗伪卫星的捕获结果（见彩图）

由上分析可见,当接收区域同时存在多颗双模伪卫星信号时,为了保证接收机能够正常接收并且定位,现将接收机做如下修改:将脉冲图案引入接收机的相关性等式,即当前接收信号有脉冲时控制接收机输出扩频码,反之不输出扩频码。

2.3 伪卫星的信号兼容分析

2.3.1 兼容性分析方法

伪卫星系统信号兼容性评估方法考虑频谱分离系数、码跟踪灵敏度系数、有效载噪比衰减、干扰信号等效噪声功率谱密度和信号的集总增益因数5个方面[14-21]。兼容性分析要考虑的系统参数是星座、信号和系统传输链路,接收机的参数是前端带宽,干扰参数是外部干扰信号。星座配置、系统内部信号参数和前端带宽共同决定系统内部干扰等效白噪声功率谱密度,同时,星座配置、系统之间信号参数和前端带宽共同决定系统之间干扰等效白噪声功率谱密度,而干扰信号参数和星座配置参数又决定了外部干扰等效白噪声功率谱密度。以上原因共同确定了干扰情况下等效载噪比下降程度,来判断其是否兼容。

2.3.1.1 频谱分离系数

由接收机的工作原理可知,干扰信号的引入影响着接收机对所需信号的捕获、载波跟踪、数据解调和码跟踪性能,前3种性能依赖于接收机的即时支路,用即时相关器输出的信号与干扰和噪声比(SINR)来评价,而信号的码跟踪性能则用码跟踪误差方差来评价。

相关器输出的最大 SINR 为

$$\rho_c = \frac{2T \frac{C_S}{N_0} \left[\int_{-\beta_\gamma/2}^{\beta_\gamma/2} G_S(f) \mathrm{d}f \right]^2}{\int_{-\beta_\gamma/2}^{\beta_\gamma/2} G_S(f) \mathrm{d}f + \sum_{j=1}^{K} \frac{C_j}{N_0} \int_{-\beta_\gamma/2}^{\beta_\gamma/2} G_j(f) G_S(f) \mathrm{d}f} \quad (2.14)$$

式中:β_γ 为接收机双边带宽;G_S 为归一化功率谱密度,C_S 为信号载波功率,所需信号的功率谱密度表示为 $C_S G_S$;G_j 为归一化功率谱密度,C_j 为干扰信号载波功率,第 j 个干扰信号的功率谱密度也可以表示为 $C_j G_j$;N_0 为噪声的归一化功率谱密度。

当只有噪声存在时,式(2.14)可变为

$$\rho_C = 2T \frac{C_S}{N_0} \int_{-\beta_\gamma/2}^{\beta_\gamma/2} G_S \mathrm{d}f \quad (2.15)$$

当噪声和干扰同时存在时,如果相关器输出的 SINR 已知,则有效载噪比可定义为

$$\left(\frac{C_S}{N_0} \right)_{\mathrm{eff\_SSC}} = \frac{\rho_c}{2T \int_{-\beta_\gamma/2}^{\beta_\gamma/2} G_S \mathrm{d}f} \quad (2.16)$$

将式(2.15)代入式(2.16),可得有效载噪比$(C_S/N_0)_{\text{eff\_SSC}}$为

$$\left(\frac{C_S}{N_0}\right)_{\text{eff\_SSC}} = \frac{\frac{C_S}{N_0}\int_{-\beta_r/2}^{\beta_r/2} G_S \mathrm{d}f}{\int_{-\beta_r/2}^{\beta_r/2} G_S \mathrm{d}f + \sum_{j=1}^{K} \frac{C_j}{N_0}\int_{-\beta_r/2}^{\beta_r/2} G_j G_S \mathrm{d}f} = \frac{C_S}{N_0 + I_{\text{GNSS\_SSC}}} \quad (2.17)$$

式中:$I_{\text{GNSS\_SSC}} = \sum_{j=1}^{K} C_j \frac{\int_{-\beta_r/2}^{\beta_r/2} G_j G_S \mathrm{d}f}{\int_{-\beta_r/2}^{\beta_r/2} G_S \mathrm{d}f} = \sum_{j=1}^{K} C_j \kappa_{s,j}$,称为等效噪声功率谱密度,$\kappa_{s,j}$ 称为频谱分离系数。频谱分离系数(SSC)是有用信号和干扰信号的功率谱密度、接收机带宽的函数,反映目标信号和干扰信号频谱的重叠和干扰的程度。

频谱分离系数定义为

$$\kappa_{s,j} = \frac{\int_{-\beta_r/2}^{\beta_r/2} G_j(f) G_S(f) \mathrm{d}f}{\int_{-\beta_r/2}^{\beta_r/2} G_S(f) \mathrm{d}f} \quad (2.18)$$

2.3.1.2 码跟踪灵敏度系数

随着超前-滞后间隔 ΔT_c 变化,码跟踪环(简称码环)滤波器输出方差为

$$\sigma_s^2 = \frac{B_L(1-0.5B_LT)\int_{-\beta_r/2}^{\beta_r/2} G_w(f) G_S(f) \sin^2(\pi f \Delta T_c) \mathrm{d}f}{(2\pi)^2 C_S \left(\int_{-\beta_r/2}^{\beta_r/2} f G_S(f) \sin(\pi f \Delta T_c) \mathrm{d}f\right)^2} =$$

$$\frac{B_L(1-0.5B_LT)\int_{-\beta_r/2}^{\beta_r/2} G_S(f) \sin^2(\pi f \Delta T_c) \mathrm{d}f}{(2\pi)^2 \frac{C_S}{N_0} \left(\int_{-\beta_r/2}^{\beta_r/2} f G_S(f) \sin(\pi f \Delta T_c) \mathrm{d}f\right)^2} +$$

$$\sum_{j=1}^{K} \frac{B_L(1-0.5B_LT)\int_{-\beta_r/2}^{\beta_r/2} G_j(f) G_S(f) \sin^2(\pi f \Delta T_c) \mathrm{d}f}{(2\pi)^2 \frac{C_S}{C_j} \left(\int_{-\beta_r/2}^{\beta_r/2} f G_S(f) \sin(\pi f \Delta T_c) \mathrm{d}f\right)^2} \quad (2.19)$$

假设码跟踪的积分时间为 T,码环单边带宽 B_L 的范围为 $0 < B_L T < 0.5$。

当噪声和干扰同时存在时,如果相关器输出码跟踪误差方差 σ_s^2 已知,则定义有效载噪比为

$$\left(\frac{C}{N_0}\right)_{\text{eff\_CT\_SSC}} = 2B_L T(1-0.5B_L T)\frac{\int_{-\beta_r/2}^{\beta_r/2} G_S \sin^2(\pi f \Delta T_c) \mathrm{d}f}{2(2\pi)^2 T\sigma_s^2 \left(\int_{-\beta_r/2}^{\beta_r/2} f G_S \sin(\pi f \Delta T_c) \mathrm{d}f\right)^2}$$

$$(2.20)$$

将式(2.19)代入式(2.20),得有效载噪比$(C_S/N_0)_{\text{eff\_CT\_SSC}}$为

$$\left(\frac{C}{N_0}\right)_{\text{eff\_CT\_SSC}} = \frac{\dfrac{C_S}{N_0}\int_{-\beta_\gamma/2}^{\beta_\gamma/2} G_S(f)\sin^2(\pi f\Delta T_c)\mathrm{d}f}{\int_{-\beta_\gamma/2}^{\beta_\gamma/2} G_S(f)\sin^2(\pi f\Delta T_c)\mathrm{d}f + \sum_{j=1}^{K}\dfrac{C_j}{N_0}\int_{-\beta_\gamma/2}^{\beta_\gamma/2} G_j(f)G_S(f)\sin^2(\pi f\Delta T_c)\mathrm{d}f} =$$

$$\frac{C_S}{N_0 + I_{\text{GNSS\_CT\_SSC}}} \tag{2.21}$$

式中：$I_{\text{GNSS\_CT\_SSC}} = \sum_{j=1}^{K} C_j \dfrac{\int_{-\beta_\gamma/2}^{\beta_\gamma/2} G_j G_S \sin^2(\pi f\Delta T_c)\mathrm{d}f}{\int_{-\beta_\gamma/2}^{\beta_\gamma/2} G_S \sin^2(\pi f\Delta T_c)\mathrm{d}f} = \sum_{j=1}^{K} C_j \chi_{S,j}$，称为等效噪声功率谱密度，$\chi_{S,j}$ 称为码跟踪灵敏度系数。

码跟踪不仅与及时相关器的输出有关，而且与延迟相关器有关。在干扰信号与目标信号频谱重叠很小的情况下，会产生较大的码跟踪误差。我们采用码跟踪灵敏度系数（CT_SSC）作为码跟踪的评估方法，其定义如下：

$$\chi_{S,j} = \frac{\int_{-\beta_\gamma/2}^{\beta_\gamma/2} G_j(f) G_S(f) \sin^2(\pi f\Delta T_c)\mathrm{d}f}{\int_{-\beta_\gamma/2}^{\beta_\gamma/2} G_S(f) \sin^2(\pi f\Delta T_c)\mathrm{d}f} \tag{2.22}$$

2.3.1.3 有效载噪比衰减

基于频谱分离系数，由 $I_{\text{GNSS\_SSC}}$ 公式可知，系统内干扰信号的功率谱密度表示为

$$I_{\text{intra}} = \sum_{s=1}^{N_{\text{intra}}} C_S \cdot \text{SSC} \tag{2.23}$$

式中：N_{intra} 为干扰信号功率谱。

系统间干扰信号的功率谱密度表示为

$$I_{\text{inter}} = \sum_{j=1}^{N_{\text{inter}}} C_j \cdot \text{SSC} \tag{2.24}$$

系统内有效载噪比衰减表示为

$$\Delta(C/N_0)_{\text{eff}} = \frac{\dfrac{C}{N_0}}{\dfrac{C}{N_0 + I_{\text{intra}}}} = 1 + \frac{I_{\text{intra}}}{N_0} \tag{2.25}$$

式中：C 为期望伪卫星系统接收信号的相关后输出能量；N_0 为接收机相关前的热噪声功率谱密度；I_{intra} 为由伪卫星系统引入的，除期望信号之外的信号导致干扰的相关后的等效噪声功率谱密度。

系统间有效载噪比衰减表示为

$$\Delta(C/N_0)_{\text{eff}} = \frac{\dfrac{C}{N_0 + I_{\text{intra}}}}{\dfrac{C}{N_0 + I_{\text{intra}} + I_{\text{inter}}}} = 1 + \frac{I_{\text{inter}}}{N_0 + I_{\text{intra}}} \tag{2.26}$$

式中：I_{inter} 表示除期望系统外的其他系统信号导致的干扰的相关后的等效噪声功率谱密度。

2.3.1.4　干扰信号等效噪声功率谱密度

由 d 可计算的空间损耗 L_{dist}，公式如下：

$$L_{\text{dist}} = \left(\frac{c}{4\pi d f_c}\right)^2 \tag{2.27}$$

式中：c 为光速；d 为伪卫星与用户接收机位置的距离；f_c 为期望伪卫星发射信号的中心频率。

任意一点的信号功率为

$$C_{m,j}(t) = P_{m,j} + G_m(t) - L_{\text{dist}}(t) - L_{\text{atm}} - L_{\text{pol}} + G_{\text{user}}(t) \tag{2.28}$$

式中：$C_{m,j}(t)$ 为地面上某一位置对于第 m 颗伪卫星的第 j 个干扰信号的接收功率；$P_{m,j}$ 为第 m 颗伪卫星的第 j 个干扰信号的发射功率；$G_m(t)$ 为第 m 颗伪卫星的天线增益；$P_{m,j} + G_m(t)$ 为期望伪卫星的有效全向辐射功率(EIRP)；$L_{\text{dist}}(t)$ 为空间损耗；L_{atm} 为大气损耗；L_{pol} 为天线极化损耗；$G_{\text{user}}(t)$ 为接收机天线增益。

将式(2.28)变为对数形式，得

$$C_{m,j}(t) = \frac{P_{m,j} G_m(t) G_{\text{user}}(t)}{L_{\text{dist}}(t) L_{\text{atm}} L_{\text{pol}}} \tag{2.29}$$

根据之前的分析，对于 GNSS，若接收机在某一时刻 t 所接收到的所需伪卫星的所需信号为 s，可见卫星数目为 $M(t)$，每颗伪卫星有不同的 K 个干扰信号，则 t 时刻的接收机所能接收到的所有干扰信号功率谱密度

$$I_m^s(t) = \sum_{m=1}^{M(t)} \sum_{j=1}^{K} \frac{P_{m,j} G_m(t) G_{\text{user}}(t)}{L_{\text{dist}}(t) L_{\text{atm}} L_{\text{pol}}} \lambda_{m,j}^s(t) \tag{2.30}$$

式中：$\lambda_{m,j}^s(t)$ 可以是频谱分离系数 $\kappa_{s,j}$，也可以是码跟踪灵敏度系数 $\chi_{s,j}$。

为了计算每一点的等效噪声功率谱密度，必须进行大量的运算，计算复杂、周期冗长，特别是在卫星运行周期较长、仿真步长较长以及网格划分过细的情况下，仿真计算将非常耗时。

2.3.1.5　信号的集总增益因数

当所有可见伪卫星在服务区构成一个星座时，总的等效噪声功率谱密度可以改写为

$$I_m^s(t) = \sum_{j=1}^{K} \lambda_j^s(t) \sum_{m=1}^{M(t)} \frac{G_m(t) G_{\text{user}}(t)}{L_{\text{dist}}(t) L_{\text{atm}} L_{\text{pol}}} P_j \tag{2.31}$$

定义当用户接收机位于某点 x 上时，接收机受到的第 j 个类型干扰信号的干扰功率称为集总功率，可以表示为

$$P_m^j(t) = \sum_{m=1}^{M(t)} \frac{G_m(t) G_{\text{user}}(t)}{L_{\text{dist}}(t) L_{\text{atm}} L_{\text{pol}}} P_j \tag{2.32}$$

为了避免对集总功率 $P_m^j(t)$ 进行重复计算，对于某类信号 j，可以定义其信号的

集总增益因数 G_{agg}^j，表示为

$$G_{\text{agg}}^j = \frac{\max_x [\max_t (P_m^j(t))]}{P_{\max,j}^R} \qquad (2.33)$$

式中：$P_{\max,j}^R$ 为某类信号 j 的最大接收功率。

由式(2.33)可以发现，信号集总增益因数 G_{agg}^j 为所有时刻 t 所有点 x 的 $P_m^j(t)$ 最大值除以信号的最大接收功率，其主要受伪卫星及用户端的信号链路影响，利用该因数可以避免对信号链路进行重复计算。另外，所推导的 G_{agg}^j 比星座集总增益因数 G_{agg} 更精确地反映不同信号的集总增益情况。

当将信号视为理想情况时，可得到伪卫星星座所有信号的总等价噪声谱密度为

$$I_{\text{GNSS}} = \sum_{j=1}^{K} \lambda_j^s G_{\text{agg}}^j P_{\max,j}^R \qquad (2.34)$$

利用集总增益因数可以较快速地求出干扰信号的总等价噪声谱密度，但结果往往较不准确。而计算机仿真一般采用式(2.34)来计算总的等效噪声功率谱密度，运算量大、计算周期较长、结果较准确。

2.3.2 伪卫星的信号兼容仿真分析

2.3.2.1 脉冲信号占空比与兼容性

在不同的占空比条件下，先获取干扰信号和期望信号的功率谱密度，得到谱分离系数，从而求得等效噪声密度，最后求得等效载噪比，将求得的等效载噪比和载噪比门限值做比较。

从图2.10可见，当占空比为10%时，等效载噪比达到33.9，远高于门限值33.69，随着占空比的增加，等效载噪比在减小，占空比为50%时，等效载噪比已经降到33.7，超过兼容允许的门限载噪比。因此，占空比为10%是最理想的，伪卫星发射占空比为10%的脉冲信号可以与GNSS信号兼容。

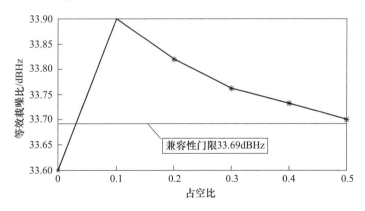

图2.10 伪卫星信号占空比和等效载噪比的关系

2.3.2.2 伪卫星信号兼容性仿真分析结果

1)兼容性仿真参数设置

兼容性仿真分析的参数设置如表 2.6 所列。发射天线增益 $G_m(t)$ 是与天线轴向夹角的函数,由发射天线增益曲线给定,使用图 2.11 所示的天线增益曲线。接收机天线增益 $G_{user}(t)$ 是视仰角的函数,使用图 2.12 所示的接收机天线增益曲线。

表 2.6 兼容性仿真分析的参数

参数	值
大气损耗	0.5dB
计划损耗	GPS:-4dB,北斗:-1dB
N_0	-201.5dBW/Hz
接收机前端带宽	24MHz

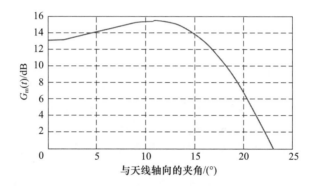

图 2.11 伪卫星发射天线增益曲线

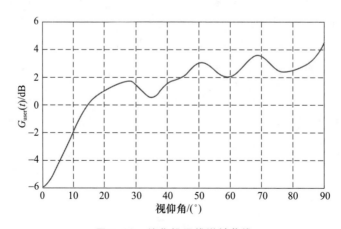

图 2.12 接收机天线增益曲线

2)频谱分离系数仿真结果

对 GPS L1 频段信号:C/A、P、M、L1C,北斗 B1 频段信号:B1C1、B2C2,伪卫星信

号:L1 C/A、B1C1 进行兼容性分析。

频谱分离系数是衡量期望信号和干扰信号兼容性能的一个重要参数,参照表 2.6 给出的信号体制特征参数和接收机前端带宽,结合频谱分离系数计算公式,可以仿真得出各种信号的频谱分离系数。表 2.7 给出了频谱分离系数的仿真结果。其中,第一行信号为期望信号,第一列信号为干扰信号。

表 2.7 频谱分离系数仿真结果

干扰信号	期望信号					
	C/A	P	M	L1C	B1C1	B1C2
C/A	-61.85	-70.23	-92.91	-73.24	-73.24	-96.92
P	-70.13	-71.74	-82.79	-67.05	-67.05	-88.71
M	-97.04	-87.04	-72.36	-82.07	-82.07	-81.73
L1C	-78.05	-71.96	-82.73	-65.48	-65.48	-87.21
B1C1	-78.05	-71.96	-82.73	-65.48	-65.48	-87.21
BiC2	-99.8	-90.88	-81.55	-85.38	-85.38	-68.69

由表 2.7 可得出,信号的自干扰相较于其他信号的干扰来说,自干扰值更大,这是因为信号能量集中在主瓣,而相同信号主瓣位置相同或相近,导致频谱重叠严重,干扰加大,而功率谱密度主瓣远离中心频点的信号对其他信号的干扰较小。

3) 码跟踪灵敏度系数仿真结果

码跟踪灵敏度系数(CT_SSC)主要是测量在特定码鉴别器下干扰信号对所需信号的码跟踪性能的影响。图 2.13(a)和(b)分别表示在接收机前端带宽为 24MHz 下,GPS C/A 和北斗 B1C1 信号为期望信号,其他信号为干扰信号的 CT_SSC 和 SSC 对比情况。可以发现,SSC 不随超前-滞后间隔变化,而 CT_SSC 随着超前-滞后间隔变化而变化,而且在相同的所需信号、不同干扰信号的情况下,CT_SSC 及其变化规律都是不同的。

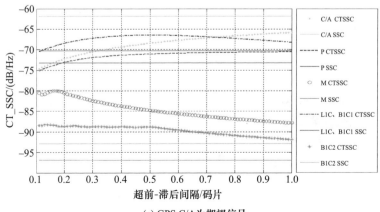

(a) GPS C/A 为期望信号

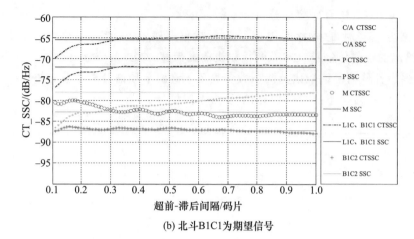

(b) 北斗B1C1为期望信号

图2.13 CT_SSC 随超前-滞后间隔变化趋势（见彩图）

4）载噪比衰减仿真结果

根据星地链路公式和载噪比衰减计算模型，图2.14是GPS C/A 为期望信号（其他信号为干扰信号）整个区域的载噪比衰减图。图2.15是北斗B1C1为期望信号（其他信号为干扰信号）整个区域的载噪比衰减图。

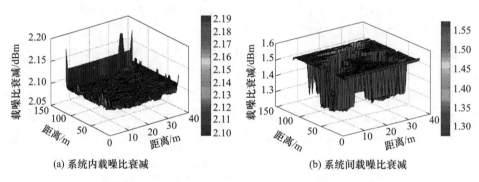

(a) 系统内载噪比衰减　　　　　　　(b) 系统间载噪比衰减

图2.14　GPS C/A 为期望信号的载噪比衰减（见彩图）

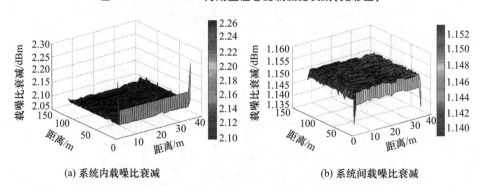

(a) 系统内载噪比衰减　　　　　　　(b) 系统间载噪比衰减

图2.15　北斗B1C1为期望信号的载噪比衰减（见彩图）

图 2.16 示出伪卫星信号为期望信号的载噪比衰减,系统内部干扰的载噪比衰减值比系统外部干扰的载噪比衰减值大。系统内干扰起主导作用,是因为假定某个系统发射的某个信号为期望信号时,导航系统内部其他发射源的相同信号与期望信号在调制方式、载波频率及频谱完全重叠,导致干扰最大。

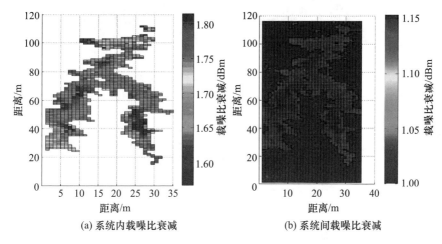

(a) 系统内载噪比衰减　　(b) 系统间载噪比衰减

图 2.16　伪卫星信号为期望信号的载噪比衰减(见彩图)

2.4　伪卫星信号性能评价

2.4.1　射频信号质量

伪卫星的射频信号质量评估方法与 GNSS 相似,主要包括载波性能评估、时域性能评估、调制域性能评估和相关性能评估[22-26]。

2.4.1.1　载波性能

1) 载波功率和频率偏差

载波功率是导航信号的重要指标,利用标准仪器对伪卫星载波功率和频率偏差进行测量。对于载波信号功率,在动态测试中,对伪卫星处于不同仰角时的功率进行测量,推算出伪卫星发射有效全向辐射功率,统计 EIRP 的最大值和最小值范围,并与设计值做比较,检查伪卫星在不同时刻发射功率的波动情况,判断发射功率是否满足设计要求;对于载波频率偏差,在动态测试中,对伪卫星处于不同仰角时的信号进行采集,推算出对应时刻多普勒值,再对估计值进行补偿,最后与理论值进行比较。图 2.17 为伪卫星的 GPS 频段信号功率谱。

2) 相位噪声

相位噪声是指频率源在小于秒或秒以下的时间单位内的频率相对变化,也可以称为短期频率稳定度,相位噪声的好坏也会影响导航信号的信号质量,影响信号的测距性能。测量相位噪声一般是利用频谱仪等标准仪器完成测试。

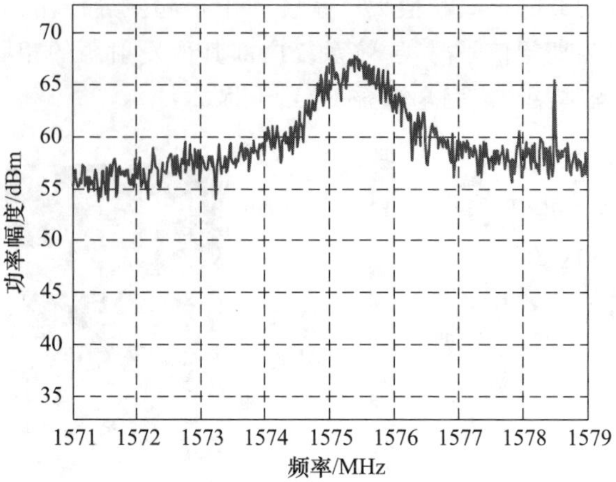

图 2.17　伪卫星的 GPS 频段信号功率谱

3）带内杂散

输入信号有多次谐波，本振信号也有多次谐波。当信号进行混频时，这些谐波分量也会进行混频，这些混频出来的信号称为杂散信号。带内杂散则是指落在信号工作带宽之内的杂散信号。由于发射机中有混频器和本振这些非线性器件，不可避免会产生杂散信号。图 2.18 为伪卫星信号的带内杂散。

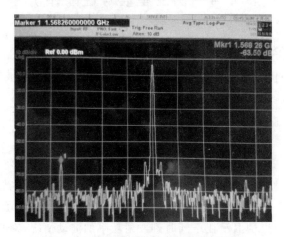

图 2.18　伪卫星信号带内杂散（见彩图）

4）带外辐射

带外多余辐射是指传输信道带外高于正常水平的干扰，它的产生原因：一是滤波器带外特性不理想，通常包括过渡带锐截止特性差以及阻带衰减特性差，导致发射机后端滤波器带外泄露过于严重；二是信号体制设计缺陷，不恰当的信号调制方式导致发射信号功率谱的旁瓣衰减很小，造成信号的旁瓣泄露比较大。

2.4.1.2 时域性能

1) 伪码符号

导航接收机通过将接收信号与本地伪码进行相关实现测距和通信,伪卫星发射伪码出现错误将会导致相关增益下降,并最终影响电文解调的误比特率。伪码符号监测评估指对发射信号的伪码与本地伪码进行比对,并统计发射伪码的误码率。图2.19为伪卫星信号I支路相关峰,图2.20是伪卫星信号I支路相关性。

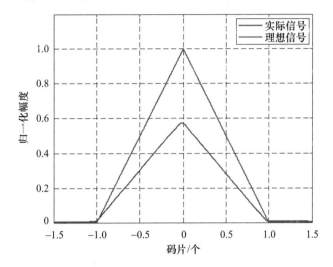

图2.19 伪卫星信号I支路相关峰(见彩图)

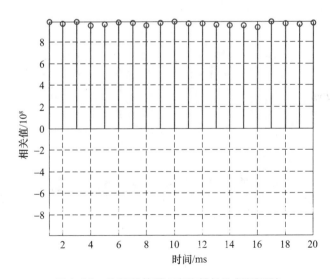

图2.20 伪卫星信号I支路相关性(见彩图)

2) 眼图[28-29]

导航信号也是一种类通信信号,因此通信信号基于眼图的监测评估也适用于导航信号。无论是通信信号还是导航信号,通过眼图可以直观地反映出信号的畸变情况。在导航领域,非线性畸变导致的 I/Q 交叉耦合、带宽限制、噪声等因素,会对信号的眼图产生影响。图 2.21 是伪卫星信号 I 支路眼图。

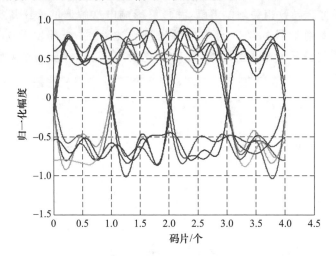

图 2.21　伪卫星信号 I 支路眼图(见彩图)

3)基带波形

基带时域波形能够真实反映在发射、传输和接收过程中通道特性对信号的影响。基带波形畸变分为数字畸变、模拟畸变和混合畸变,并且都将影响导航接收机的测距性能。图 2.22 是伪卫星信号 I 支路基带波形。

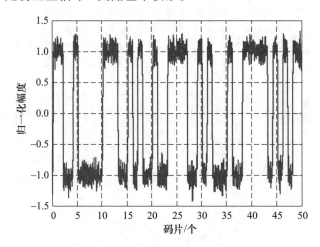

图 2.22　伪卫星信号 I 支路基带波形

2.4.1.3　调制性能

1)星座图

星座图可以用来分析导航信号调制域的特性,通过观察信号的高频出现区域,就可以判断 I/Q 支路基带信号的幅度和相位关系,直观地反映接收导航信号的调制方式及其失真程度。

2) 矢量图

用矢量图来刻画接收信号的调制质量,可以准确反映卫星 I/Q 支路的正交性和幅度之间的差异。

3) 载波抑制

信号在变频过程中,部分射频载波会通过混频器泄露到信号输出端,载波抑制就是衡量载波泄露相对于输出信号的程度。

2.4.1.4 相关性能

1) 相关损耗[30]

相关损耗指的是在相关处理中有用信号功率相对于所接收信号的全部可用功率的损耗。主要有两个原因引起相关损耗:一个是同一载频上复用了多个信号分量;另一个是信道带限和失真所致。

2) S 曲线[31-32]

S 曲线是指跟踪环路中超前相关值与滞后相关值之差所得的鉴相曲线。在理想情况下,S 曲线的过零点位于码跟踪误差为零处,而实际上受信道传输失真、多径等影响会引起码环锁定在输入码相位相对于本地码相位有偏差的地方。图 2.23 是伪卫星信号(不同相关间隔下)S 曲线,图 2.24 是伪卫星信号 S 曲线偏差。

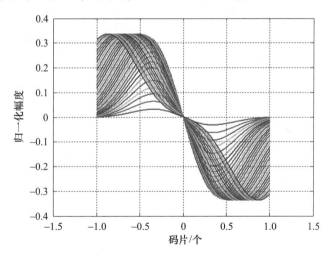

图 2.23　伪卫星信号(不同相关间隔下)S 曲线(见彩图)

2.4.2　通道时延及稳定性

GNSS 伪卫星导航信号在传输过程中,首先通过伪卫星的发射机和天线向外辐射信号,在这些硬件传输过程中,必然会产生相应的硬件传输延迟,称这种由于发射

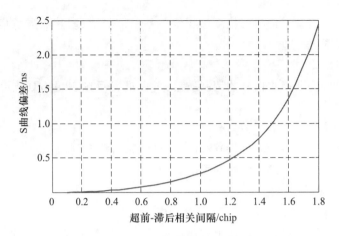

图 2.24　伪卫星信号 S 曲线偏差

机或接收机硬件造成的传输时间延迟为通道时延。通道时延的大小和稳定性需要通过标准仪器进行测量[33-37]。图 2.25 是伪卫星发射机硬件时延及稳定性的测量方法。它通过高速示波器对伪卫星发射的不同通道导航信号与基准的 1PPS(秒脉冲)信号进行比对,高速示波器捕捉导航信号的相位翻转点,从而记录发射机硬件时延及稳定性数据。

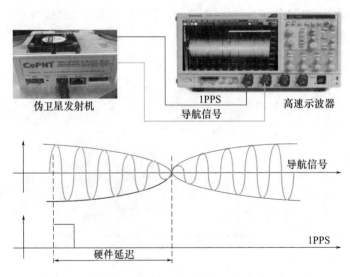

图 2.25　伪卫星硬件时延及稳定性测量方法(见彩图)

参考文献

[1] 唐祖平. GNSS 信号设计与评估若干理论研究[D]. 武汉:华中科技大学,2009.

[2] 冉一航. GNSS 信号调制方式及频率兼容性研究[D]. 武汉:华中科技大学,2011.
[3] 卢虎,廉保旺. 新一代 GNSS 信号处理及评估技术[M]. 北京:国防工业出版社,2016:239.
[4] STANSELL J,THOMAS A. RTCM SC-104 recommended pseudolite signal specification[J]. Navigation,1986,33(1):42-59.
[5] 黄声享,刘贤三,刘文建. 伪卫星技术及其应用[J]. 测绘信息与工程,2006,31(2):49-51.
[6] 叶红军. 伪卫星远近效应分析与研究[J]. 无线电工程,2010,40(6):22-26.
[7] 刘栩之. GPS L1 单频单体伪卫星设计和实现[D]. 上海:上海交通大学,2008.
[8] 邓江平. GPS/SBAS 伪卫星多模式定位信号接收处理技术研究[D]. 上海:中国科学院上海技术物理研究所,2009.
[9] MICKELSON W A. GPS pseudolite and receiver system using high anti-jam pseudolite signal structure:US6031487[P]. 2000-2-29.
[10] MADHANI P H,AXELRAD P,KRUMVIEDA K,et al. Application of successive interference cancellation to the GPS pseudolite near-far problem[J]. IEEE Transactions on Aerospace & Electronic Systems,2003,39(2):481-488.
[11] BORIO D,O'DRISCOLL C. Pulsed pseudolite signal effects on non-participating GNSS receivers[C]//International Conference on Indoor Positioning and Indoor Navigation,IEEE,Guimarães,September 21-23,2011.
[12] COBB H S. GPS pseudolites:theory,design,and applications[M]. Palo Alto:Stanford University Press,1997.
[13] CHEONG J W,WEI X,POLITI N,et al. Characterizing the signal structure of Locata's pseudolite-based positioning system[C]//Symp. on GPS/GNSS(IGNSS2009). Sydney,NSW,November 15th-17th,2009.
[14] 刘卫. GNSS 兼容与互操作总体技术研究[D]. 上海:上海交通大学,2011.
[15] 牛满仓. 多频段 GNSS 信号兼容技术研究[D]. 上海:上海交通大学,2014.
[16] 李建文,李作虎,郝金明,等. GNSS 的兼容与互操作初步研究[J]. 测绘科学技术学报,2009,26(3):177-180.
[17] 袁琳峰. GNSS 信号体制与兼容性的研究[D]. 成都:电子科技大学,2014.
[18] 王垚,蔚保国,罗显志,等. 一种更精确的多模 GNSS 兼容性方法研究[J]. 系统工程与电子技术,2010,32(6):1305-1308.
[19] 王垚,王珏,罗显志,等. 基于 CT-SSC 的 GNSS 兼容性分析方法研究[C]//第一届中国卫星导航学术年会,北京,2010.
[20] 王垚,蔚保国,葛侠,等. GNSS 兼容性软件设计与仿真分析[J]. 系统仿真学报,2012,24(8):109-115.
[21] 王垚,蔚保国,罗显志. GNSS 兼容性若干理论研究与仿真分析[C]//第二届中国卫星导航学术年会,上海,2011.
[22] 卢晓春,周鸿伟. GNSS 空间信号质量分析方法研究[J]. 中国科学:物理学 力学 天文学,2010,40(5):528-533.
[23] 贺成艳. GNSS 空间信号质量评估方法研究及测距性能影响分析[D]. 西安:中国科学院研究生院(国家授时中心),2013.

[24] 杨再秀,王伟,蒙艳松,等.GNSS信号质量评估与测试方法研究[C]//第二届中国卫星导航学术年会,上海,2011.

[25] 郝雷.GNSS空间信号质量评估系统通道均衡方法研究[D].西安:中国科学院研究生院(国家授时中心),2014.

[26] 王雪,卢晓春,刘枫,等.GNSS信号相关峰评估方法[C]//第二届中国卫星导航学术年会,上海,2011.

[27] 刘裔文,刘承禹.一种利用信号模拟器测定GNSS接收机硬件时延的方法[J].全球定位系统,2017,42(1):74-76.

[28] 汤震武.卫星导航信号模拟源关键指标测量校准及溯源方法研究[D].长沙:中南大学,2013.

[29] 林红磊,牟卫华,王飞雪.GNSS信号模拟器通道零值标定方法研究[C]//第四届中国卫星导航学术年会,武汉.2013.

[30] 林红磊,牟卫华,王飞雪.卫星导航系统信号模拟器通道零值标定方法研究[J].导航定位学报,2013(4):61-64.

[31] 李世光,寇艳红,杨军,等.GNSS信号模拟器通道群时延标定方法[J].北京航空航天大学学报,2015,41(12):2328-2334.

[32] 张雪.GNSS系统时间偏差监测精度改善及评估[D].西安:中国科学院研究生院(国家授时中心),2014.

[33] 陈锡春,谭志强.北斗用户设备测试系统的测试及标定[J].信息工程大学学报,2015,16(3):318-320.

[34] 张金涛.导航变频器的时延测量方法[C]//第一届中国卫星导航学术年会,北京,2010.

[35] 张金涛,孟海涛.变频器的时延测量方法[J].无线电工程,2011,41(9):41-43.

[36] 魏海涛,蔚保国,李刚.卫星导航设备时延标定方法研究[C]//第一届中国卫星导航学术年会,北京,2010.

[37] 程翊昕,扬宁.基于示波器的时延精确测量研究[J].消费电子,2012(08X):24-25.

第 3 章 GNSS 伪卫星信道传播模型

伪卫星发射机到接收机的信号在传输过程中,受到地形、地物的影响,会产生反射、绕射、衍射等现象,接收机接收到的信号来自不同传输路径,产生复杂的多径效应。由于不同路径的信号到达时间不同,导致信号相位不同,这些不同相位的来波信号在接收机处若同相叠加则加强,若反向叠加则减弱,造成信号幅度的变化称为衰落。伪卫星信号在空间传输的直接影响是导致信号衰落,这是由于多种传播机理叠加作用使得同一伪卫星信号到达接收端时拥有不同的幅值、时延、相位信息,造成接收机无法正常识别原始信号,难以提取有效定位信息,因此,创建能够描述这些传播机理的信道模型是实现伪卫星定位的基础。本章主要探讨和研究伪卫星导航信号在地面传输过程中的两种衰落形式:大尺度衰落和小尺度衰落,它们将影响接收机的捕获跟踪性能以及高精度的测量性能。

3.1 无线电信号传播

发射机到达接收机的电磁信号可分为两大类,一类是直射信号,另一类是非直射信号。无线电信号从发射点出发,若介质均匀且没有障碍物遮挡,则信号会一直沿直线传播直至到达接收点,即直射信号(视距信号)。直射路径传播参数的计算比较简单:传播时间可由收发点之间的距离直接得出;信号强度可由发射功率大小、环境参数、传播距离计算得出;到达相位可由射线传播的光程差计算得出。非直射信号是除直射传播以外的其他传播方式的到达波,主要传播方式包括反射、折射、透射、散射等,每种传播机制都遵循特定的电磁参数计算方法,到达信号的传播信息可能是两种或多种传播机制的叠加结果[1-8]。

3.1.1 自由空间传播

通常把充满均匀、无损媒质的空间称为自由空间,空间内的媒质具有各向同性的特性,无线电波在其中的传播将不会发生绕射、反射、散射和吸收等现象,仅需要考虑由无线电波的球面扩散而引起的传播损耗。

自由空间模型公式如下:

$$P_r = \frac{P_t G_t G_r \lambda^2}{(4\pi)^2 d^2} \tag{3.1}$$

其对数形式为

$$PL_r(d) = 10\lg\left(\frac{P_t}{P_r}\right) = -10\lg\left(\frac{G_tG_r\lambda^2}{(4\pi)^2d^2}\right) \quad (3.2)$$

忽略天线增益,令 $P_d = P_r(d)(\mathrm{dB})$,$P_{d_0} = P_r(d_0)(\mathrm{dB})$,则式(3.2)变为

$$P_d = P_{d_0} + 2\times10\lg\left(\frac{d}{d_0}\right) \quad (3.3)$$

式中:G_t、G_r 分别为发射天线和接收天线增益;λ 为无线电波长;d 为发射接收天线之间的距离;P_{d_0} 为参考距离的路径损耗(通常 $d_0=1\mathrm{m}$);P_r 为接收功率;P_t 为发射功率。

3.1.1.1 信号反射

信号在地表传播会遇到障碍物发生反射现象,在分界面处,反射遵循入射角等于反射角的反射定律,以此类推可以确定信号的传播方向。与此同时,经过反射后,信号的传播参数也将发生改变。反射的同时往往伴随着折射和透射,一部分信号能量进入障碍物而损失掉,一部分反射回空间中,幅度会受到减弱,减弱的程度与菲涅耳反射系数有关,菲涅耳反射系数主要由介质的电磁参数和信号的频率入射角度确定。由于传播方向的改变,信号的附加相位也将发生变化。传播时延将相对于直射路径增大,具体增大程度与传播总距离相关。

如图 3.1 所示,伪卫星导航信号在一个平直的障碍面发生反射,入射角为 θ_i,反射角为 θ_r,折射角为 θ_t,伪卫星信号电波在分界面分为反射波和折射波。折射波能量可能被障碍物吸收掉,也可能穿透障碍物成为透射波。图 3.1(a)中,电场极性平行于伪卫星入射波平面;图 3.1(b)中,电场极性垂直于伪卫星入射波平面。

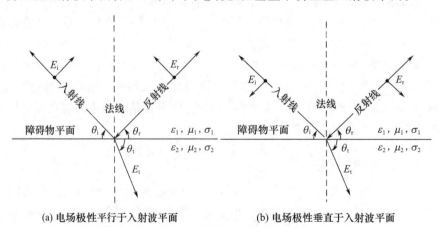

图 3.1 伪卫星信号的反射传播示意图

参数 ε_1、μ_1、σ_1 和 ε_2、μ_2、σ_2 代表两种介质的介电常数、透射率和电导率,表 3.1 给出了不同材料随大范围频率变化的特性。

表 3.1　不同材料的介质参数

材料	透射率	电导率/(S/m)	频率/MHz
粗糙地面	4	0.001	100
普通地面	15	0.005	100
光滑地面	25	0.02	100
海水	81	5.0	100
淡水	81	0.001	100
砖	4.44	0.001	4000
石灰石	7.51	0.028	4000
玻璃	4	0.000027	100
玻璃	4	0.005	1000

3.1.1.2　信号绕射

当伪卫星信号传播过程中遇到尖锐的阻挡物尖端时将会发生绕射传播,此时电磁波将不再进行直线传播,可绕到障碍物非直视区域继续传播至接收点。但其传播过程依然遵循电磁定律,伪卫星信号强度、相位的改变与障碍物形状、伪卫星信号入射角度等有直接关系。

绕射传播方式使得伪卫星信号可以弯曲前进,使得阴影遮蔽的情况下,接收机仍可以收到伪卫星信号,虽然信号幅度的衰减非常严重,但在室内环境中,绕射传播对接收信号的贡献不容忽视。

3.1.1.3　信号散射

在接收信号强度的实际测量中发现,接收信号强度总是大于经传播模型计算得到的理论值,这是由散射现象引起的。当伪卫星导航信号在传播过程中遇到尺寸小于伪卫星信号波长的物体时将发生散射传播现象。由于空间环境中的障碍物多种多样且尺寸较小,故伪卫星导航信号的散射传播十分常见,粗糙的墙壁表面、地面物体边缘、绿植盆栽等都会引起伪卫星信号的散射传播。散射导致伪卫星信号的能量向各个方向扩散,使得电磁波可以不经过直线传播到达接收机。

3.1.2　非视距传播

导致非视距传播的原因是发射机和接收机之间存在遮挡物,导致收、发设备之间不存在视距通路。究其根源,是由于障碍物使得存在多种不同特性的传播媒介,这将会改变信号传播的速度和衰落程度,从而引起信号传播异常。

非视距传播对信号传输中的电平衰减有很大贡献。非视距信号传输衰减主要取决于阻碍视距通信的媒介材质特性,虽然可能穿透的障碍物厚度只有几厘米,例如墙壁、隔板,但是相应的材质传播参数可能很大,会使信号强度到达数 10dB 的衰减。

非视距传播如图 3.2 所示。

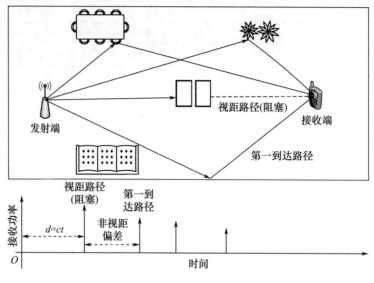

图 3.2　非视距传播示意图

3.1.3　阴影衰落

不存在视距条件时会出现无线信号的阴影遮蔽效应,无线信号仍可以通过间接途径到达接收机,这导致接收机接收到的信号经过更长的传播路径,信号强度衰减更为严重,并且发生角度改变。

人体阴影是一个不可忽视的问题。这种影响主要是因为接收机过于靠近人的身体,人体阴影会带来额外衰减。研究表明当辐射频率与生物体(或者某些器官,如眼睛、大脑)的固有频率谐振时,吸收最强,这通常会使设定好的信道传播模型特性发生很大的改变。为了解决人体阴影产生的破坏性,通常通过增大发射功率来抵消,而此方法会对人体健康产生潜在威胁,如何合理地设定信号发射功率需要进行全面的考虑。

3.1.4　多径效应

多径传播是指从发射源发射的无线信号,经过两个或者两个以上的不同传播路径到达同一个接收端的现象。由于传播轨迹不同,与直接到达接收机的信号相比会有不同的衰减、延迟和相位差。多径传播如图 3.3 所示。

无线信号传播环境复杂,微小的环境变化都会使无线信号的传播路径和强度分布发生改变,比如门窗的开闭、发射天线方向的变动、人流量的大小、室内温度湿度的变化等。这些因素导致的衍射、散射、折射传输引起的多径效应引起了信号接收场强的不稳定性和时变性,给接收端信号提取和测量带来不确定性误差,严重影响了定位的准确度。

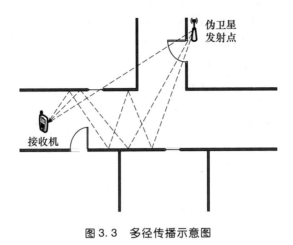

图 3.3 多径传播示意图

3.2 信道传播经验模型

无线信道就是研究电磁波在相应场景及系统条件下的传播特性。无线传播建模方法有两种,一种是统计模型(也叫经验模型),另一种是确定性模型(也叫理论模型)。单一的模型通常不能准确描述实际环境下的信道特征,往往采用统计模型和计算模型相结合的方法。

统计性的建模方法通过统计信道参数变化规律来描述无线信道的传输性能。一般需要事先确定典型的无线传播场景,经过对特定场景进行实际测量后,对得到的大量实验数据进行归纳统计,找到描述信道变化的相关电磁参数。该方法的优点在于把场景一般化,不分别考虑应用场景的实际影响,输入简单,应用简便。另外,由于统计性模型对于具体的场景支持有限,往往与实际场景信道产生出入,造成信道模型匹配不准确。

3.2.1 经验模型研究现状

G. L. Turin 针对无线信道的多径特性首先做出了研究,提出了适合超宽带信号的简单泊松模型(相关内容还可见文献[9-10]),该模型认为到达多径信号幅值服从泊松分布。然而 AT&T 贝尔实验室的 A. M. Saleh 和 R. Valenzuela 通过对信道测量数据分析提出了 Saleh-Valenzuela(S-V)模型(相关内容还可见文献[11]),该模型表示超宽带信号在室内经过多径传播后,到达信号的冲激响应总是按簇分布的,簇与簇之间的分隔时间并不明显。相对于之前模型,S-V 模型用双指数分布描述超宽带信号的传播规律,即到达多径是以簇的形式到达接收机,簇的到达时间服从泊松分布,每一簇内有大量的多径信号,这些多径信号的到达时间也服从泊松分布。

Q. H. Spencer 在之前 S-V 模型的基础上,将散射传播的影响考虑在内后,对

S-V模型进行了修正;IEEE802.15.3a总结前人研究经验后提出了超宽带信道建议模型,该模型表示簇内每条到达信号径的包络服从对数正态分布,确定了相应的路径损耗模型以及信道冲击响应。

对数路径损耗模型,描述的是信号传播过程中的衰减程度随传播距离的变化关系,通过统计不同场景的衰减因子来预测环境中的电磁波衰减情况。由于考虑了环境的特异性,该模型可为研究伪卫星导航信号传播模型所借鉴。

衰减因子模型是Seidel所提出的描述城市环境特定位置的传播模型(相关内容还可见文献[12-14]),该模型对环境的适应性比较好,描述了环境类型以及障碍物类型对无线信号传播带来的影响。在接收信号强度随距离呈指数变化的研究基础上,将不同种类的墙壁和不同楼宇之间的穿透损耗考虑到传播模型中,大量实验表明衰减因子模型的预测准确度进一步得到提高。

S. Mockford利用窄带信道探测方法实际测试了通信信号的传输过程,结果发现当收发端之间存在视距通路时,其衰落情况一般可以用莱斯(Rice)分布来描述。当收发端没有视距通路时,其衰落情况可以看作是瑞利分布;当收发路径间存在严重的阴影遮蔽时,其衰落情况可视为对数正态分布。由于伪卫星布设灵活且信道带宽较小属于窄带信号,该模型可被研究伪卫星信号传播模型所借鉴。

总体而言,对于室内信号传输模型的研究大多集中在超宽带及通信信号方面,对伪卫星导航信号传播效应的研究较为罕见,可通过结合已有的信号传输模型,分析伪卫星信号和应用环境的特征,提出可描述伪卫星信号传播效应的相应模型。

3.2.2 大尺度统计模型

3.2.2.1 对数距离路径损耗模型

路径损耗主要包括视距条件下无线电波传播损耗、障碍物穿透损耗和非视距条件下的绕射损耗,表征了长距离下平均接收信号功率随传播距离平稳变化的关系。

最理想的电波传播环境是自由空间,其路径损耗模型主要适用于发射和接收是视距路径(即完全无阻挡)的场景,路径损耗公式见式(3.1)。

然而现实环境并不符合自由空间的条件,信号在传输过程中遇到城市环境树木、建筑房屋结构、材料等都会对电波传输产生很大影响,建筑物材质的作用最为显著。城市环境障碍物材质主要有木材、金属、混凝土、玻璃等,这些障碍物对无线信号的衰减程度互不相同,把描述特定环境下无线信号衰落程度的参数称为衰减因子。鉴于实际环境的复杂度,要对自由空间传播模型进行修正,事实上,任意大尺度路径损耗函数都与距离比率的指数成正比,即

$$P_r(d) = P_r(d_0)\left(\frac{d}{d_0}\right)^n \tag{3.4}$$

两边取对数,从而有

$$P_d = P_{d_0} + n \times 10\lg\left(\frac{d}{d_0}\right) \tag{3.5}$$

式中:n 为路径损耗因子,依据具体环境而定,n 越小,表示信号路径损失越小,在自由空间传播模型中,该值为2,而在一般有障碍物的复杂环境中,n 值都要大于2;d_0 为参考距离,一般取1m;d 为发射机和接收机之间的距离。

研究表明,室外和室内环境下,平均接收信号功率均随距离呈对数衰减,对数距离路径损耗模型是常见的室内大尺度信道模型:

$$P_d = P_{d_0} + n \times 10\lg\left(\frac{d}{d_0}\right) + X_\sigma \quad (\text{dB}) \tag{3.6}$$

式中:X_σ 为一个随机的噪声的信号强度,代表对数正态阴影衰落,服从均值为0、方差为 σ 的高斯分布。

不同频率信号的对数距离路径损耗曲线如图3.4所示。

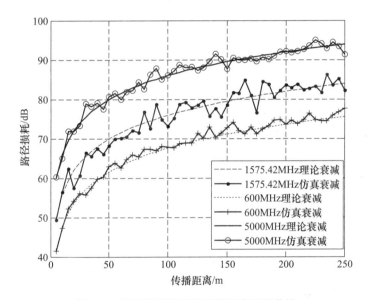

图3.4 不同频率信号的对数距离损耗曲线

由图3.4可知,路径损耗随着信号频率的增加而变化更为明显,图3.4所采用的衰减因子为自由空间中的衰减因子2,现实环境中由于空间内存在各种各样的障碍物,使得电磁波路径衰减增大。

3.2.2.2 衰减因子模型

Seidel提出的衰减因子模型很具灵活性,该模型描述了环境类型以及障碍物类型对室内无线信号传播带来的影响。衰减因子模型表达式为

$$L = L(L_0) + 10\gamma_{SF}\lg\left(\frac{d}{d_0}\right) + \text{FAF} \tag{3.7}$$

式中:γ_{SF} 为同一楼层路径损耗指数;FAF为不同楼层衰减指数。

对于多层建筑物,则式(3.7)整理如下:

$$\mathrm{PL}(d) = \mathrm{PL}(d_0) + 20 \times \lg\left(\frac{d}{d_0}\right) + \alpha d + \mathrm{FAF} \tag{3.8}$$

式中：α 为表征信道衰减程度的参数（dB/m）。

3.2.2.3 Keenan-Motley 模型

Keenan-Motley 模型是主要考虑墙壁等因素的信号传输模型，其路径损耗表示为

$$L = L_0 + 20 \times \lg f + 20 \times \lg d + P \times W \tag{3.9}$$

式中：L_0 为参考距离处的损耗（$d_0 = 1\mathrm{m}$）；f 为频率（MHz）；d 为收发点之间的距离大小（m）；P 为墙壁损耗的参考值；W 为墙壁数目。

不同类型的楼层和墙壁有不同的穿透损耗值，将其参数化后该模型优化如下：

$$L = L_0 + 20 \times \lg f + 20 \times \lg d + \sum_{i=1}^{i} k_{fi} L_{fi} + \sum_{j=1}^{j} k_{wj} L_{wj} \tag{3.10}$$

式中：k_{fi} 和 k_{wj} 为信号穿透材料的种类数；L_{fi} 和 L_{wj} 为不同种类的材料相对应的损耗指数；i 为材料 1 的种类数；j 为材料 2 的种类数。

3.2.2.4 多重断点模型

Ericsson 提出了无线信号传输规律的多重断点模型。该模型将路径损耗的阈值考虑在内，并在阈值范围内设定了 4 个断点。模型信号频率为 900MHz 且天线具有单位增益，则根据计算得到 $d_0 = 1\mathrm{m}$ 处的功率衰减是 30dB。该模型确定了某一特定距离的路径损耗取值范围的界限，没有假定路径损耗为对数正态阴影分布。图 3.5 是多重断点模型路径损耗值随距离的变化曲线。

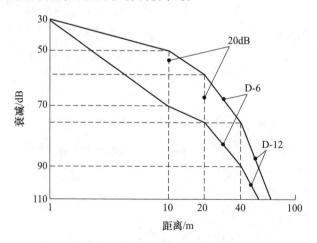

图 3.5 多重断点模型路径损耗值随距离的变化曲线

3.2.3 小尺度统计模型

小尺度衰落是由于一个发射信号沿两个或多个路径传输到达接收机，路径差十分微小导致接收机无法辨别。具体来说，伪卫星信号从发射端向各个方向传播，由于

环境特点不同,每条路径经历的传播过程各不相同,故到达接收点的是携带不同的电磁信息的射线信号,传播距离的不同直接导致时延和相位的差异,反射折射等传播方式则会改变信号的极性,接收端处所有到达多径进行矢量相加后,由于同相相增异相相减导致接收信号电磁信息不断变化,不能够提取有效的可用参数。

现有的小尺度衰落模型大多针对通信信号,常见的描述室内小尺度衰落的模型有以下几种。

3.2.3.1 简单的泊松模型

简单的泊松模型最早应用于描述室内超宽带通信信号的传输特性,该模型到达多径信号描述为服从泊松分布的一簇信号。换言之,超宽带信号在室内传播到达接收点后的多径信号幅度呈泊松分布。

3.2.3.2 修正的泊松模型

改进后的泊松模型是在原泊松模型的基础上,加入多径到达时间,也服从泊松分布这一特性,结果表明,修正后的泊松模型可以更好地描述视距环境下超宽带信号的传输效应。

$$p(\tau_k/\tau_{k-1}) = \lambda_1 \exp[-\lambda_1(\tau_k - \tau_{k-1})] \quad 0 < k < M \quad (3.11)$$

式中:λ_1 为路径的平均到达率;τ_k 为第 k 个路径的抵达时间;M 为簇出现个数。多径幅度服从对数正态分布,可表示为

$$\beta_k = P_k 10^{(\mu_k + X_{\sigma,k})/20} \quad (3.12)$$

式中:P_k 的值等概率为 ±1。

$$\mu_k = -\frac{\sigma_1^2 \ln(10)}{20} \quad 0 < k < M$$

$$X_{\sigma,k} = N(0, \sigma_1^2) \quad 0 < k < M \quad (3.13)$$

3.2.3.3 Δ-K 模型

Suzuki 提出的 Δ-K 模型在修正泊松模型的基础上,将时间轴划分为微小时间段 Δ,将多径信号到达规律描述得更为准确和形象。设 λ 是该环境的多径到达率,在时间段 Δ 内平均多径到达数量为 $E(v) = \lambda \Delta$。则在这段时间内,有 n 个到达径的概率为

$$P(v = n) = (\lambda \Delta)^n e^{-\lambda \Delta}/n! \quad n = 0,1,\cdots \quad (3.14)$$

假设在第 $n-1$ 个时间段 Δ_{n-1} 内有一条到达多径,时间段 Δ_n 内的多径到达概率为 $k\lambda$,表示为

$$\lambda_1 = r_1$$

$$\lambda_n = \frac{r_n}{(k-1) \times r_{n-1} + 1} \quad n \geq 2 \quad (3.15)$$

式中:r_n 为第 n 个时间段占总时间的比例。信道特征随 k 值变化而不同:当 $k=1$ 时,Δ-K 模型即泊松模型;当 $k>1$ 时,信道的到达多径呈一簇一簇到达;当 $k<1$ 时,信道的到达多径分布较为均匀。

通过研究者对超宽带信号进行实际测量,发现时间段 Δ_n 内信道冲击响应幅值近似服从对数正态分布,即

$$20 \lg(\alpha_n) \sim \text{Normal}(\mu_n, \sigma^2) \tag{3.16}$$

可导出

$$|\alpha_n| = 10^{\frac{p}{20}} \quad p \sim \text{Normal}(\mu_n, \sigma^2) \tag{3.17}$$

式中

$$\mu_n = \frac{10\ln\Omega_0 - 10T_n/\Gamma}{\ln 10} - \frac{\sigma^2 \ln 10}{20} \tag{3.18}$$

式中:Ω_0 为第一径的平均功率;T_n 为第 n 径的时延;Γ 为第 n 径的包络衰减因子。

3.2.3.4 S-V 模型

S-V 模型是针对超宽带信号在非视距环境下传播而提出的,经过大量测试实验发现,超宽带信号经过多径传播后,到达信号的冲激响应总是按簇分布的,但由于室内空间有限,障碍物之间间隔小,故簇与簇之间的分隔时间并不明显。相对于之前的泊松模型和 Δ-K 模型,S-V 模型用双指数分布描述室内超宽带信号的传播规律,即到达多径是以簇的形式到达接收机,簇的到达时间服从泊松分布;每一簇内有大量的多径信号,这些多径信号的到达时间也是服从泊松分布的。S-V 模型包络时延曲线如图 3.6 所示。

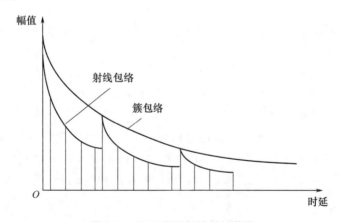

图 3.6 S-V 模型包络时延曲线

IEEE802.15.3a 工作小组推荐的超宽带多径信道模型为

$$h_i(t) = X_i \sum_{l=0}^{L} \sum_{k=0}^{K} \alpha_{k,l}^i \delta(t - T_l^i - \tau_{k,l}^i) \tag{3.19}$$

式中:X_i 为对数正态分布的阴影效应;$\alpha_{k,l}^i$ 为多径增益系数;T_l^i 为第 i 簇对应的到达时延;$\tau_{k,l}^i$ 为第 k 条多径分量相对于第 l 簇到达时间的延迟。

3.2.3.5 通信信号统计模型

S. Mockford 利用窄带信道探测方法测量了通信信号的传输过程,结果发现若收

发点之间有视距通路,则信号衰落情况一般可以用莱斯分布来描述;若收发端没有直视路径,则其衰落情况可以看作是瑞利分布;当收发路径间存在严重的阴影遮蔽时,其衰落情况可视为对数正态分布。

(1)环境中主要存在视距信号时,信号传播衰落情况可用莱斯分布表征。

环境中存在主要视距信号的情况下,接收信号包络的概率密度函数一般可以写成

$$f_{\text{Rice}}(r) = \frac{r}{\sigma^2}\exp[-(\gamma^2+\beta^2)/2\sigma^2]I_0\left[\frac{r\beta}{\sigma^2}\right] \quad r \geqslant 0 \quad (3.20)$$

式中:$r = \sqrt{(x+\beta)^2+y^2}$ 为接收信号包络,x、y 为正态分布随机变量;β 为直射径幅值;$I_0[\cdot]$ 为修正的零阶贝塞尔方程;γ 为信号包络;σ^2 为多径信号分量的功率。

图3.7表示的是环境中存在主要视距信号时,信号传播衰落情况可用莱斯分布表征。由于存在直射视距通路,故接收端处会有一条到达功率最强、传播时延最短的直射径,接收信号结构表现为其余到达多径附加在这条直射径上。观察曲线可以看出曲线峰值对应的横坐标在0.4~0.5。

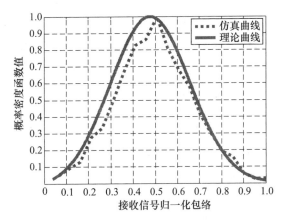

图3.7　存在主要视距信号时信号传播衰落包络服从莱斯分布(见彩图)

(2)环境中不存在主要视距信号时,信号传播衰落情况可用瑞利分布表征。

环境中存在主要视距信号的情况下,接收信号衰落包络的概率密度函数一般可以写成

$$f_{\text{Rayleigh}}(r) = \frac{r}{\sigma^2}\exp(-\gamma^2/2\sigma^2) \quad r \geqslant 0 \quad (3.21)$$

式中:$r = \sqrt{x^2+y^2}$ 表示接收信号包络。

图3.8所示曲线为环境中不存在主要视距信号的情况下,到达的衰落信号包络服从瑞利分布,曲线峰值对应的横坐标在0.2~0.3左右,这说明到达信号多数为小功率的多径信号,即不存在主要视距信号分量时,接收信号大多为多径信号。

定义 $K = \beta^2/(2\sigma^2)$ 为表征莱斯分布曲线形状的莱斯因子,莱斯因子表示的是直

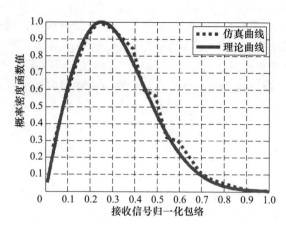

图3.8 不存在主要视距信号时衰落包络服从瑞利分布(见彩图)

射径的信号包络幅值与其他多径到达信号包络幅值和的比值。通过改变莱斯因子的值观察曲线变化,可以看出瑞利分布曲线即莱斯因子等于0时的莱斯分布曲线,是莱斯分布的特殊情况;莱斯因子越大,表示多径信号幅值和值越小,相对应的多径影响越小,如果$K=\infty$,即没有多径存在的理想无线信道的情形。

(3)环境中不存在视距情况时,小尺度模型包络服从对数正态分布。

不存在视距情况时,到达信号包络的概率密度函数可用对数正态分布表征。

$$f_{\text{Lognormal}}(r) = \frac{1}{r\sqrt{2\pi d_0}}\exp\left[-\frac{(\ln r - \mu)^2}{2d_0}\right] \quad (3.22)$$

式中:μ为$\ln r$的均值;d_0为$\ln r$的方差。

图3.9表示的是环境存在阴影遮蔽的情况下,到达信号功率服从对数正态分布,图中曲线表示接收信号包络(功率)的概率密度,归一化到达功率集中于微弱信号,表明遮蔽物的阴影效应使信号传播功率大大降低。

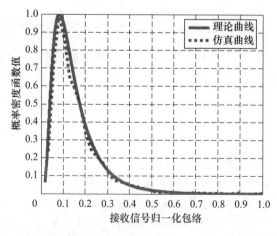

图3.9 不存在视距情况下衰落包络服从对数正态分布(见彩图)

3.3 射线追踪与计算模型

3.3.1 射线追踪精确模型

确定性模型是根据无线电波传播的基本原理得到的,相对于统计性信道模型,确定性信道模型是一种可以针对具体实际场景进行求解的信道模型。常用的确定性建模方法有基于求解麦克斯韦方程的时域有限差分法(FDTD)和基于几何光学(GO)的射线追踪法(Ray-Tracing)。确定性模型的优点是能够精确描述信道特征,不受环境特异性的限制,但该方法的实现通常需要大量关于环境特征的数据信息,算法实现过程通常都很复杂,计算量很庞大,所以确定性模型通常适用于空间尺度小的环境。

确定性模型是基于传播环境中的所有场景信息都可以得到的条件下,电磁波的传播路径和参数信息可被预测。运用电磁波传播理论计算可以给出精确的信道特征描述。伪卫星确定性模型的建立需要预先已知典型场景内的环境电磁信息,包括障碍物的精确位置、场地空间尺寸、形状材质等,随后运用精确的麦克斯韦电磁计算方法确定场景中的每条传播路径参数。

3.3.2 射线追踪算法

确定性建模方法包括时域有限差分法、射线追踪法、矩量法(MOM)以及这些方法的混合使用,本章主要采用基于几何光学和一致性绕射原理的射线追踪算法。

射线追踪法是一种基于一致性绕射理论和几何光学理论的电磁波预测算法[15-18],作为先验手段,可用于室内伪卫星信号传播规律的研究。具体实现过程为:将伪卫星抽象成向各个方向发射电磁射线的点源,每条射线运行轨迹遵循一致性绕射理论和几何光学原理,在遇到障碍物时用分界面处的电磁计算方法进行场强计算,至射线到达接收端后将所有到达射线进行矢量叠加,如此既可以得到总的伪卫星信号场强,又可以知悉贡献总场强的每条射线的传播信息,包括每条射线的到达幅度、相对于首径的传播时延、到达相位、到达角度等详细信息。目前的射线追踪技术主要包括射线管法、镜像法、入射反弹射线法以及两者或三者的混合算法等。但是运用射线追踪法需要非常详细的场景信息,并且同时伴随着非常庞大的计算量,所以射线追踪法比较适用于场景尺寸比较小,设施陈列比较简单的室内环境。

具体来说,即将伪卫星抽象成向各个方向发射电磁射线的点源,在遇到障碍物时用分界面处的电磁计算方法对每条传播射线进行电磁参数计算,至射线到达接收端得到每条射线的到达幅度、相对于首径的传播时延、到达相位、到达角度等详细信息,随后将所有到达射线进行矢量叠加,在此基础上对仿真数据进行归纳处理,得到室内伪卫星信号的传播规律。

在射线追踪算法中,前提是将伪卫星与无线信号都近似成几何中的点与线,即没有大小和粗细,这种近似会带来计算误差。减小误差的办法一般有两种[10]:一种是在接收端处解决近似误差的接收球法,该方法将接收点看作半径可变的接收球,若电磁射线经过多径传播后落入球包围的空间内,则视为有效到达射线,反之则认为无效;第二种是在发射端处解决近似误差的三维射线管法,该方法将发射点发射出的射线看作有几何大小的射线管,经过多径传播之后,若接收点在射线管包围的空间内,则视为有效达到射线,反之认为无效。

可运用更为准确的三维射线追踪技术分析伪卫星信道的传输特性,常见的三维射线追踪技术有镜像法、射线管法、入射与反弹射线法以及两者的混合算法等。

3.3.2.1 镜像法

镜像法是将障碍物表面看成镜面,由发射点在不同障碍物表面间形成的镜像点可以得出预测结果。当障碍物表面数目较大时,镜像点将会非常繁多,计算量非常庞大,因此,镜像法不适用于预测较复杂的环境。图 3.10 示出利用镜像法确定反射路径的过程。

如图 3.10 所示,以障碍面 1 为分界面,利用反射的对称性找出发射点 T 镜像点 T_1,以此类推,以障碍面 2 为分界面,利用对称性找到 T_1 点的镜像点 T_2,连接 T 和 T_2,连线与障碍面 1 的交点即第一次反射的反射点 R_1,T 与 R_1 的连线 L_1 为第一次反射的入射线。按此方法将所有障碍面的镜像点都通过对称法找出,相应得到全部的入射反射线,即可完全确定射线传播过程。

3.3.2.2 射线管法

射线管法将发射点发射出的射线看作有几何大小的射线管,经过多径传播之后,若接收点在射线管包围的空间内,则视为有效达到射线,反之认为无效。但射线管经过长距离多次反射后,空间体积往往增大很多,导致预测结果不准确,故需在发射点处对射线管进行细分。

如图 3.11 所示,图中以坐标原点为一个顶点的小四面体即一个射线管,每个射线管的发射角度可通过球坐标系的参数 $\Delta\theta$ 和 $\Delta\phi$ 来确定。为了简化计算过程,现假设每个射线管的角度和体积都是同样大小。

利用发射端射线管法进行射线追踪的过程如下:

(1) 根据环境特点设定射线管的角度和大小。

(2) 确定射线管与各个障碍面的交点。

(3) 根据电磁波基本传播机制的计算方法,计算每种传播方式的路径损耗、时延信息、相位变化等参数,确定射线追踪路径。

(4) 判断射线管的有效性。

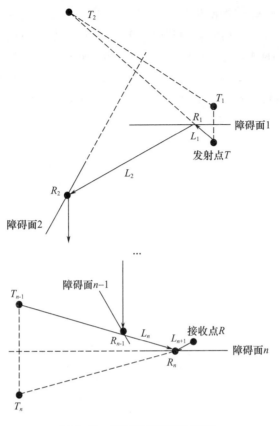

图 3.10　镜面法确定反射路径

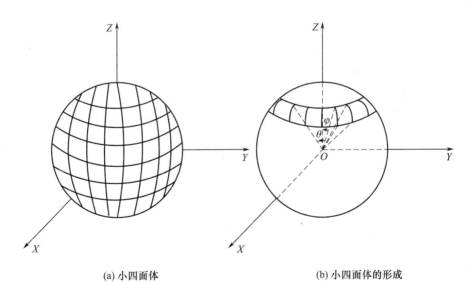

(a) 小四面体　　　　　　　　　　(b) 小四面体的形成

图 3.11　射线管示意图

3.3.2.3 入射与反弹射线法

入射与反弹射线法在射线管的基础上更为精确:一是该方法是将上述射线管统一设定为一样大小的顶点在原点的三角锥体,如此便可以无缝覆盖整个发射点周围的空间,使得发射射线没有遗漏,提高了算法精确度;二是三角锥体的三维射线管在室内传播过程中遇到障碍物发生反射、折射等传播现象,使得射线管分裂成许多更小的子射线管,使得计算范围更加详尽。

具体的射线追踪过程如下:反射管从发射点向各个方向发出,确定环境中的所有障碍面信息,判断发射管是否与障碍面相交,与哪些障碍面相交,在确定能被接收点有效接收的前提下,将每个障碍物分界面运用电磁波传播计算方法计算得到功率、时延、相位、角度等电磁参数。若不与障碍面相交,则判断是否能被接收点有效接收,若能有效接收则视为直射径,反之舍弃。将所有射线传播路径一一确定后,射线追踪过程完成。

3.3.3 射线场强计算

3.3.3.1 频域反射系数及反射场

1)反射系数

对于一般的反射传播参数计算,只需考虑分界面处的正交极化分量。在不同介质的障碍物分界面处,平行极化场的反射系数和垂直极化场的反射系数如下:

$$\begin{cases} \Gamma_{//} = \dfrac{E_{r//}}{E_{i//}} = \dfrac{\eta_2 \sin\theta_t - \eta_1 \sin\theta_i}{\eta_2 \sin\theta_t + \eta_1 \sin\theta_i} \\ \Gamma_{\perp} = \dfrac{E_{r\perp}}{E_{i\perp}} = \dfrac{\eta_2 \sin\theta_i - \eta_1 \sin\theta_t}{\eta_2 \sin\theta_i + \eta_1 \sin\theta_t} \end{cases} \quad (3.23)$$

式中:η_1、η_2 为介质的固有阻抗,等于电场与磁场的比率;$E_{i//}$、$E_{i\perp}$ 分别为平行、垂直入射场强;$E_{r//}$、$E_{r\perp}$ 分别为平行、垂直反射场强;θ_i 为入射角;θ_t 为透射角。

2)反射场计算

如图 3.12 所示,T 为发射点,P 为接收点,R 为障碍物平面上的反射点,n 为障碍物平面的法矢量,$\hat{e}_{i//}$、$\hat{e}_{i\perp}$ 为反射前的单位水平和单位垂直极化分量,$\hat{e}_{r//}$、$\hat{e}_{r\perp}$ 为反射后的单位水平和单位垂直极化分量,$E^i(P)$ 为反射前的入射场强,$E^r(P)$ 为反射后的反射场强。根据反射定律得

$$E^i(P) = F(\theta,\phi) \cdot e^{jkS_1}/S_1 \quad (3.24)$$

$$E^r(P) = \bar{\bar{R}} \cdot E^i(P) \quad (3.25)$$

式中:$F(\theta,\phi)$ 为天线方向因子;e^{jkS_1} 为相位变化参数;$\bar{\bar{R}}$ 为反射系数矩阵;S_1 为源点 T 到反射点 R 的距离。

如图 3.12 所示,$\hat{s}_i$ 和 $\hat{s}_r$ 分别为入射波和反射波的单位矢量,通过单位矢量的计算方法可得如下的方程:

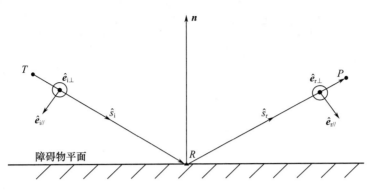

图 3.12 反射场计算

$$\hat{e}_{i\perp} = \hat{s}_i \times n \tag{3.26}$$

$$\hat{e}_{i/\!/} = \hat{s}_i \times \hat{e}_{i\perp} \tag{3.27}$$

$$\hat{e}_{r\perp} = \hat{s}_r \times n = \hat{e}_{i\perp} \tag{3.28}$$

$$\hat{e}_{r/\!/} = \hat{s}_r \times \hat{e}_{i\perp} \tag{3.29}$$

下一步将入射波分为沿着 $\hat{e}_{i/\!/}$ 方向的平行极化分量和沿着 $\hat{e}_{i\perp}$ 方向的垂直极化分量,可得

$$E^r(Q) = \hat{e}_{r\perp} E^r_{e_\perp} + \hat{e}_{r/\!/} E^r_{e/\!/} \tag{3.30}$$

$$\begin{bmatrix} E^r_{e_\perp} \\ E^r_{e/\!/} \end{bmatrix} = \begin{bmatrix} R_\perp & 0 \\ 0 & R_{/\!/} \end{bmatrix} \cdot \begin{bmatrix} M_{11} & M_{12} \\ M_{21} & M_{22} \end{bmatrix} \cdot \begin{bmatrix} F_\theta \\ F_\phi \end{bmatrix} \cdot \frac{\exp(jkS)}{4\pi S} \tag{3.31}$$

式中: $M_{11} = \hat{e}_\perp \cdot \theta$; $M_{21} = \hat{e}_{/\!/} \cdot \theta$; $M_{12} = \hat{e}_\perp \cdot \phi$; $M_{22} = \hat{e}_{/\!/} \cdot \phi$; $S = S_1 + S_2$, 其中 S_2 为反射点 R 到接收点 P 的距离。这里是基于球坐标系表示的,将其在直角坐标系表示如下:

$$E^r(Q) = x E^r_x + y E^r_y + z E^r_z \tag{3.32}$$

$$\begin{bmatrix} E^r_x \\ E^r_y \\ E^r_z \end{bmatrix} = \begin{bmatrix} \hat{e}_{r\perp} \cdot x & \hat{e}_{r/\!/} \cdot x \\ \hat{e}_{r\perp} \cdot y & \hat{e}_{r/\!/} \cdot y \\ \hat{e}_{r\perp} \cdot z & \hat{e}_{r/\!/} \cdot z \end{bmatrix} \cdot \prod_{i=1}^{n} \left\{ \begin{bmatrix} R_\perp & 0 \\ 0 & R_{/\!/} \end{bmatrix} \cdot \begin{bmatrix} M_{11} & M_{12} \\ M_{21} & M_{22} \end{bmatrix} \right\} \cdot \begin{bmatrix} F_\theta \\ F_\phi \end{bmatrix} \cdot \frac{\exp(jkS)}{4\pi S}$$

$$\tag{3.33}$$

3.3.3.2 时域反射系数及反射场

1) 反射系数

反射系数是反射过程电磁计算的重要参量,在介质分界面上的时域反射系数表达式如下:

$$r_1^+(t) = \begin{cases} -\left[K\delta(\tau_r) + \dfrac{4\kappa}{1-\kappa^2}\dfrac{e^{-a\tau_t}}{\tau_r}\sum_{n=1}^{\infty}(-1)^{n+1}nK^n I_n(a\tau_r)\right] & \text{(水平极化波)} \\ K\delta(\tau_r) + \dfrac{4\kappa}{1-\kappa^2}\dfrac{e^{-a\tau_t}}{\tau_r}\sum_{n=1}^{\infty}(-1)^{n+1}nK^n I_n(a\tau_r) & \text{(垂直极化波)} \end{cases}$$

(3.34)

式中

$$K = (1-\kappa)/(1+\kappa) \quad \begin{cases} \kappa = (\xi\varepsilon_r)^{-1} \text{ 且 } a = \dfrac{\zeta}{2} & \text{(水平极化波)} \\ \kappa = \xi \text{ 且 } a = \dfrac{v}{2}, \dfrac{\cos^2\phi}{\varepsilon_r} \ll 1 & \text{(垂直极化波)} \end{cases}$$

(3.35)

$$\xi = \dfrac{\sqrt{\varepsilon_r - \cos^2\phi}}{\varepsilon_r \sin\phi}, \quad \zeta = \dfrac{v}{1-\dfrac{\cos^2\phi}{\varepsilon_r}}, \quad v = \dfrac{120\pi\sigma c}{\varepsilon_r} \quad \phi \text{ 为入射角} \quad (3.36)$$

为了简化计算的复杂度,这里用贝塞尔函数的近似值代替其实际值,则式(3.34)改写为

$$r(t) = \pm\left[K\delta(t) + \dfrac{4\kappa}{1-\kappa^2}e^{-\alpha t}F\right] \quad (3.37)$$

F 展开后为

$$F = \sum_{n=1}^{\infty}(-1)^{n+1}\dfrac{nK^n}{t}I_n(\alpha t) \quad (3.38)$$

将 $I_n(\alpha t)$ 展开[20]为

$$I_n(\alpha t) = \sum_{k=0}^{\infty}\dfrac{(\alpha t/2)^{2k+n}}{k!(n+k)!} \quad (3.39)$$

将式(3.39)带入式(3.38),有

$$F = \sum_{k=0}^{\infty}\sum_{n=1}^{\infty}(-1)^{n+1}\dfrac{nK^n}{t}\dfrac{(\alpha t/2)^{2k+n}}{k!(n+k)!} \quad (3.40)$$

令

$$F = \sum_{k=0}^{\infty}f_k, \quad f_k = \sum_{n=1}^{\infty}(-1)^{n+1}\dfrac{nK^n}{t}\dfrac{(\alpha t/2)^{2k+n}}{k!(n+k)!}$$

进一步简化后得到

$$f_k = \dfrac{(-\alpha t/2)^k}{tk!K^k}\left[(A+k)X + \sum_{n=0}^{k-1}\dfrac{(n-k)(-A)^n}{n!}\right] \quad (3.41)$$

式(3.41)中,$A = K\alpha t/2, X = e^{-K\alpha t/2}$,经过多次实验,$K$ 值取 4。

$$\begin{cases} f_0 = \dfrac{\alpha K}{2} X \\ f_1 = -\dfrac{\alpha}{2K}[(A+1)X - 1] \\ f_2 = \dfrac{\alpha^2 t}{8K^2}[(A+2)X - 2 + A] \\ f_3 = \dfrac{\alpha^3 t^2}{48K^3}[(A+3)X - 3 + 2A - A^2/2] \\ f_4 = \dfrac{\alpha^4 t^3}{384K^4}[(A+4)X - 4 + 3A - A^2 + A^3/6] \end{cases} \quad (3.42)$$

将式(3.42)代入式(3.41),计算式(3.34)得

$$r_1^+(t) = \begin{cases} -K\delta(\tau_r) + \dfrac{4\kappa}{1-\kappa^2} e^{-\alpha t} \sum_{k=0}^{N-1} f_i & (\text{水平极化波}) \\ K\delta(\tau_r) + \dfrac{4\kappa}{1-\kappa^2} e^{-\alpha t} \sum_{k=0}^{N-1} f_i & (\text{垂直极化波}) \end{cases} \quad (3.43)$$

2) 反射场计算

根据文献得到反射射线幅度为

$$e_r^+(r,t) = E_0^i |A_r(s^r)| \bar{\bar{r}}(\tau_r) \quad (3.44)$$

式中, $\bar{\bar{r}}(\tau_r) = r_{hp}^+(\tau_r)\hat{e}_\perp^i \hat{e}_\perp^r + r_{vp}^+(\tau_r)\hat{e}_\parallel^i \hat{e}_\parallel^r$,其中 r_{vp}^+ 为垂直极化参数, r_{hp}^+ 为水平极化参数。

3.3.3.3 绕射系数及绕射场

伪卫星信号绕射传播过程的电场强度计算过程如下所述。

1) 确定绕射尖端,确定绕射点坐标。

绕射尖端的方程可以表示为

$$x = f(t), \quad y = g(t), \quad z = h(t) \quad (3.45)$$

于是从反射点 $S(x_1,y_1,z_1)$ 发出的伪卫星信号经绕射尖端上任意一点 $D(x,y,z)$ 到达场点 $P(x_2,y_2,z_2)$ 的距离为

$$s = s_{SD} + s_{DP} = \sqrt{(x-x_1)^2 + (y-y_1)^2 + (z-z_1)^2} + \sqrt{(x-x_2)^2 + (y-y_2)^2 + (z-z_2)^2} \quad (3.46)$$

随后可由式(3.46)求得绕射点坐标

$$\dfrac{ds}{dt} = \dfrac{1}{s_{SD}}[(x-x_1)x' + (y-y_1)y' + (x-z_1)z'] - \dfrac{1}{s_{DP}}[(x-x_2)x' + (y-y_2)y' + (x-z_2)z'] = 0 \quad (3.47)$$

上述过程即求取绕射点坐标的一般过程,但如遇特殊形状的绕射尖端,计算过程可大大简化。

图 3.13 表示的是绕射尖端是直线 AB 的情况,端点坐标是 $A(x_A,y_A,z_A)$、$B(x_B,y_B,z_B)$,发射点为 $S(x_S,y_S,z_S)$,由前面可知绕射尖端的参量方程为

$$x = kx_A + (1-k)x_B, \quad y = ky_A + (1-k)y_B, \quad z = kz_A + (1-k)z_B \quad (3.48)$$

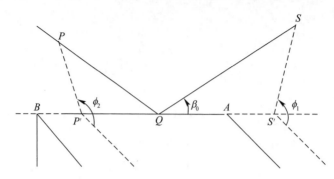

图 3.13 绕射点求解

S'、P' 是点 S 和点 P 对于直线 AB 的垂点,则有 $\overline{AB} \cdot \overline{SS'} = 0$,可得下式:

$$k = \frac{(x_A - x_B) \cdot (x_S - x_B) + (y_A - y_B) \cdot (y_S - y_B) + (z_A - z_B) \cdot (z_S - z_B)}{(x_A - x_B)^2 + (y_A - y_B)^2 + (z_A - z_B)^2} \quad (3.49)$$

将式(3.49)代入式(3.48)可求得两个垂点的坐标 (x'_S,y'_S,z'_S)、(x'_P,y'_P,z'_P)。已知 $\triangle SQS' \backsim \triangle PQP'$,得到点 Q 为

$$Q = \frac{SS'}{PP'+SS'}P' + \frac{PP'}{PP'+SS'}S' \quad (3.50)$$

2) 求解绕射系数

根据上面计算结果可得绕射尖端的绕射系数为

$$\begin{aligned}
D_{e,m}(\phi_2,\phi_1,\beta_0) = & \frac{-e^{j\pi/4}}{2n\sqrt{2\pi k}\sin\beta_0} \times \left\{ \cot\left[\frac{\pi+(\phi_2-\phi_1)}{2n}\right] F[kLa^+(\phi_2-\phi_1)] + \right. \\
& \cot\left[\frac{\pi+(\phi_2-\phi_1)}{2n}\right] F[kLa^-(\phi_2-\phi_1)] + \\
& \boldsymbol{R}_a^{s,h}\cot\left[\frac{\pi+(\phi_2-\phi_1)}{2n}\right] F[kLa^+(\phi_2-\phi_1)] + \\
& \left. \boldsymbol{R}_b^{s,h}\cot\left[\frac{\pi+(\phi_2-\phi_1)}{2n}\right] F[kLa^-(\phi_2-\phi_1)] \right\}
\end{aligned} \quad (3.51)$$

式中:下标 e、m 表示水平和垂直极化方式;β_0 为入射波与绕射尖端的夹角;L 为绕射尖端高度;$\boldsymbol{R}$ 为反射矩阵。其中

$$F(x) = 2j\sqrt{x}e^{ix}\int_{\sqrt{x}}^{\infty} e^{-j\tau^2}d\tau \quad (3.52)$$

是过渡函数,包含菲涅耳积分。

$$L = \frac{SS'}{S+S'}$$
$$a^{\pm}(\beta) = 2\cos^2\left[\frac{2n\pi N^{\pm} - \beta}{2}\right] \quad \beta = \phi - \phi' \tag{3.53}$$

式中：$N^{\pm}$ 必须是满足下列方程的最小整数，即
$$2\pi nN^{\pm} - (\beta) = \pi \text{ 或 } 2\pi nN^{\pm} - (\beta) = -\pi \tag{3.54}$$

3）求解绕射场

绕射场信号功率的公式表示如下：
$$E^{\mathrm{d}} = \bar{\bar{D}} \cdot E^{\mathrm{i}} \tag{3.55}$$

式中：$\bar{\bar{D}}$ 为绕射系数，其表达式为
$$\bar{\bar{D}} = \begin{bmatrix} D_{\mathrm{e}} & 0 \\ 0 & D_{\mathrm{m}} \end{bmatrix} \tag{3.56}$$

3.4 伪卫星信道传播仿真

3.4.1 空间环境定义

建立仿真场景描述如下：长50m，宽20m，高4m，4颗伪卫星布设于屋顶四角，中轴线上有4个长宽均为0.5m的承重柱，墙壁屋顶承重柱的材质均为混凝土；汽车模型简化为长宽为2m、高为1.5m的金属长方体，均匀布设于中轴线两侧；伪卫星收发天线类型为全向天线，极化方式为右旋圆极化；场景内无其他障碍物，在忽略人员移动的情况下，环境布设视为恒定。

现运用射线追踪算法对仿真场景简化模型中的伪卫星信号传播情况进行精确计算。研究接收点处的到达功率情况时，为了得到一般统计规律，接收点的设置理应遍历模型空间，但由于仿真条件的限制，不能逐个点进行讨论，现分别选取4个典型位置：过道之间、两个承重柱之间、场景模型四角进行仿真计算，考虑到人体手持接收装置的高度，4个接收点高度均设为1m。简化停车场模型俯视图和三维空间场景分别如图3.14、图3.15所示。

3.4.2 仿真参数设置

主要参数选择如下所述。

（1）收发天线：收发天线类型采用右旋圆极化全向天线。伪卫星发射天线分布于场景的4角，高度设置为4m，接收天线的位置设置与图3.15一致，天线高度设置为1m。

（2）发射信号：仿真使用的发射信号是正弦信号，频率是1575.42MHz，由于这里

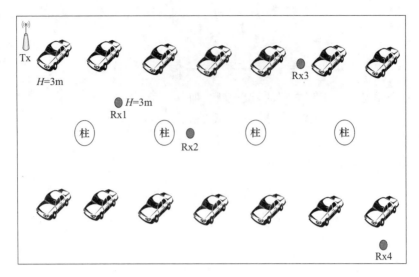

图 3.14 停车场模型俯视图(见彩图)

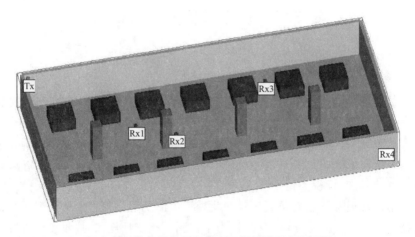

图 3.15 停车场模型三维空间场景视图(见彩图)

只研究信号传播过程中的功率变化情况,故将伪卫星信号发射功率设为 0dBm。

(3) 反射传播:反射遵循反射定律,不同材质对电磁波的吸收程度不同,一般来说信号在传播过程中,反射次数越多能量衰减越大,计算精度和复杂度也随之升高,考虑到接收机的接收能力和计算机的内存承载能力,现设定每条信号射线的最大反射次数为 3 次。

(4) 透射传播:透射的传播方式对于电磁波的阻碍效果更为明显,设定的场景模型中建筑物材质大多为混凝土和金属,伪卫星信号穿透墙壁和金属后信号强度将会受到十分严重的衰减,故仿真过程中的最大透射次数设置为一次。

(5) 绕射传播:绕射的传播方式使得非视距情况下的信号传播成为可能,仿真过程中发现,计算结果并没有随着设定绕射次数的增加而有明显变化,反而由于计算复杂度的提升仿真速度显著减慢,基于上述考虑,仿真过程中的最大绕射次数设置为一次。

(6)射线间隔:发射射线的间隔应与场景模型的尺寸相匹配。停车场场景尺度较大,射线间隔不应过小,间隔过小会导致计算复杂度大大增加,有关资料表明对于 500m×500m 的研究区域,射线之间间隔角度至少为 0.2°。本书仿真过程中的射线间隔角度选取为 0.25°,多次实验表明该间隔可以达到计算的需求。

仿真场景射线追踪参数设置如表 3.2 所列。

表 3.2 仿真场景射线追踪参数设置

房间模型尺寸	30m×15m×3m
承重柱模型尺寸	0.5m×0.5m×3m
墙壁材质/相对介电常数/电导率	混凝土/5/0.015S/m
汽车模型尺寸	2m×2m×1.5m
汽车模型材质/介电常数/电导率	金属/∞/∞
信号类型	正弦信号
信号频率/MHz	1575.42
天线类型	右旋圆极化全向天线
发射功率/dB	0
最大反射次数	3
最大透射次数	1
最大绕射次数	1
射线间隔/(°)	0.25

3.4.3 射线追踪仿真结果

在此类场景中,空间尺度大,障碍物较少,并且伪卫星信号波长相对于环境模型中的障碍物尺寸小很多,故可忽略大部分绕射波、表面爬行波对接收信号的贡献,直射和反射传播是主要的传输现象。运用射线追踪法对每条射线传播路径进行计算,得到伪卫星发射天线 Tx 与接收点 Rx1~Rx4 之间所有的直射、反射、透射路径以及每条到达射线的时延和功率大小,分别如图 3.16、图 3.17 所示。

图 3.17 为停车场模型 Tx 至 Rx1~Rx4 射线的到达时延情况,收发点之间有多条传播射线路径,其中直射路径的传输距离最短,到达功率最强,随着传播距离的增长和反射透射次数的增多,信号传输距离增大,相应的传输时延增长,伪卫星信号功率衰减更为严重,直至低于接收机信号功率门限。对于接收机 Rx1 来说,第 1 径到达时间为 $3.8×10^{-8}$s,第 38 径到达时间为 $2.7×10^{-8}$s,相差一个数量级,时间色散情况比较严重,这是因为 Tx 至 Rx1 存在视距通路,第 1 径传输时延相比较其他参与多种传播方式

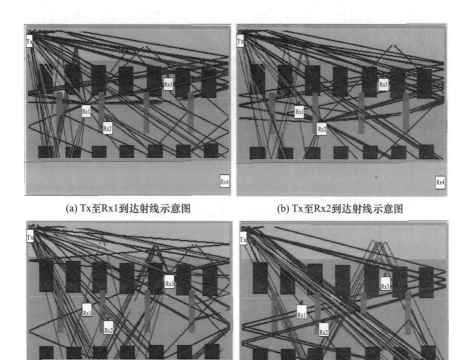

(a) Tx至Rx1到达射线示意图 (b) Tx至Rx2到达射线示意图

(c) Tx至Rx3到达射线示意图 (d) Tx至Rx4到达射线示意图

图 3.16　停车场模型 Tx 至 Rx1～Rx4 三维射线传播情况（见彩图）

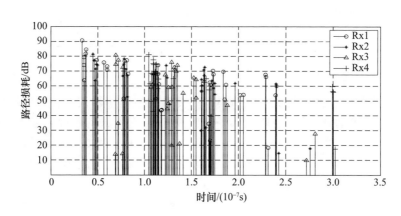

图 3.17　停车场模型 Tx 至 Rx1～Rx4 射线的到达时延情况

的射线而言短很多；对于接收机 Rx4 来说，第 1 径到达时间为 1.05×10^{-7} s，第 28 径到达时间为 1.7×10^{-7} s，两者在一个数量级上，时间色散情况比较轻微，这由于 Tx 至 Rx4 之间不存在视距通路，伪卫星信号均是通过多次反射、透射等方式到达接收点的。

3.4.4 伪卫星信道传播模型

功率衰减随空间位置的变化关系如图 3.18 所示,可以看出:接收点 Rx1~Rx4 处的到达多径数量繁多,并且随着距离的增大,多径数量有减少的趋势;存在视距通路的接收点处的到达第 1 径为直射径,损耗最小,功率最强为 -49.28dBm。

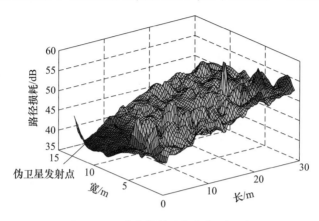

图 3.18 功率损耗示意图(见彩图)

如图 3.19 所示,伪卫星坐标为(0,15,3),位于停车场模型一角,随着收发点距离的增大,伪卫星信号衰减程度相应增加。为了定量说明功率损耗与传播距离的关系,现将由传播距离与平均功率损耗计算得出两者的变化关系示于图 3.20。

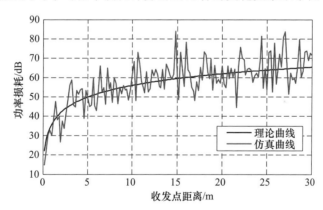

图 3.19 平均路径功率损耗与传播距离的关系(见彩图)

图 3.19 中平滑的实线为由对数距离路径损耗模型得到的仿真曲线,衰减因子 $\sigma = 2.2$,变化明显的实线为停车场场景模型下仿真得到的伪卫星信号接收功率随传播距离衰减的关系曲线,可以看出此时对数距离路径损耗模型可以基本描述室内伪卫星信号的大尺度衰落。

小尺度衰落主要与多径到达情况相关,现主要讨论到达多径信号的功率分布情况。运用射线追踪算法计算在 Rx1~Rx4 的 4 个接收点处接收到的各个多径信号到达功率情况,将计算得到的每条路径的包络幅度进行归一化统计处理,得到 Tx1、Tx2、Tx3、Tx4 的 4 个接收点处的到达信号包络概率密度函数曲线,如图 3.20 所示。

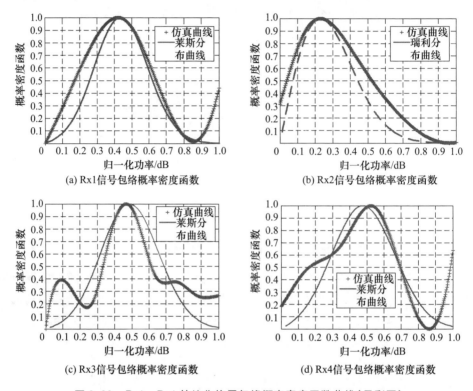

图 3.20　Rx1~Rx4 处接收信号包络概率密度函数曲线(见彩图)

由于仿真条件的简化,故所得模型曲线较统计模型有轻微出入,但由图 3.20 可以看出 Rx1、Rx3、Rx4 三点处的归一化信号包络概率密度曲线峰值对应的横坐标在 0.4~0.6 之间,说明多径到达信号集中分布在中等强度的信号,拟合的莱斯分布曲线随莱斯因子 K 而变化,仿真曲线走势与统计模型的莱斯分布曲线相同;Rx2 处的归一化信号包络概率密度曲线峰值对应的横坐标在 0.2~0.3 之间,说明多径到达信号以小信号为主,这是因为 Rx2 位置处于承重柱后,与发射点 Tx 之间无视距路径,受障碍物遮挡严重,故仿真曲线走势与统计模型的瑞利分布曲线相同。

参考文献

[1] PATZOLD M. 移动衰落信道[M]. 北京:电子工业出版社,2019.
[2] 梁尧. WLAN 室内定位系统中无线信号传播的统计建模与应用[D]. 哈尔滨:哈尔滨工业大

学,2009.
[3] SAEIDI C,FARD A. Full three-dimensional radio wave propagation prediction model[J]. IEEE Transactions on Antennas and Propagation,2012,60(5):2462-2471.
[4] 徐洪亮. GNSS性能增强技术研究[D]. 上海:上海交通大学,2012.
[5] 张玉宝. 基于载波相位的室内伪卫星定位系统设计方案[J]. 科学技术与工程,2013,7(9):49-53.
[6] 常连. 移动通信系统电波传播的信道模型与时变特性研究[D]. 北京:北京邮电大学,2012.
[7] RAPPAPORT T S. 无线通信原理与应用:第二版[M]. 周文安,付秀花,王志辉,等译. 北京:电子工业出版社,2010.
[8] 盛晓庆. 无线超宽带信道研究[D]. 南京:南京邮电大学,2013.
[9] 刘江庭. 超宽带(UWB)室内信道建模研究[D]. 哈尔滨:哈尔滨工程大学,2006.
[10] 刘江庭,赵旦峰. 超宽带(UWB)室内信道模型[J]. 信息通信,2006,19(3):33-37.
[11] 汤咏. 超宽带室内双簇信道模型的仿真与分析[J]. 信息化研究,2013(6):75-78.
[12] 周诚华,周俊,胡成. 基于衰减因子模型的地铁施工期通信系统设计[J]. 城市轨道交通研究,2018,21(9):125-128.
[13] 林倩倩. WLAN定位试验网组网研究[D]. 哈尔滨:哈尔滨工业大学,2009.
[14] 乔辉. 关于WLAN覆盖的研究[J]. 无线电通信技术,2012,38(3):18-19.
[15] 汪少伦. 基于射线追踪法的任意形状隧道内场强预测方法研究[D]. 成都:电子科技大学,2012.
[16] 刘忠玉. 室内外场下基于射线跟踪算法的无线信道预测研究[D]. 西安:西安电子科技大学,2013.
[17] 周异雯. 基于射线跟踪法的电波传播预测[D]. 哈尔滨:哈尔滨工业大学,2006.
[18] 季忠,黎滨洪,王豪行. 用射线跟踪法对室外至室内的电波传播进行预测[J]. 通信学报,2001,22(3):114-119.
[19] 季忠,黎滨洪,王豪行,等. 用射线跟踪法对室内电波传播进行预测[J]. 电波科学学报,1999,14(2):160-165.
[20] 李超峰,焦培南,聂文强. 射线追踪技术在城市环境场强预测计算中的应用[J]. 电波科学学报,2005,20(5):660-665.

第4章 GNSS伪卫星定位原理

  本章主要介绍伪卫星定位的原理:首先,从发射段、控制段和用户段三方面阐述伪卫星定位系统组成;其次,介绍伪卫星定位系统的时空基准,包括常用坐标系,如惯性坐标系、地球坐标系、站心坐标系以及 GNSS 坐标系,介绍协调世界时、GNSS 时间和伪卫星系统时间的概念;再次,从无线电定位的基本原理出发,详细论述伪卫星定位系统常用的定位方法和计算方程,以及定位服务性能的评估方法等基础内容;最后,介绍伪距测量、载波相位和多普勒测量的基础知识,给出了在伪卫星定位过程中所使用的测量方程,对影响伪距测量精度和载波相位测量精度的误差项进行详细阐述。

4.1 伪卫星系统

4.1.1 伪卫星系统典型组成

  伪卫星系统通常由3部分组成,发射段——伪卫星星座,控制段(CS)——地面监视和控制系统,用户段(US)——伪卫星用户接收机[1-8]。

4.1.1.1 发射段

  发射段由伪卫星信号发射设备组成,伪卫星均匀布设在服务区周边,既可与空间导航卫星联合定位,又可自组网定位(伪卫星数量不少于 4 颗)。部署安装时,首先考虑的是几何分布对导航精度的影响,足够分散的卫星几何布局设计,可为用户提供良好的观测性。该几何布局又可通过称为精度衰减因子(DOP)的参数进行测量;考虑伪卫星失效的情况时,如一颗或多颗伪卫星失效,如何布局使之性能最佳,是冗余设计需要考虑的重要问题。

4.1.1.2 用户段

  用户段由用户接收设备组成,每个用户设备通常称为伪卫星接收机,用于处理从伪卫星发射的 L 频段信号,进而确定用户位置、速度和时间(PVT),确定 PVT 是伪卫星接收机最普遍的应用。

4.1.1.3 控制段

  控制段负责维护伪卫星和维持其正常功能,包括监测伪卫星系统的健康状况、伪卫星星座,也监测伪卫星的蓄电池和太阳能电池、电池的功率电平。此外,控制段还激活备份伪卫星以维持系统的可用性。控制段还可以用做伪卫星差分定位基站,观测伪卫星的伪距量和载波相位量,计算并播发差分改正数。为完成上述功能,控制段由 3 个不同的物理部分组成:主控站(MCS)、监测站和天线。

4.1.2　独立组网系统

在伪卫星独立组网定位系统中,除了伪卫星硬件设备和定位算法外,定位精度、可靠性以及定位覆盖范围等关键指标主要取决于接收到的可见伪卫星的数目和可见卫星构成的几何分布这两个重要因素。在伪卫星独立组网时,有很多方法可以评定伪卫星的几何分布结构对定位精度的影响,精度因子由于计算较为简单并且表达直观而成为其中较为常用的一种衡量尺度。在同等用户等效距离误差的条件下,精度因子值越小,代表星座分布结构越好。因此,通常采用增加伪卫星数量、提高伪卫星与接收机构建的几何构型体积的方法提高伪卫星独立组网定位的性能。

4.2　时空基准

GNSS 伪卫星独立定位系统作为一种区域或局域无线电定位系统,其时空基准是 GNSS 时空基准的延伸传递,需要根据系统能力要求建立专用的时空基准。空间基准是表示空间点位置以及点间几何关系的数学手段,对多源数据融合、导航定位解算起着关键作用;时间基准是精确描述天体和卫星运行位置及其相互关系的重要基准,保障卫星导航信号的精确同步,是实现高精度定位解算的前提和有力保障。

4.2.1　坐标系

4.2.1.1　惯性坐标系

在空间静止或做匀速直线运动的坐标系称为惯性坐标系,如图 4.1 所示。它又

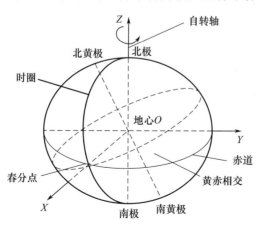

图 4.1　惯性坐标系

称为空间坐标系,而牛顿的万有引力是在惯性坐标系中建立起来的,因而惯性坐标系对于描述在地球引力作用下的卫星运动状态相当方便、适宜。

惯性坐标系原点在地球质心,它不参与地球自转,OX_i、OY_i 轴在赤道平面内正交且 X 轴指向春分点,OZ_i 轴平行于地球自转轴并指向地球的北极[9]。3 个坐标轴指向惯性空间固定不动,这个坐标系是惯性仪表测量的参考标准。

4.2.1.2 地球坐标系

地球坐标系就是固定在地球上并和地球一起自转和公转的坐标系[10]。地球坐标系可分为地心坐标系和参心坐标系,前者的坐标原点与地球质心相重合;后者的坐标原点则偏离于地心,而重合于某个国家、地区所采用的参考椭球的中心。地球坐标系由几何形式可分为空间直角坐标系和大地坐标系。

1) 空间直角坐标系

空间直角坐标系坐标原点 O 与参考椭球中心相重合,Z 轴与参考椭球短轴重合,垂直于参考赤道面,X 轴指向首子午面与地球赤道的交点,Y 轴垂直于 XOZ 平面并与 X 轴、Z 轴构成右手坐标系,任意一点的位置可用 (x,y,z) 坐标系来表示,如图 4.2 所示。由空间直角坐标系坐标原点所处位置为参考椭球中心还是地球中心,因此空间直角坐标系又有参心空间直角坐标系和地心空间直角坐标系之分。

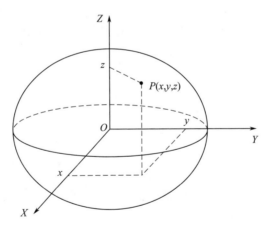

图 4.2 空间直角坐标系

2) 大地坐标系

大地坐标系也称为地理坐标系,是采用大地纬度、经度和大地高来描述空间位置,如图 4.3 所示。大地经度 L 是指 P 点的参考椭球子午面与起始子午面所构成的二面角,由起始子午面起算,向东为正,称为东经(0°~180°),向西为负,称为西经(0°~180°);大地纬度 B 是经过该点作椭球面的法线与赤道面的夹角,由赤道面起算,向北为正,称为北纬(0°~90°),向南为负,称为南纬(0°~90°);大地高 H 是 P 点沿椭球的法线到椭球面的距离。大地坐标系全部为参心坐标系。

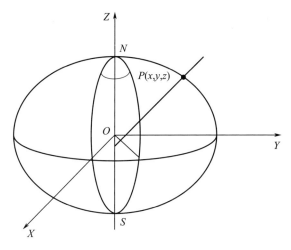

图 4.3　大地坐标系

3) 大地坐标系与空间直角坐标系的变换

如图 4.4 所示,任意一个地面点 A,在同一参考椭球上的坐标,均可表示为 (X,Y,Z) 或 (B,L,H)。故这两种坐标的转换关系为

$$\begin{cases} X = (N+H)\cos B\cos L \\ Y = (N+H)\cos B\cos L \\ Z = [N(1-e^2)+H]\sin B \end{cases} \quad (4.1)$$

式中:N 为椭球的卯酉圈曲率半径,$N = \dfrac{a}{W}$,a 为椭球长半径,$a = 6378.137$ km,$W = \sqrt{1-e^2\sin^2 B}$;(B,L,H) 为该点大地坐标;e 为椭球的第一偏心率。

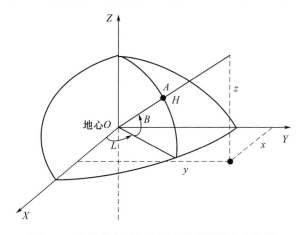

图 4.4　大地坐标系与空间直角坐标系的变换图

当由空间直角坐标转换为大地坐标时,通常可用下式:

$$\begin{cases} B = \arctan\left[\tan\phi\left(1 + \dfrac{ae^2}{Z}\dfrac{\sin B}{W}\right)\right] \\ L = \arctan\left(\dfrac{Y}{X}\right) \\ H = \dfrac{R\cos\phi}{\cos B} - N \end{cases} \qquad (4.2)$$

式中

$$\begin{cases} \phi = \arctan\left[\dfrac{Z}{(X^2 + Y^2)^{\frac{1}{2}}}\right] \\ R = (X^2 + Y^2 + Z^2)^{\frac{1}{2}} \end{cases} \qquad (4.3)$$

4.2.1.3 站心坐标系

站心坐标系通常以用户所在的位置点 P 为坐标点,3个坐标轴分别是相互垂直的东向、北向和天向(或者称为天顶向),因而站心坐标系又称东北天(ENU)坐标系,如图 4.5 所示。

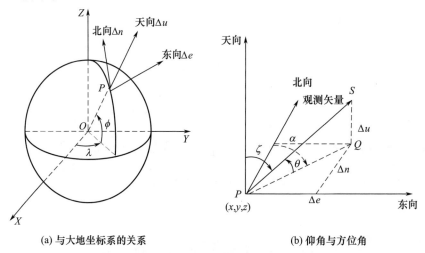

(a) 与大地坐标系的关系　　　　　　　(b) 仰角与方位角

图 4.5　地心坐标系

若用户位置点 P 在地心地固空间直角坐标系中的坐标为 (x,y,z),某位置点 S 的坐标为 $(x^{(s)},y^{(s)},z^{(s)})$,则从用户到该点的观测矢量为

$$\begin{bmatrix} \Delta x \\ \Delta y \\ \Delta z \end{bmatrix} = \begin{bmatrix} x^{(s)} \\ y^{(s)} \\ z^{(s)} \end{bmatrix} - \begin{bmatrix} x \\ y \\ z \end{bmatrix} \qquad (4.4)$$

在点 P 处的单位观测矢量 $\boldsymbol{I}^{(s)}$ 为

$$\boldsymbol{I}^{(s)} = \dfrac{1}{\sqrt{\Delta x^2 + \Delta y^2 + \Delta z^2}}\begin{bmatrix} \Delta x \\ \Delta y \\ \Delta z \end{bmatrix} \qquad (4.5)$$

观测矢量$[\Delta x \quad \Delta y \quad \Delta z]^{\mathrm{T}}$可等效地表达在以$P$点为原点的站心坐标系中的矢量$[\Delta e \quad \Delta n \quad \Delta u]^{\mathrm{T}}$,其变换关系为

$$\begin{bmatrix} \Delta e \\ \Delta n \\ \Delta u \end{bmatrix} = S \cdot \begin{bmatrix} \Delta x \\ \Delta y \\ \Delta z \end{bmatrix} \tag{4.6}$$

反过来,坐标变换矩阵S为

$$S = \begin{bmatrix} -\sin\lambda & \cos\lambda & 0 \\ -\sin\phi\cos\lambda & -\sin\phi\sin\lambda & \cos\phi \\ \cos\phi\cos\lambda & \cos\phi\sin\lambda & \sin\phi \end{bmatrix} \tag{4.7}$$

从地心地固空间直角坐标系到站心坐标系的变换,首先绕地心地固空间直角坐标系Z轴旋转$\lambda + 90°$,然后再绕新的X、Y和Z轴方向旋转ϕ,就分别与站心坐标系的东、北、天分量方向完全一致,并且由此也可推导出式(4.7)所示的坐标变换矩阵S的值。坐标变换矩阵S同样是一个单位正交矩阵,即S^{-1}等于S^{T},并且无论是从地心地固空间直角坐标系转换到站心坐标系,还是反过来,卫星观测矢量的长度均保持不变。

4.2.1.4 GNSS坐标系

1) 北斗系统的坐标系

北斗系统采用CGCS2000坐标系,CGCS2000的定义与国际地球参考系统(ITRS)基本一致。CGCS2000坐标系的原点为包括海洋和大气的整个地球的质量中心;CGCS2000坐标系的Z轴由原点指向历元2000.0的地球参考极的方向,该历元的指向由国际时间局给定的历元为1984.0的初始指向推算,定向的时间演化保证相对于地壳不产生残余的全球旋转,X轴由原点指向格林尼治参考子午线与地球赤道面(历元2000.0)的交点,Y轴与Z轴、X轴构成右手正交坐标系。

2) GPS的坐标系

GPS使用的坐标系是WGS-84。其原点是地球的质心,空间直角坐标系的Z轴指向国际时间局(BIH)(1984.0)定义的协议地球极(CTP)方向,即国际协议原点(CIO),它由国际天文学联合会(IAU)和国际大地测量学和地球物理学联合会(IUGG)共同推荐。X轴指向BIH定义的零度子午面和CTP赤道的交点,Y轴和Z轴、X轴构成右手坐标系。WGS-84是修正NSWC9Z-2参考系的原点和尺度变化,并旋转其参考子午面与BIH定义的零度子午面一致而得到的一个新参考系,WGS-84的原点在地球质心,Z轴指向BIH1984.0定义的协定地球极方向,X轴指向BIH1984.0的零度子午面和CTP赤道的交点,Y轴和Z轴、X轴构成右手坐标系。它是一个地固坐标系。

3) Galileo系统的坐标系

Galileo系统采用Galileo大地参考坐标系(GTRF),GTRF保持与最新的国际地球参考框架(ITRF)相容,容许误差小于3cm(2倍中误差),其原点位于地球质心,Z轴指向国际地球自转服务(IERS)机构推荐的协议地球原点方向,X轴指向地球赤道与BIH定义的零子午线交点,Y轴满足右手坐标系。

4) GLONASS 的坐标系

GLONASS 采用 PZ-90 坐标系。PZ-90 属于地心地固坐标系,它的原点位于地球质心,Z 轴指向与 IERS 协议地球极重合,X 轴与地球赤道面和 BIH 零子午面的交线重合,Y 轴完成右手坐标系,同 WGS-84 一样,PZ-90 定义了自己的重力场模型。

4.2.2 时间

4.2.2.1 世界时

世界时(UT)即格林尼治时间,格林尼治所在地的标准时间。以地球自转为基础的时间计量系统。地球自转的角度可用地方子午线相对于地球上的基本参考点的运动来度量。为了测量地球自转,人们在地球上选取了两个基本参考点:春分点和平太阳点,由此确定的时间分别称为恒星时和平太阳时。

世界时是以地球自转运动为标准的时间计量系统。地球自转的角度可用地方子午线相对于天球上的基本参考点的运动来度量。为了测量地球自转,人们在天球上选取了两个基本参考点:春分点和平太阳。

各天文台通过观测恒星得到的世界时初始值记为 UT0。不同地点的观测者在同一瞬间求得的 UT0 是不同的。在 UT0 中引入由极移造成的经度变化改正 $\Delta\lambda$,就得到全球统一的世界时 UT1。即 UT1 = UT0 + $\Delta\lambda$,$\Delta\lambda = (x\sin\lambda - y\cos\lambda)\tan\varphi$,$x$、$y$ 是瞬间地极坐标。它们同 λ 一样,都以 CIO 为标准。φ 为观测地点的地理纬度。UT1 是全世界民用时的基础;同时它还表示地球瞬时自转轴的自转角度,因此又是研究地球自转运动的一个基本参量。在 UT1 中加入地球自转速度季节性变化改正 ΔT_s,可以得到一年内平滑的世界时 UT2。

4.2.2.2 原子时

根据原子钟度量秒长的时间系统称为原子时(AT)。它以物质内部原子运动的特征为依据。原子时计量的基本单位是原子时秒。它的定义是:铯原子基态的两个超精细能级间在零磁场下跃迁辐射 9192631770 周所持续的时间。原子时起点定在 1958 年 1 月 1 日 0 时 0 分 0 秒,即规定在这一瞬间原子时时刻与世界时刻重合。但事后发现,在该瞬间原子时与世界时的时刻之差为 0.0039s。这一差值就作为历史事实而保留下来。在确定原子时起点之后,由于地球自转速度不均匀,所以世界时与原子时之间的时差便逐年积累。

根据原子时秒的定义,任何原子钟在确定起始历元后,都可以提供原子时。由各实验室用足够精确的铯原子钟导出的原子时称为地方原子时。全世界大约有 20 多个国家的不同实验室分别建立了各自独立的地方原子时。国际时间局比较和综合世界各地原子钟数据,最后确定的原子时称为国际原子时(TAI)。TAI 的起点是这样规定的:取 1958 年 1 月 1 日 0 时 0 分 0 秒 UT 的瞬间作为同年同月同日 0 时 0 分 0 秒的 TAI。

4.2.2.3 协调世界时

原子时与地球自转没有直接联系,由于地球自转速度长期变慢的趋势,原子时与世界时的差异将逐渐变大,为了保证时间与季节的协调一致,便于日常使用,建立了以原子时秒长为计量单位、在时刻上与平太阳时之差小于0.9s的时间系统,称为UTC。GNSS 一般以 UTC 为基础。

协调世界时的基础依然是地球运动,但要与原子时协调。协调世界时是最主要的世界时间标准,采用原子时的秒长,但规定协调世界时的时刻与世界时的时刻差保持在±0.9s 以内。如果时刻差将要超过 0.9s,就在协调世界时中减去 1s 或加上 1s,使用这种方法缩小两者的差距。这增加或者减少的 1s 称为闰秒,一般闰秒在 6 月 30 日或者 12 月 31 日的最后 1s 实施。闰秒调整由巴黎的国际地球自转事务中央局负责决定。当前全世界民用时指示的时刻就是协调世界时,世界上授时台发播的时号大部分是协调世界时时号。

4.2.2.4 GNSS 时

1) 北斗时

北斗系统的时间基准为北斗时(BDT)[11]。BDT 以国际原子时(TAI)秒为基本单位连续累计,不闰秒,起始历元为 2006 年 1 月 1 日协调世界时 00 时 00 分 00 秒。BDS 播发的标准时间是系统保持的 UTC,该时间通过 UTC(NTSC)与国际计量局(BIPM)保持的 UTC 建立联系。

2) GPS 时

GPS 时(GPST)由 GPS 星载原子钟和地面监控站原子钟组成的一种原子时基准,与国际原子时保持有 19s 的常数差。GPST 起点为 1980 年 1 月 6 日 00 时 00 分 00 秒,在起始时刻,GPS 时与 UTC 对齐,两种时间系统给出的时间相同[12]。因为 UTC 存在跳秒,经过一段时间后,两种时间系统会相差 n 个整秒(n 为该时间段内 UTC 积累的跳秒)。

3) GLONASS 时

GLONASS 时(GLONASST)[13-14],可溯源到俄罗斯时间计量与空间研究所所保持的 UTC。GLONASST 与 UTC 一样有闰秒。截至 2012 年 11 月,UTC − GLONASST ≈ −1s。

4) Galileo 系统时

Galileo 系统时(GST)是欧盟国家合作伽利略卫星导航系统运行的时间,采用国际原子时秒,直接溯源到 TAI,不闰秒。GST 起点为 1999 年 8 月 22 日 00 时 00 分 00 秒,截至 2012 年 11 月,UTC − GST ≈ −35s。

4.2.2.5 伪卫星系统时间

伪卫星的系统时间设置有以下几种方式。

(1) 设置任意时间作为伪卫星的系统时间,但这种方式不与任何卫星导航系统的时间兼容,仅作为独立的定位系统运行,用于验证定位原理及相关性能指标。

(2) 设置 GNSS 时作为伪卫星的系统时间,这种方式主要用于 GNSS 与伪卫星的联合定位模式。如果伪卫星应用于室内定位,则通常采用有线连接的方式进行 GNSS

授时,之后即可支持伪卫星星座在室内的组网应用。

(3)设置 UTC 作为伪卫星的系统时间。

4.3 定位基本原理

4.3.1 传播时间定位

导航信号传播时间的高精度测量是 GNSS 或伪卫星定位的基础,一旦获得信号传播时间,就可以利用交汇定位进行接收机的位置解算。

4.3.1.1 圆-圆定位

到达时间(TOA)测量是导航信号从发射机到接收机之间的传播时间(接收时间t_1 - 发射时间t_0),利用到达时间测量结果进行定位的方法称为圆-圆定位[15-16]。

利用 TOA 法在二维空间进行定位至少需要 3 个发射源,进行三维定位至少需要 4 个发射源。进行二维定位,接收机的位置可以被看作三个圆的交点,原理如图 4.6 所示。进行三维定位,接收机的位置可以被看作 4 个以上的球的交汇点。

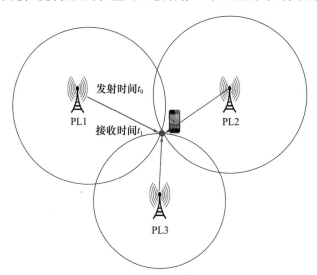

图 4.6 圆-圆定位的基本原理(见彩图)

假设伪卫星到接收机的几何距离为 R,可以表示为

$$R^i = \sqrt{(x_u - x^i)^2 + (y_u - y^i)^2} \tag{4.8}$$

式中:R^i 为接收机 u 到发射机 i 的几何距离;(x_u, y_u) 为接收机 u 的坐标;(x^i, y^i) 为发射机 i 的坐标。

如果导航信号从发射机到接收机之间的 TOA 乘以光速为 ρ_u^i,则

$$\rho_u^i = (t_u - t^i) \cdot c \tag{4.9}$$

式中:t_u 为接收机 u 接收信号的时刻;t^i 为发射机 i 发射信号的时刻;c 为光速。

当传输过程不存在任何误差,且每个发射机和接收机精确时间同步时,则

$$\rho_u^i = R^i = \sqrt{(x_u - x^i)^2 + (y_u - y^i)^2} \tag{4.10}$$

伪卫星定位系统在信号传输过程中,TOA 与几何距离并不相同,TOA 面临多径、时间同步、对流层传输等误差,因此,测量方程可以修改为

$$\rho_u^i \approx R^i + \varepsilon^i \approx \sqrt{(x_u - x^i)^2 + (y_u - y^i)^2} + \varepsilon_u^i \tag{4.11}$$

式中:ε_u^i 为发射机 u 到接收机 i 的信号传输误差。

根据式(4.11),得到发射机和接收机之间的 TOA 观测方程组:

$$\begin{cases} \rho_u^1 = \sqrt{(x_u - x^1)^2 + (y_u - y^1)^2} + \varepsilon_u^1 \\ \rho_u^2 = \sqrt{(x_u - x^2)^2 + (y_u - y^2)^2} + \varepsilon_u^2 \\ \rho_u^3 = \sqrt{(x_u - x^3)^2 + (y_u - y^3)^2} + \varepsilon_u^3 \end{cases} \tag{4.12}$$

式中:伪卫星发射机 PL1 的坐标为(x^1,y^1);伪卫星发射机 PL2 的坐标为(x^2,y^2);伪卫星发射机 PL3 的坐标为(x^3,y^3)。

4.3.1.2 双曲线定位

到达时间差(TDOA)测量是通过测量两个基站的导航信号到达接收机的时间差来确定接收机位置[17-19]。到达时间差定位法可以看作空间双曲线的交点(图 4.7),也称为双曲线定位法。进行二维定位需要建立两个以上双曲线方程,进行三维定位需要建立 3 个以上双曲线方程。

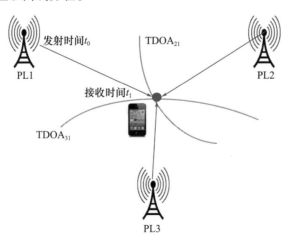

图 4.7 双曲线定位的基本原理(见彩图)

TDOA 的方程组为

$$\begin{cases} \rho_u^2 - \rho_u^1 = \sqrt{(x_u - x^2)^2 + (y_u - y^2)^2} - \sqrt{(x_u - x^1)^2 + (y_u - y^1)^2} + \varepsilon_u^{21} \\ \rho_u^3 - \rho_u^1 = \sqrt{(x_u - x^3)^2 + (y_u - y^3)^2} - \sqrt{(x_u - x^1)^2 + (y_u - y^1)^2} + \varepsilon_u^{31} \end{cases}$$
(4.13)

式(4.13)可以认为是伪卫星系统的星间差分测量方程,它可以消除接收机时钟误差和一些相关误差的影响。

4.3.2 位置指纹定位

4.3.2.1 位置指纹的定位原理

位置指纹定位把实际环境中的位置和某些"指纹"关联起来,一个位置对应某些独特的指纹特征。指纹可以是单维特征,也可以是多维特征,最常见的是信号强度。对于伪卫星系统来说,用户接收机既可以输出载噪比 C/N_0,也可以输出伪距和载波相位观测量,从构建位置指纹的角度讲,常用的是载噪比和载波相位差,而载波相位差的位置指纹定位精度要远高于载噪比。

图4.8是伪卫星的位置指纹定位原理示意图。假设用户接收机接收伪卫星导航信号,并输出载波相位值分别为 $\phi_1, \phi_2, \cdots, \phi_m, \phi_n$,则载波相位差分别为

$$\begin{cases} \Delta\phi_{12} = \phi_1 - \phi_2 \\ \Delta\phi_{13} = \phi_1 - \phi_3 \\ \Delta\phi_{14} = \phi_1 - \phi_4 \\ \vdots \\ \Delta\phi_{mn} = \phi_m - \phi_n \end{cases}$$
(4.14)

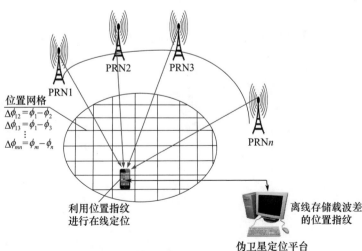

图4.8 伪卫星的位置指纹定位原理示意图(见彩图)

由于载波相位的测量精度很高,载波相位差(±1周)的稳定性和精度要远高于载噪比。图4.9是两颗伪卫星的载波相位差连续观测10h的结果,可以看出,伪卫星载波差非常稳定,抖动在±0.1周左右。

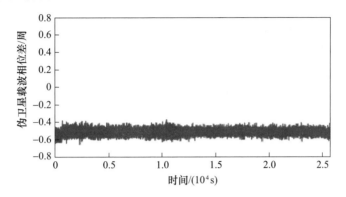

图4.9 伪卫星载波相位差的测试结果(连续观测10h)

4.3.2.2 位置指纹的定位流程

位置指纹定位有两个阶段:离线阶段和在线阶段。离线阶段,采集各个位置上的指纹特征,构建位置-指纹特征数据库,它的构建非常繁琐,是位置指纹定位应用的一个难点,目前很多研究围绕众包数据采集和处理方式。在线阶段,系统将估计待定位的移动设备的位置。

1) 离线阶段

在离线阶段建立位置与指纹的对应关系,如图4.10(a)所示。空间区域首先被一个4行8列网格化(共32个格网点),伪卫星被部署在服务区域的四周,以保证用户接收机均能够收到伪卫星的信号。在每一个网格点上,通过一段时间的数据采样(20s,大约每秒采集一次)得到来自各个伪卫星的平均载波相位观测值。这些二维的指纹是在每个网格点所示的区域采集到的,这些网格点坐标和对应的指纹组成一个特征数据库,这个过程有时称为标注阶段,产生的指纹数据库有时也称为信号地图,如图4.10(b)所示。

2) 在线阶段

在线定位阶段,对比计算待定位点的数据特征值与指纹库中的特征值,在指纹库中匹配得到一组最近的特征值参数,得到相对应的位置坐标,从而完成接收机的定位。下面介绍在线定位的 k 最邻近(KNN)分类方法。

计算待定位点特征值组 $(F_1, F_2, \cdots, F_n)$ 到指纹数据库参考特征值组之间的欧几里得距离,具体计算如下:

$$L_i = \sqrt{\sum_{j=1}^{n} |F_j - F_{ij}|^2} \quad (4.15)$$

式中: L_i 为待定位点与指纹数据库中第 i 个参考点的欧几里得距离; F_j 为待定位点特

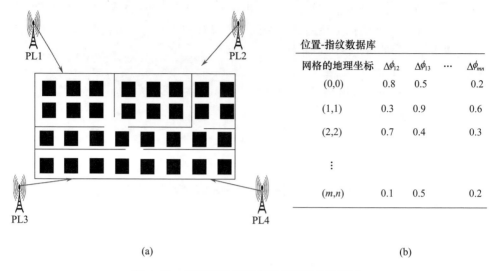

图 4.10 离线建立位置-指纹特征库(见彩图)

征值组中的第 j 维特征值;F_{ij} 为特征值指纹数据库中第 i 个参考点的第 j 维特征值($i = 1,2,\cdots,m;j = 1,2\cdots,n$)。

在 L_i 中选取距离由近到远的 $k(k \geq 2)$ 个参考点,则待定位点的位置坐标可由这 k 个参考点估算得出如下:

$$(\hat{x},\hat{y}) = \frac{1}{k}\sum_{i=1}^{k}(x_i,y_i) \quad (4.16)$$

式中:$(\hat{x},\hat{y})$ 为待定位点的估算坐标;(x_i,y_i) 为 k 个邻近参考点中第 i 个点的坐标。

采用的加权 k 最邻近(WKNN)分类算法为每个邻近参考点坐标分配一个权重,权重由待定位点和邻近参考点的距离 L_i 经高斯函数变换得到,具体如下:

$$W_{ki} = ae^{\frac{(L_{ki}-L_{i\min})^2}{2b^2}} \quad (4.17)$$

式中:W_{ki} 为 k 个近邻参考点中第 i 个点的权重;L_{ki} 为待定位点到 k 个近邻参考点中第 i 个点的距离;$L_{i\min}$ 为待定位点到 k 个近邻参考点中第 i 个点的最小距离;a 为最大权重值,通常取 1;b 为半峰宽度,可根据 k 值调整。

每个近邻参考点加上对应权重,即可由 WKNN 算法得到定位坐标如下:

$$(x,y) = \frac{\sum_{i=1}^{k}W_{ki} \cdot (x_i,y_i)}{\sum_{i=1}^{k}W_{ki}} \quad (4.18)$$

4.3.3 邻近定位

邻近定位是通过在有限的范围内接收导航信号,通过某些特征标识判断接收机是否在发射点附近。对于伪卫星系统来讲,邻近定位是一种最为简单、可靠的定位方式,如图 4.11 所示,可以通过星座 PRN 或导航电文中的发射天线的坐标作为特征标识,一旦接收机收到伪卫星信号,即可输出星座的 PRN 和天线坐标,通过与预存的数据库数据比对,判定伪卫星在哪个服务域内。

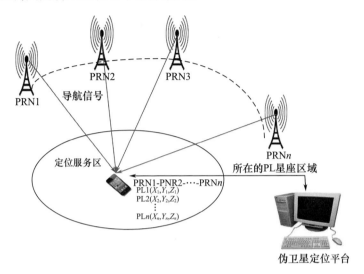

图 4.11　伪卫星的邻近定位示意图(见彩图)

每颗伪卫星都有各自的 PRN 标识和发射天线坐标,将伪卫星天线坐标与 PRN 标识对应录入数据库。当移动用户进入到特定伪卫星信号的覆盖范围时,移动接收机接收并解调伪卫星信号,获得该伪卫星 PRN 码,随后在数据库中检索 PRN 标识,返回伪卫星位置和可能的定位范围。如果不能获得其他方式的定位信息,那么用户位置则假设为该伪卫星位置。

伪卫星的信号服务范围从几米一直到几千米,因此,邻近定位的结果较为宽泛。可以将邻近定位和 RSSI 圆-圆定位组合,对定位结果进行更加精确的处理,具体原理如图 4.12 所示。首先,利用邻近定位估计接收机位于哪个星座的服务区域;其次,利用接收机输出的载噪比 C/N_0 数据,将其转换为距离信息;最后,利用圆-圆定位解算出相对精确的位置。

4.4　定位服务的性能

4.4.1　定位精度

定位精度是定位解算的位置信息与其真实位置之间的接近程度。下面给出定位精度的分析方法和评价方法。

4.4.1.1　定位精度分析

对式(4.12)进行泰勒级数展开,令 $g^i(x_u, y_u) = \sqrt{(x_u - x^i)^2 + (y_u - y^i)^2}$,则

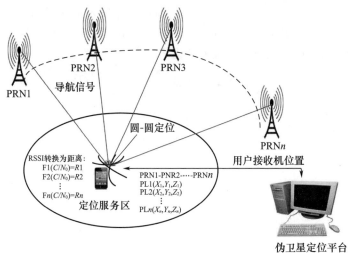

图 4.12　伪卫星系统的邻近与圆-圆组合定位示意图（见彩图）

在接收机的位置点 (x_0, y_0) 处，得到

$$\begin{cases} \rho_u^1 = \left[(x-x_0)\dfrac{\partial}{\partial x} + (y-y_0)\dfrac{\partial}{\partial y}\right] g^1(x_0, y_0) + g^1(x_0, y_0) + \varepsilon_u^1 \\ \rho_u^2 = \left[(x-x_0)\dfrac{\partial}{\partial x} + (y-y_0)\dfrac{\partial}{\partial y}\right] g^2(x_0, y_0) + g^2(x_0, y_0) + \varepsilon_u^2 \\ \rho_u^3 = \left[(x-x_0)\dfrac{\partial}{\partial x} + (y-y_0)\dfrac{\partial}{\partial y}\right] g^3(x_0, y_0) + g^3(x_0, y_0) + \varepsilon_u^3 \end{cases} \quad (4.19)$$

令 $\Delta x = x - x_0$, $\Delta y = y - y_0$, $\Delta z = z - z_0$, $\boldsymbol{G} = \begin{bmatrix} \dfrac{\partial g^1}{\partial x} & \dfrac{\partial g^1}{\partial y} \\ \dfrac{\partial g^2}{\partial x} & \dfrac{\partial g^2}{\partial y} \end{bmatrix}$, 式(4.19)简化为

$$\begin{bmatrix} \rho_u^1 \\ \rho_u^2 \\ \rho_u^3 \end{bmatrix} - \begin{bmatrix} g^1(x_0, y_0) \\ g^2(x_0, y_0) \\ g^3(x_0, y_0) \end{bmatrix} = \boldsymbol{G} \begin{bmatrix} \Delta x \\ \Delta y \end{bmatrix} + \begin{bmatrix} \varepsilon_u^1 \\ \varepsilon_u^2 \\ \varepsilon_u^3 \end{bmatrix} \quad (4.20)$$

令 $\boldsymbol{b} = \begin{bmatrix} b^1 \\ b^2 \\ b^3 \end{bmatrix} = \begin{bmatrix} \rho_u^1 - g^1(x_0, y_0) \\ \rho_u^2 - g^2(x_0, y_0) \\ \rho_u^3 - g^3(x_0, y_0) \end{bmatrix}$，利用最小二乘法求解得到误差方程为

$$\Delta \boldsymbol{r}_u = \begin{bmatrix} \Delta x \\ \Delta y \end{bmatrix} = (\boldsymbol{G}^\mathrm{T} \boldsymbol{G})^{-1} \boldsymbol{G}^\mathrm{T} \boldsymbol{b} \quad (4.21)$$

定位误差协方差矩阵可以表达为

$$\mathrm{cov}(\Delta \boldsymbol{r}_u) = \sigma_\varepsilon^2 \cdot (\boldsymbol{G}^\mathrm{T} \boldsymbol{G})^{-1} \quad (4.22)$$

如果 $(\boldsymbol{G}^\mathrm{T} \boldsymbol{G})^{-1}$ 定义为 $\boldsymbol{H}$，DOP 可以表征为对角线矩阵，则

$$H = \begin{bmatrix} x\mathrm{DOP}^2 & \\ & y\mathrm{DOP}^2 \end{bmatrix} \quad (4.23)$$

定位误差的残差可以表示为

$$\sigma_x^2 = \sigma_\varepsilon^2 \cdot x\mathrm{DOP}^2 \quad (4.24)$$

$$\sigma_y^2 = \sigma_\varepsilon^2 \cdot y\mathrm{DOP}^2 \quad (4.25)$$

精度衰减因子(DOP)被定义为

$$\sigma_{xy} = \sqrt{\sigma_x^2 + \sigma_y^2} = \sigma_\varepsilon \cdot \sqrt{x\mathrm{DOP}^2 + y\mathrm{DOP}^2} = \sigma_\varepsilon \cdot \mathrm{DOP} \quad (4.26)$$

依据二维的圆-圆定位方程推导了定位误差和DOP的关系,可以看出:DOP越小,定位误差越小;DOP越大,定位误差越大。

4.4.1.2 定位精度评价

GNSS或伪卫星定位精度的评价通常采用圆概率误差(CEP)单位和均方根(RMS)。给出的N(有限数)个定位点的位置估计和相应地面真实坐标,令GNSS或伪卫星定位结果为$(\hat{x}_i, \hat{y}_i, \hat{z}_i)$,真实坐标为$(x_i, y_i, z_i)$,则三维误差矢量可以表示为

$$\boldsymbol{\varepsilon}_i = (\varepsilon_{x,i}, \varepsilon_{y,i}, \varepsilon_{z,i}) = (\hat{x}_i - x_i, \hat{y}_i - y_i, \hat{z}_i - z_i) \quad (4.27)$$

水平定位误差为

$$\boldsymbol{\varepsilon}_{h,i} = (\varepsilon_{x,i}, \varepsilon_{y,i}) = (\hat{x}_i - x_i, \hat{y}_i - y_i) \quad (4.28)$$

1) 定位误差均值

三维定位平均误差用下式估计:

$$\boldsymbol{\mu}_\varepsilon = \frac{1}{N} \sum_{i=1}^{N} \boldsymbol{\varepsilon}_i \quad (4.29)$$

水平定位平均误差为

$$\mu_{\|\varepsilon_h\|} = \frac{1}{N} \sum_{i=1}^{N} \|\boldsymbol{\varepsilon}_{h,i}\| \quad (4.30)$$

垂直定位平均误差为

$$\mu_{|\varepsilon_z|} = \frac{1}{N} \sum_{i=1}^{N} |\varepsilon_{z,i}| \text{ 和 } \mu_{\|\varepsilon\|} = \frac{1}{N} \sum_{i=1}^{N} \|\boldsymbol{\varepsilon}_i\| \quad (4.31)$$

2) 95%圆误差(CE95)和圆概率误差(CEP)

CE95被定义为水平定位误差$\boldsymbol{\varepsilon}_{h,i}$的95%是在以原点为圆心、半径为$R$的圆内,即

$$\mathrm{CE95} = \min\{R: R \geq 0, |\{\boldsymbol{\varepsilon}_{h,i}: i = 1, 2, \cdots, N, \|\boldsymbol{\varepsilon}_{h,i}\| \leq R\}| \geq 0.95N\} \quad (4.32)$$

CEP与CEP95类似,CEP采用50%概率的定义,即

$$\mathrm{CEP} = \min\{R: R \geq 0, |\{\boldsymbol{\varepsilon}_{h,i}: i = 1, 2, \cdots, N, \|\boldsymbol{\varepsilon}_{h,i}\| \leq R\}| \geq 0.5N\} \quad (4.33)$$

3) 95%球形误差(SE95)和球概率误差(SEP)

定义SE95为水平定位误差$\boldsymbol{\varepsilon}_i$的95%是在以原点为圆心、半径为$\boldsymbol{R}$的球内。定

义为

$$SE95 = \min\{R: R \geq 0, |\{\varepsilon_i: i = 1, 2, \cdots, N, \|\varepsilon_i\| \leq R\}| \geq 0,95N\} \quad (4.34)$$

SEP 与 SE95 类似，SEP 采用 50%概率的定义，即

$$SEP = \min\{R: R \geq 0, |\{\varepsilon_i: i = 1, 2, \cdots, N, \|\varepsilon_i\| \leq R\}| \geq 0,5N\} \quad (4.35)$$

4.4.2 可用性

伪卫星定位系统的可用性是该系统的服务可以使用时间的百分比。可用性是系统在某一指定覆盖区域内提供可以使用的导航定位服务能力的标志。可用性与环境的物理特性和发射机设备的技术能力都有关系，讨论伪卫星可用性的前提是假设可用导航服务等效为满足某一门限要求的伪卫星精度。为了确定对某一特定位置和时间来说的伪卫星可用性，必须确定可见伪卫星数量及伪卫星的几何布局，因为伪卫星布设时的位置是经过精密测量的，因此可以获得可见伪卫星星座特性。

4.4.3 连续性

连续性是指"系统在运行阶段持续期间维持规定性能的概率，假定系统在该运行阶段开始的时候即可用"。伪卫星提供的连续性级别随着给定应用所规定的性能的不同而不同。例如，对于一个低精度的时间传递应用来说，伪卫星的连续性级别就比飞机精密进近的伪卫星连续性级别要高很多。

4.4.4 完好性

伪卫星定位系统除了要提供定位、导航和授时功能之外，还必须具有在该系统不能使用时及时向用户发出告警的能力，这种能力称为系统的完好性。完好性是对整个系统所提供信息正确性的置信度的测量。完好性还包括系统在无法完成某些预订工作时向用户发出及时有效的告警能力。

4.5 伪卫星测量方程与误差特性

4.5.1 伪卫星系统的伪距测量

4.5.1.1 伪距的概念

伪距观测量是指用户接收机利用定位信号的测距码计算信号发射机天线到达用户接收机天线的距离（或电波传播时间），因此，它也称为时间延迟测量[20-24]。

为了测量伪卫星基站到用户接收机的时间延迟，在用户接收机生成与伪卫星发射的测距码结构完全相同的码信号，通过接收机中的时间延迟器，使复制的测距码进行相移，直到其在码元上与接收机到伪卫星测距码完全对齐，即进行相关处理。

当相关系数为 1 时,说明接收到的伪卫星测距码与本地复制的测距码码元对齐。这种对齐所需要的相移量就是伪卫星发射的测距信号到达接收机天线之间的传播延迟。

但实际上,由于伪卫星的时钟误差、接收机的钟差以及无线电信号经过对流层时的延迟、多径效应等,所以通常测量得到的距离不是真实几何距离,而是含有各类误差,因此这种基于测距码的接收机测量值称为伪距。

与 GNSS 类似,伪卫星系统采用码分多址(CDMA)调制方式和时间定义方式。由于使用的扩频码本身具有良好的自相关性、互相关性和平衡性等特点,接收机可以通过自身复制的相关扩频码准确识别出各颗伪卫星,并得出对应的伪距测量值。

用户接收机需要得到的是伪卫星的发射时间。当接收机实现信号的帧同步和位同步后,我们可以利用下式得到伪卫星信号的发射时间 t^{PL}。

$$t^{PL} = TOW + (30w + b) \times 0.020 + \left(Ca + \frac{CP}{1023}\right) \times 0.001(s) \quad (4.36)$$

式中:TOW 为周内时间;w 为从当前子帧开始到当前采样时刻已经解出的字数;b 为当前时刻除去完整的字数后解出的完整的比特数;Ca 为当前时刻的 C/A 码码片数;CP 为当前时刻 C/A 码的小数码相位。

假设此时用户接收机与伪卫星系统之间已实现高精度的时间同步,则根据接收机的时间便可得到收发之间的距离间隔,如图 4.13 所示。码测距的伪距计算方程为

$$\rho_u^{PL} = c(t_u - t^{PL}) = c[(\tau_u + \delta t_u) - (\tau^{PL} + \delta t^{PL})] + T_u^{PL} + m_u^{PL} + \varepsilon \quad (4.37)$$

式中:ρ_u^{PL} 为用户接收机与伪卫星之间的伪码测距(m);c 为真空中的光速(m/s);t_u 为用户接收机时间(s);τ_u 为接收机接收时间(相对本地时)(s);δt_u 为接收机时钟

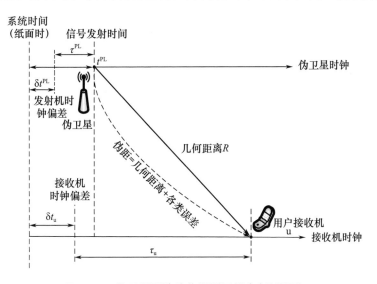

图 4.13 伪卫星系统的伪距测量概念(见彩图)

偏差(相对系统时)(s);τ^{PL} 为伪卫星信号发射时间(相对本地时)(s);δt^{PL} 为伪卫星时钟偏差(相对系统时)(s);T_u^{PL} 为对流层时延(m);m_u^{PL} 为多径时延(m);ε 为误差项(m),ε 可以表示为

$$\varepsilon = \varepsilon_t + \varepsilon_{ant} + \varepsilon_{trop} + \varepsilon_{mp} + \varepsilon_u + \varepsilon_n \tag{4.38}$$

式中:ε_t 为时间同步误差;ε_{ant} 为发射天线坐标误差;ε_{trop} 为对流层延时误差;ε_{mp} 为多径误差;ε_u 为接收机噪声;ε_n 为非线性定位解算误差。

4.5.1.2 伪距测量方程

在实际定位过程中,需要建立伪距和几何距离的关系式 ρ_u^{PL}(码测距的测量方程)如下:

$$\rho_u^{PL} = R_u^{PL} + \delta t_u - \delta t^{PL} + T_u^{PL} + m_u^{PL} + \varepsilon \tag{4.39}$$

式中:R_u^{PL} 为伪卫星信号发射机到用户接收机的几何距离(m)。

伪卫星至接收机的几何距离 R_u^{PL} 可表示为

$$R_u^{PL} = \sqrt{(X^{PL} - X_u)^2 + (Y^{PL} - Y_u)^2 + (Z^{PL} - Z_u)^2} \tag{4.40}$$

式中:(X^{PL}, Y^{PL}, Z^{PL}) 和 (X_u, Y_u, Z_u) 分别为伪卫星和接收机在地心地固系下的三维坐标。在伪卫星系统定位过程中,伪卫星发射天线的坐标通常可由测绘仪器精确标定并在广播星历得到,用户接收机的三维坐标当作未知数进行估计。

4.5.2 伪卫星系统的载波相位测量

4.5.2.1 载波相位的概念

载波是由振荡器产生并在导航信道上传输的电波,被调制后用来搭载导航电文信息。载波相位观测是指伪卫星时钟在 t^{PL} 时刻发射载波信号,用户接收机在 t_u 时刻接收,载波信号传输的相位延迟被称为载波相位观测量[25-30]。

假设用户接收机内的晶体振荡器频率初相与伪卫星发射的载波初相完全相同,振荡频率也完全一致且稳定不变,并且伪卫星时钟和接收机时钟完全同步,则载波相位观测量实际上是接收机 t_u 时刻载波相位与用户接收机时刻接收到的载波相位之间的相位差。

假设伪卫星发出载波信号,用户接收机在同一时刻测量的载波相位为 ϕ_u,伪卫星的相位为 ϕ_{PL},则伪卫星到用户接收机的载波相位测量值 ρ_u^{PL} 为

$$\rho_u^{PL} = \lambda(\phi_{PL} - \phi_u) \tag{4.41}$$

式中:λ 为载波波长(m)。

由于无法测量伪卫星的相位 ϕ_{PL},当用户接收机的振荡器产生一个频率、初相和伪卫星载波信号完全相同的基准信号时,任何时刻在接收机处的基准信号相位与伪卫星处的载波信号相位相等,则 $(\phi_{PL} - \phi_u)$ 就等于用户接收机产生的基准信号相位 $\phi_{PL}(t)$ 和接收到的伪卫星载波信号相位 $\phi_u(t)$ 之差:

$$\Delta\phi_u^{PL}(t) = \phi_{PL}(t) - \phi_u(t) \tag{4.42}$$

用户接收机只能测量一周内的相位差,表示伪卫星到接收机距离的相位差还包括一个整周数 N。因此,载波相位测量方程为

$$\phi_u^{PL}(t) = \Delta\phi_u^{PL}(t) - N = [\phi_{PL}(t) - \phi_u(t)] - N \tag{4.43}$$

因此,载波相位的伪距测量值为

$$\rho_u^{PL} = \lambda[\phi_{PL}(t) - \phi_u(t)] - \lambda N \tag{4.44}$$

4.5.2.2 载波相位测量方程

建立载波相位的测量值与几何距离之间的关系式(测量方程)为

$$\lambda[\phi_{PL}(t) - \phi_u(t)] - \lambda N = R_u^{PL} + \delta t_u - \delta t^{PL} + T_u^{PL} + m_u^{PL} + \varepsilon \tag{4.45}$$

由于载波波长远小于伪码的波长,在同等分辨力的情况下,载波相位的测量精度远高于码相位的测量精度。理论分析和实践表明,接收机对信号的测量精度一般约为波长(或码元宽度)的 1%,图 4.14 是载波相位和测距码相位的比较。测距码的码元长度较大,其量测精度就较低;而载波波长较短,其量测精度也就较高。例如,若 GPS L1 频段的伪卫星,其波长为 19cm,对应的测量误差为 2mm,则码相位约为 300m,对应的测量误差约为 3m。

载波相位测量值在计算过程中,不需要像伪码测量值计算一样计算信号发射时间,而只需计算伪卫星与接收机之间的载波相位差即可。但是在实际应用过程中会遇到一个问题,由于伪卫星的载波是周期余弦信号,不带有任何的信息识别标识,因此,接收机只能得到不足一个整周期部分的相位差,而不能确定之前有多少个整周部分,被称为整周模糊度 N。则在测量的过程中存在整周模糊度 N 的估计问题,如何实现实时求解整周模糊度是载波相位定位的关键。同时,在载波相位计数过程中,由于外界干扰而产生的计数中断,产生周跳导致载波相位测量无法正确得出,周跳检测也是载波相位定位需要重点关注的问题。

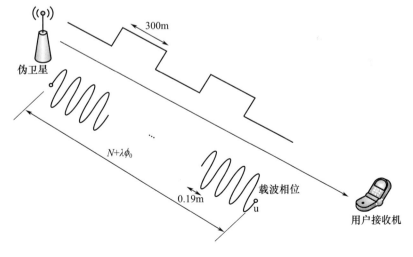

图 4.14 载波相位和测距码相位的比较

4.5.3 伪卫星多普勒测量

多普勒频移是指无线电接收机与信号源相互运动时,接收机收到的频率相对于信号源发射的频率变化。当信号源与接收机接近时,接收到的频率变高,而离开时频率降低。当接收机以恒定的速度 v 在长度为 d,端点 a 和 b 的路径上运动时,收到发射机的导航信号,如图 4.15 所示。导航信号从发射机出发,在 a 点和 b 点分别被接收机接收时,所经过的路径差 d 为

$$d = v \cdot \Delta t \tag{4.46}$$

式中:Δt 为接收机从 a 点运动到 b 点的时间差。

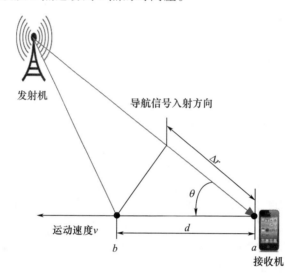

图 4.15 多普勒效应的基本原理(见彩图)

发射机到接收机的距离变化为

$$\Delta r = d \cdot \cos\theta = v \cdot \Delta t \cdot \cos\theta \tag{4.47}$$

式中:θ 为导航信号的入射角。

由于路径差造成的接收机相位变化为

$$\Delta \varphi = \frac{2\pi \cdot \Delta r}{\lambda} = \frac{2\pi \cdot v \cdot \Delta t \cdot \cos\theta}{\lambda} \tag{4.48}$$

式中:λ 为导航信号的波长。

由此可以得到频率的变化值,即多普勒频移为

$$f_d = \frac{\Delta \varphi}{2\pi \cdot \Delta t} = \frac{v}{\lambda} \cdot \cos\theta \tag{4.49}$$

式中:$\lambda = c/f$,c 为光速,f 为导航信号的发射频率。式(4.49)可以转换为

$$f_d = \frac{v}{\lambda}\cos\theta = \frac{v}{c} \cdot f \cdot \cos\theta \qquad (4.50)$$

如果,接收机的运动方向与信号的垂直,$\theta = 90°$,那么,多普勒频移为 0,尽管用户接收机与信号源之间存在相对运动,但是两者之间的距离在瞬时不变。因此,多普勒效应反映了信号发射源与用户接收机之间连线距离变化的快慢。

根据几何距离和速度的变换关系式:

$$v = \dot{r} \qquad (4.51)$$

式中:$\dot{r}$ 为发射机与接收机之间的几何距离 r 对时间的导数。

f_d 的计算公式变换为

$$f_d = -\frac{\dot{r}}{\lambda} \qquad (4.52)$$

方程(4.52)为多普勒频移、发射机与接收机位置的关系式,如果已知发射机的位置,利用该方程可以解算接收机的位置坐标。

利用载波相位测量值,可以导出多普勒测量方程如下:

$$\dot{\phi}_{u,k}^{PL} = \frac{\phi_{u,k+\Delta t}^{PL} - \phi_k^{PL}}{\Delta t} \qquad (4.53)$$

式中:$\dot{\phi}_{u,k}^{PL}$ 为用户接收机 u 和伪卫星(PL)在历元 k 时刻的多普勒测量值;$\phi_{u,k+\Delta t}^{PL}$ 为在历元 $k + \Delta t$ 时刻的载波相位测量值;ϕ_k^{PL} 为在历元 k 时刻的载波相位测量值;Δt 为用户接收机的测量时间间隔。

4.5.4 载波平滑的伪距测量

在历元 k 时刻,伪距观测方程(4.38)与载波相位观测方程(4.44)可分别改写成

$$\rho_{u,k}^{PL} = R_{u,k}^{PL} + \delta t_{u,k} - \delta t_k^{PL} + T_{u,k}^{PL} + m_{u,k}^{PL} + \varepsilon_{\rho k} \qquad (4.54)$$

$$\lambda\phi_{u,k}^{PL} - \lambda N_k = R_{u,k}^{PL} + \delta t_{u,k} - \delta t_k^{PL} + T_{u,k}^{PL} + m_{u,k}^{PL} + \varepsilon_{\phi,k} \qquad (4.55)$$

如果载波相位测量中的整周模糊度 N 在各个时刻的值保持不变。若对相邻两个历元的伪距与载波相位分别进行相减,则得

$$\Delta\rho_{u,k}^{PL} = \Delta R_{u,k}^{PL} + \delta\Delta t_{u,k} - \delta\Delta t_k^{PL} + \Delta T_{u,k}^{PL} + \Delta m_{u,k}^{PL} + \Delta\varepsilon_{\rho k} \qquad (4.56)$$

$$\lambda\Delta\phi_{u,k}^{PL} = \Delta R_{u,k}^{PL} + \delta\Delta t_{u,k} - \delta\Delta t_k^{PL} + \Delta T_{u,k}^{PL} + \Delta m_{u,k}^{PL} + \Delta\varepsilon_{\phi,k} \qquad (4.57)$$

式中:$\Delta\rho_{u,k}^{PL}$ 与 $\lambda\Delta\phi_{u,k}^{PL}$ 的定义分别为

$$\Delta\rho_{u,k}^{PL} = \rho_{u,k}^{PL} - \rho_{u,k-1}^{PL} \qquad (4.58)$$

$$\lambda\Delta\phi_{u,k}^{PL} = \lambda\phi_{u,k}^{PL} - \lambda\phi_{u,k-1}^{PL} \qquad (4.59)$$

在伪卫星定位系统中,伪距变化量 $\Delta\rho_{u,k}^{PL}$ 与载波相位变化量 $\lambda\Delta\phi_{u,k}^{PL}$ 理论上应该相等,只不过前者包含的误差量 $\Delta\varepsilon_{\rho k}$ 较大,一般是后者误差量 $\Delta\varepsilon_{\phi,k}$ 的上百倍。事实

上,$\lambda \Delta \phi_{u,k}^{PL}$ 就是从历元 $k-1$ 至 k 的积分多普勒,其精度可高达毫米级。

载波平滑的伪距测量方程可以表达为

$$\bar{\rho}_{u,k}^{PL} = \frac{\rho_{u,k}^{PL}}{M} + \frac{M-1}{M}[\bar{\rho}_{u,k-1}^{PL} + \lambda \phi_{u,k}^{PL} - \lambda \phi_{u,k-1}^{PL}] \quad (4.60)$$

式中:$\bar{\rho}_{u,k}^{PL}$ 为在历元 k 时的载波相位平滑伪距;M 为平滑时间常数,M 值越大,$\bar{\rho}_{u,k}^{PL}$ 就越依赖于载波相位变化量,$\bar{\rho}_{u,k}^{PL}$ 也就越平滑。接收机通常有一个默认的 M 值,也有可能允许用户自行设置此 M 值,它一般取值在 20~100 个历元(s)之间。

4.5.5 伪卫星系统的测距误差

GNSS 伪卫星系统的伪距和载波相位测量误差与卫星导航系统基本相同[31-33]。按照来源不同可以分为 5 个方面。

(1) 与时间同步有关的误差,由于伪卫星之间、伪卫星与 GNSS 之间存在时间同步过程,时间同步误差将是伪卫星定位的主要误差源之一。

(2) 与伪卫星发射机有关的误差,主要包括时间同步误差和发射天线相位中心坐标误差。其中,发射天线相位中心通过标定可以达到厘米级精度,而部署点的坐标可以通过高精度测量达到至少厘米级的坐标值,因此,伪卫星定位系统中一般发射天线相位中心坐标误差可忽略。

(3) 与信号传播有关的误差,伪卫星安装在地面,信号从发射机到接收机需穿越对流层,因此,存在对流层误差。

(4) 与接收机有关的误差,主要包括多径效应和接收机热噪声。而多径效应是伪卫星定位系统的一个主要误差项。

(5) 解算误差,是指由于解算非线性定位方程而产生误差项。

4.5.5.1 时间同步误差

伪卫星时间同步误差与同步方法有关,也与发射机的时频有关。

伪卫星观测值误差与时钟噪声对预测精度的影响可借助简化的数学时钟模型粗略估算,此模型包括以下噪声过程:白色频率调制(WFM)和随机游动频率调制(RWFM)。

WFM 和 RWFM 过程都可通过采用 Allan 偏差用参数表示,计算公式如下:

$$\sigma_{Allan}(\tau) = \sqrt{\sigma_{WN,1s}^2 \tau^{-1} + \sigma_{RW,1s}^2 \tau} \quad (4.61)$$

式中:σ_{Allan} 代表平滑时间为 τ 时的 Allan 方差。

随时间 τ 累积的相位(偏移)误差遵循高斯分布,其中标准偏差定义如下:

$$\sigma_{off}(\tau) = \sqrt{\sigma_{WN,1s}^2 \tau + \sigma_{RW,1s}^2 \tau^3} \quad (4.62)$$

式中:$\sigma_{WN,1s}$、$\sigma_{RW,1s}$ 分别为这两个噪声过程的扩散系数,用于表明噪声的强度。

通过时钟滤波器的观测噪声与时钟噪声可以推导出时钟参数估算误差公式如表 4.1 所列。

表 4.1　时钟参数估算误差公式

参数估算	观测噪声	时钟噪声（WFM）	时钟噪声（RWFM）
时钟偏移估算	$\sigma_{\text{off}} = \sigma_{\text{Rx}} \sqrt{\dfrac{1}{2T_{\text{off}} - 1}}$	$\sigma_{\text{off}} = \sigma_{\text{WN},1s} \sqrt{\dfrac{T_{\text{off}}^2}{2T_{\text{off}} - 1}}$	忽略不计
时钟飘移估算	$\sigma_{\text{drf}} = \sigma_{\text{Rx}} \sqrt{\dfrac{2}{T_{\text{drf}}(2T_{\text{drf}} - 1)}}$	$\sigma_{\text{drf}} = \sigma_{\text{WN},1s} \sqrt{\dfrac{1}{2T_{\text{drf}} - 1}}$	$\sigma_{\text{drf}} = \sigma_{\text{RW},1s} \sqrt{\dfrac{T_{\text{drf}}^2}{2T_{\text{drf}} - 1}}$

误差预算基于以下时钟模型参数：$\sigma_{\text{WN},1s} = 1.0e - 11(\text{s/s})$，$\sigma_{\text{RW},1s} = 4.0e - 15(\text{s/s})$。同时设置滤波时间常数：$T_{\text{off}} = 50\text{s}$，$T_{\text{drf}} = 1000\text{s}$。

假设伪卫星接收机输出 L1 伪距观测值，考虑到对流层误差、天线相位中心误差和星钟误差具有传递效应（接收机在处理过程中可认为是相关误差项），那么在估算观测噪声时应只考虑多径、热噪声和非相关噪声。

于是，可以得到伪卫星时间同步误差估算，如表 4.2 所列。

表 4.2　伪卫星时间同步误差核算

时间同步误差分量	时间同步误差/m
测量误差（接收机非相关噪声取 1m）	1
WFM 时钟噪声	0.07
时间同步误差分量	时间同步误差/m
RWFM 时钟噪声	0.03
合计	1.1

4.5.5.2　对流层延时误差

伪卫星的信号传播误差与 GNSS 存在不同，导航卫星距离地面约 2 万 km，电磁波必须穿透电离层和对流层才能够到达地面，因此，GNSS 受到电离层和对流层的影响。伪卫星部署在地面，只受对流层延迟的影响，通常对流层延迟误差是与温度、大气压力、相对湿度、仰角和信号传播距离有关的函数，将对流层分为干分量和湿分量两部分，伪卫星信号传播的对流层延迟误差可以表示为

$$\varepsilon_{\text{trop}} = \frac{\Delta\tau_{\text{dry}} + \Delta\tau_{\text{wet}}}{\sin\beta} = \frac{(\Delta\tau_{\text{dry}} + \Delta\tau_{\text{wet}}) \times R_u}{h_u} \quad (4.63)$$

式中：$\Delta\tau_{\text{dry}}$ 为干分量延迟误差；$\Delta\tau_{\text{wet}}$ 为湿分量延迟误差；β 为伪卫星和接收机之间的仰角，且 $\beta > 15°$；R_u 为伪卫星到接收机的距离；h_u 为伪卫星到接收机的高度。

当伪卫星和接收机之间的仰角 $\beta < 15°$ 时，认为大气折射的干分量和湿分量不变，此时，对流层延迟误差表示为

$$\varepsilon_{\text{trop}} = \Delta\tau_{\text{dry}} + \Delta\tau_{\text{wet}} = 10^{-6} \times (N_{\text{dry0}} + N_{\text{wet0}}) \times R_u \quad (4.64)$$

式中：N_{dry0} 和 N_{wet0} 分别为地表大气折射率的干分量和湿分量（$\times 10^{-6}$）；干分量和湿分量的延迟误差模型可表示为

$$\begin{cases} \Delta\tau_{dry} = 10^{-6} \times \int_{h_{pl}+h_s}^{h_{pl}+h_s+h_u} N_{dry}dh \\ \Delta\tau_{wet} = 10^{-6} \times \int_{h_{pl}+h_s}^{h_{pl}+h_s+h_u} N_{wet}dh \end{cases} \quad (4.65)$$

式中：N_{dry} 和 N_{wet} 分别为地表大气折射率的干分量和湿分量（$\times 10^{-6}$）；h_{pl} 为伪卫星到参考接收机的高度差（m）；h_s 为参考接收机到地面的高度（m）。

折射率和高程之间的关系为

$$\begin{cases} N_{dry} = N_{dry0} \times \left(\dfrac{h_d - h}{h_d}\right)^4 \\ N_{wet} = N_{wet0} \times \left(\dfrac{h_w - h}{h_w}\right)^4 \end{cases} \quad (4.66)$$

式中：h_d 为干分量的大气高程，且 $h_d = 42700 \text{m}$；h_w 为湿分量的大气高程，且 $h_w = 13000 \text{m}$；h 为大气高程变化量（m）。

得到伪卫星定位系统的对流层延迟误差函数为

$$\varepsilon_{trop} = \dfrac{10^{-6} \times N_{dry0}}{\sin\beta}\left[\dfrac{(h_d - h_{pl} - h_s)^5 - (h_d - h_{pl} - h_s - h_u)}{5 \times h_d^4}\right] +$$

$$\dfrac{10^{-6} \times N_{wet0}}{\sin\beta}\left[\dfrac{(h_w - h_{pl} - h_s)^5 - (h_w - h_{pl} - h_s - h_u)}{5 \times h_w^4}\right] \quad (4.67)$$

地表干分量和湿分量与地表大气压、温湿度的关系如下：

$$\begin{cases} N_{dry0} = 77.6p/T_K \\ N_{wet0} = 3.73 \times 10^5 \times e_0/T_K^2 \end{cases} \quad (4.68)$$

式中：p 为地表大气压（mbar，$1\text{bar} = 10^5\text{Pa}$）；$T_K$ 为地表温度（K）；e_0 为地表水汽压（mbar）。

通常伪卫星与参考接收机位于同一水平面，公式可简化为

$$\varepsilon_{trop} = \dfrac{10^{-6} \times N_{dry0}}{\sin\beta}\left[\dfrac{(h_d - h_s)^5 - (h_d - h_s - h_u)}{5 \times h_d^4}\right] +$$

$$\dfrac{10^{-6} \times N_{wet0}}{\sin\beta}\left[\dfrac{(h_w - h_s)^5 - (h_w - h_s - h_u)}{5 \times h_w^4}\right] \quad (4.69)$$

4.5.5.3 多径效应误差

通常，接收机在接收卫星信号时，收到的不只有来自卫星的直射信号，还有经过周围各种介质多次反射的信号。这些信号会干扰接收机信号使测量值产生多径偏差。其反射信号对真实信号的干扰大小受周围环境的变化而变化，一般难以人为控制。由于伪卫星自身的一些特性，与 GNSS 相比，多径效应相对更加复杂，主要特性有以下几点：

（1）伪卫星设备安装位置比较固定，不会实时变动，其多径信号具有较强的相关

性。此时,如果接收机进行单点静态定位,则多径信号通常会造成一个常值偏差且很难消除。

(2) 多径来源更加复杂,伪卫星部署在地面,地理环境相比 GNSS 卫星更加复杂,接收机周边的信号折射、反射源更多。接收机接收到的多径信号主要来源于两方面:一是伪卫星信号传播过程中存在的反射、折射、衍射等形成的干扰;二是来源于伪卫星天线自身,并非全部伪卫星信号都能到达接收机,仍有极小部分电磁波会被自身反射到接收机,造成接收机的接收信号发生畸变。

(3) 信号功率强,由于伪卫星与接收机之间的间距相对较近,因此伪卫星的多径干扰比 GNSS 卫星信号强得多,相对更难消除。

在复杂的室内外环境中,利用伪卫星进行组网定位具有很好的应用价值。为了进一步提高定位的鲁棒性和可靠性,有效的抗多径技术是十分必要的。一直以来,抗多径技术是业内学者研究的重点和难点。传统接收机的抗多径技术主要是通过抗多径天线等技术减缓或消除低仰角的反射信号,而伪卫星主要以布设在地面为主,本身就处于低仰角区域,因此,要想消除伪卫星的多径干扰,减少多径效应对伪卫星系统定位精度的影响,就必须同时从硬件结构和软件消除算法等方面同时采取措施抑制多径信号。

伪卫星发射段的抗多径途径如下:

(1) 天线设计,如利用定向天线、阵列天线、双路正交极化天线发射伪卫星信号。

(2) 伪卫星信号的设计。

(3) 近地多径模型的构建。

(4) 通过双频/空间分离信号实现信号多样化解算和误差修正。

接收机端的主要抗多径途径如下:

(1) 改进天线设计以抗干扰。如采用具有遮蔽特定方向反射信号底盘的接收机天线;通过天线阵列选择性地对接收的信号进行减弱、增强;通过双频/双天线在接收功率上抗多径。

(2) 时空组合抗多径影响。通过检测到达信号的时间和空间方向等特性减缓多径影响。

(3) 通过改进的接收机自主完好性监测(RAIM)算法与多相关检测相结合找出影响定位测量值的信号中的多径信号并进行处理。

(4) 数据处理与自适应处理。

(5) 通过选星,尽量避免选仰角低的卫星,减少对接收机测量值的影响。

同时在选择伪卫星和接收机天线的位置布设点时,应尽力选择避开反射物和远离磁场的合适位置,这样也可以有效减轻多径影响。

由于多径误差很大程度上取决于工作环境和接收机动态,很难给出确切的误差值,但可根据图 4.16 的多径包络经验数据进行确定。假定 1σ 值约为多径峰值的 1/3,则可得出多径误差经验值为 0.5m。

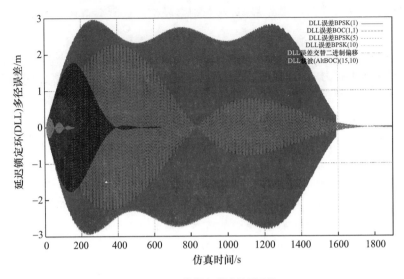

图 4.16 多径包络（见彩图）

4.5.5.4 接收机噪声

伪卫星接收机噪声主要包括锁相环延迟、码环偏差等受到热噪声颤动和干扰的影响。对于伪码测量，一般采用非相干超前-滞后延迟锁定环（DLL）实现，码相位噪声计算方程为

$$\sigma^2_{\text{NELP}} = \frac{B_L(1 - 0.25 B_L T) \int_{-\beta/2}^{\beta/2} G_s(f) \sin^2(\pi f \Delta) \mathrm{d}f}{\dfrac{C}{N_0} \left[2\pi \int_{-\beta/2}^{\beta/2} f G_s(f) \sin(\pi f \Delta) \mathrm{d}f \right]^2} \times$$

$$\left[1 + \frac{\int_{-\beta/2}^{\beta/2} G_s(f) \cos^2(\pi f \Delta) \mathrm{d}f}{T \dfrac{C}{N_0} \left[\int_{-\beta/2}^{\beta/2} G_s(f) \cos(\pi f \Delta) \mathrm{d}f \right]^2} \right] \quad (4.70)$$

式中：B_L 为 DLL 噪声带宽（Hz）；T 为相关器积分时间（s）；Δ 为相关器间隔（s）；$G_s(f)$ 为信号谱（s）；β 为双边带宽（Hz）；C/N_0 为载噪比（dBHz）。

BPSK 调制的谱密度为

$$G_s(f) = T_c \left(\frac{\sin(\pi f T_c)}{\pi f T_c} \right)^2 \quad (4.71)$$

图 4.17 为 GPS L1 码相位噪声随载噪比变化的曲线。

可根据接收机的输入信号载噪比确定码相位噪声的大小。伪卫星接收机热噪声如表 4.3 所列。

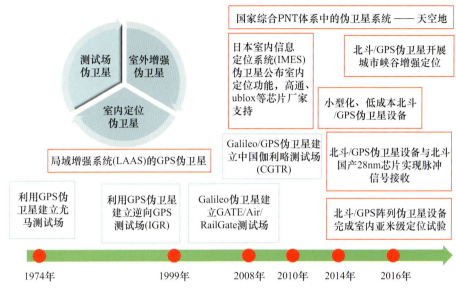

图1.1 国内外伪卫星的发展历史

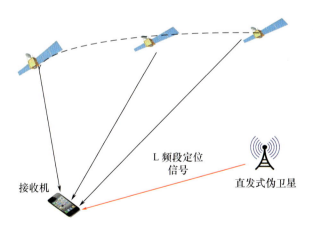

图1.2 直发式伪卫星示意图

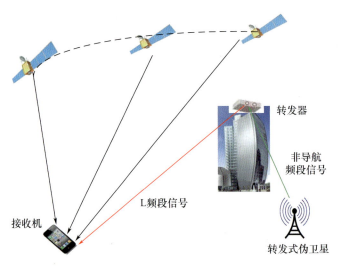

图 1.3 转发式伪卫星示意图

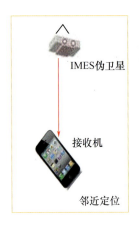
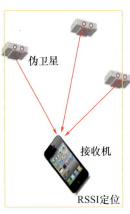

图 1.7 非同步伪卫星示意图

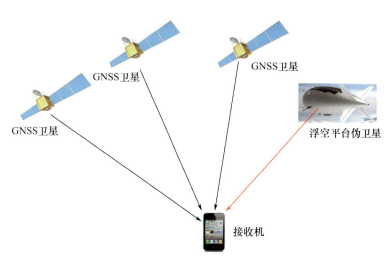

图 1.8　浮空平台伪卫星示意图

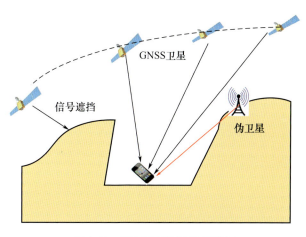

图 1.9　地面固定伪卫星示意图

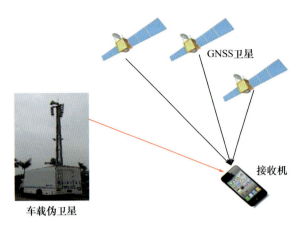

图 1.10　车载伪卫星系统

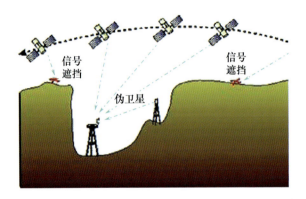

图 1.11　室外伪卫星示意图

图 1.12　室内定位伪卫星示意图

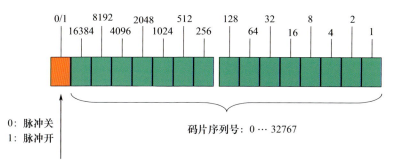

图 2.1　脉冲调制序列的编码定义

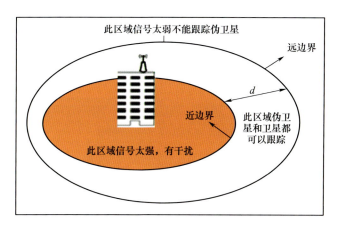

图 2.4　伪卫星信号远近效应示意图

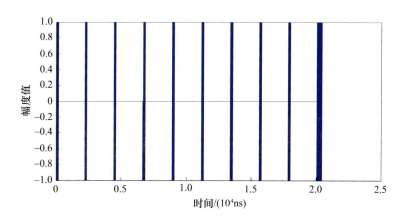

图 2.6　RTCM-104 定义的脉冲信号仿真图

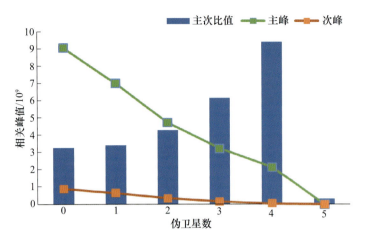

图2.7 捕获结果主次峰值变化

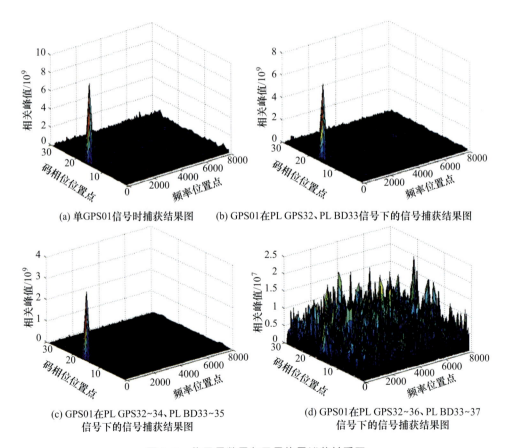

图2.8 伪卫星数目与卫星信号捕获关系图

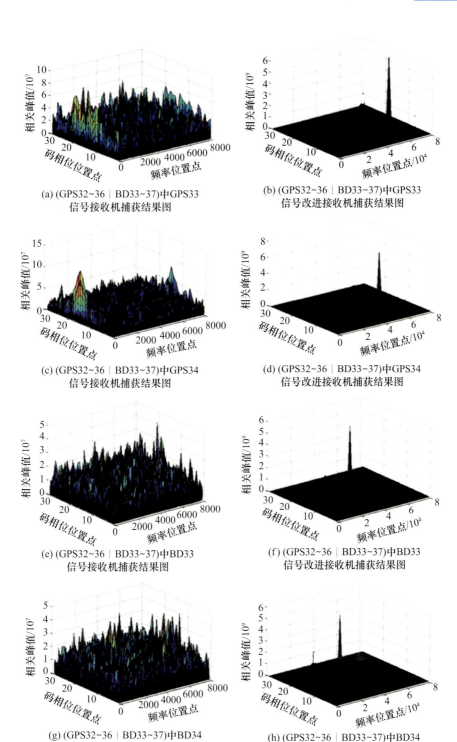

图2.9 多颗伪卫星的捕获结果

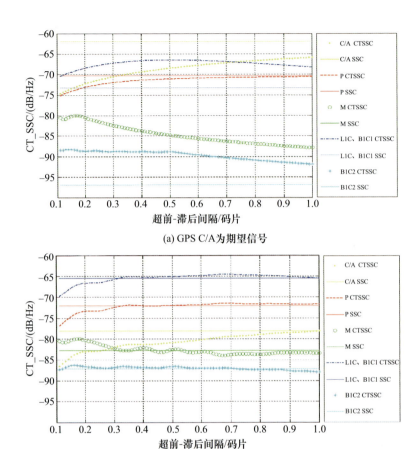

(a) GPS C/A 为期望信号

(b) 北斗 B1C1 为期望信号

图 2.13 CT_SSC 随超前-滞后间隔变化趋势

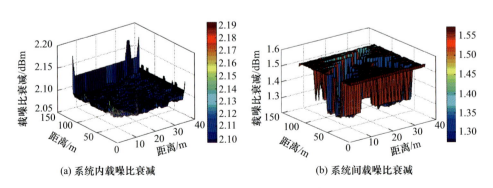

(a) 系统内载噪比衰减

(b) 系统间载噪比衰减

图 2.14 GPS C/A 为期望信号的载噪比衰减

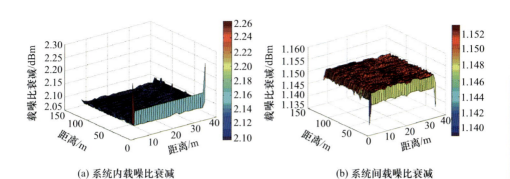

(a) 系统内载噪比衰减 (b) 系统间载噪比衰减

图 2.15　北斗 B1C1 为期望信号的载噪比衰减

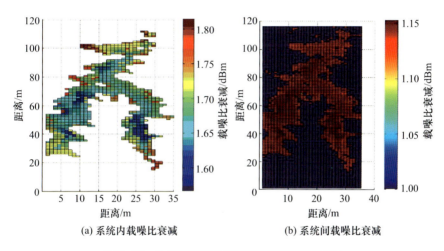

(a) 系统内载噪比衰减 (b) 系统间载噪比衰减

图 2.16　伪卫星信号为期望信号的载噪比衰减

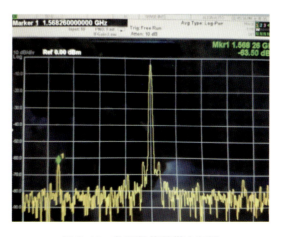

图 2.18　伪卫星信号带内杂散

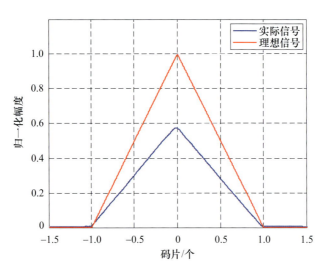

图 2.19 伪卫星信号 I 支路相关峰

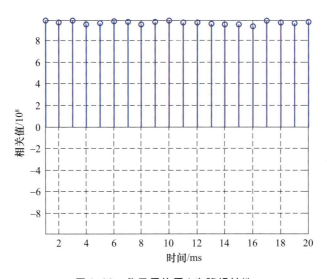

图 2.20 伪卫星信号 I 支路相关性

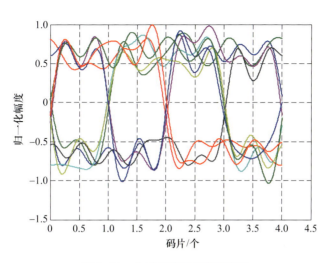

图 2.21　伪卫星信号 I 支路眼图

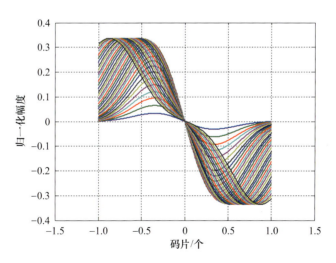

图 2.23　伪卫星信号(不同相关间隔下)S 曲线

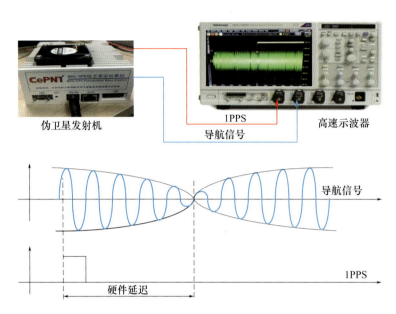

图2.25 伪卫星硬件时延及稳定性测量方法

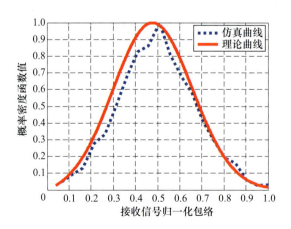

图3.7 存在主要视距信号时信号传播衰落包络服从莱斯分布

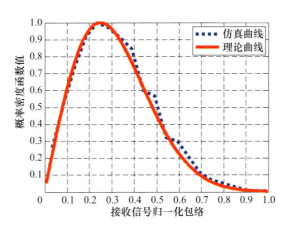

图 3.8 不存在主要视距信号时衰落包络服从瑞利分布

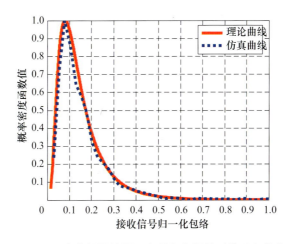

图 3.9 不存在视距情况下衰落包络服从对数正态分布

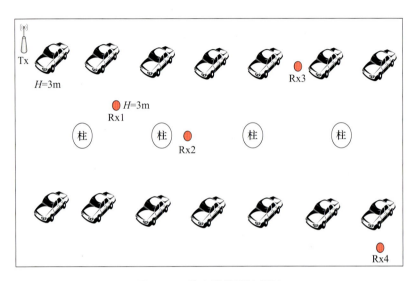

图 3.14 停车场模型俯视图

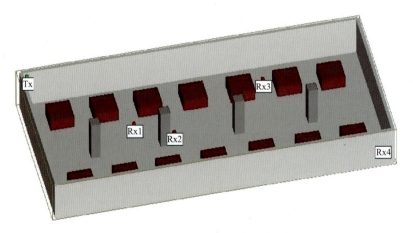

图 3.15 停车场模型三维空间场景视图

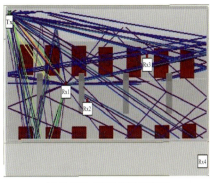
(a) Tx至Rx1到达射线示意图

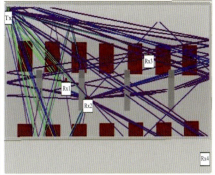
(b) Tx至Rx2到达射线示意图

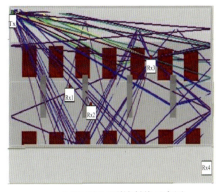
(c) Tx至Rx3到达射线示意图

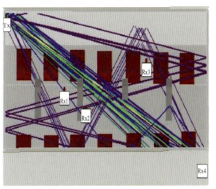
(d) Tx至Rx4到达射线示意图

图 3.16　停车场模型 Tx 至 Rx1 ~ Rx4 三维射线传播情况

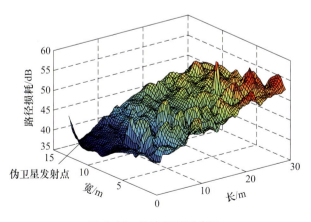

图 3.18　功率损耗示意图

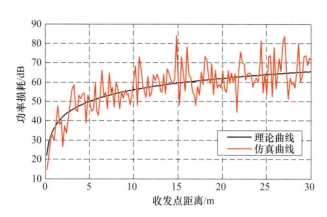

图 3.19 平均路径功率损耗与传播距离的关系

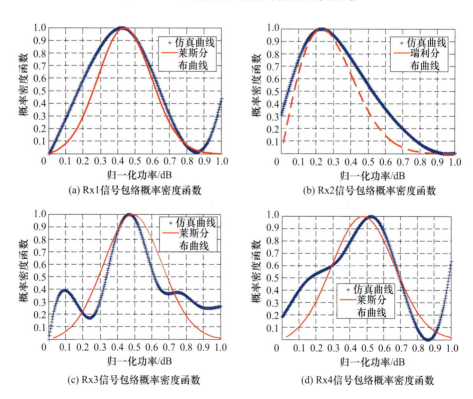

(a) Rx1 信号包络概率密度函数

(b) Rx2 信号包络概率密度函数

(c) Rx3 信号包络概率密度函数

(d) Rx4 信号包络概率密度函数

图 3.20　Rx1～Rx4 处接收信号包络概率密度函数曲线

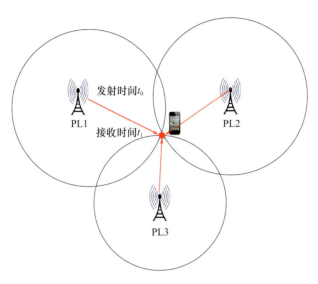

图 4.6 圆-圆定位的基本原理

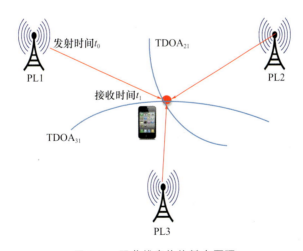

图 4.7 双曲线定位的基本原理

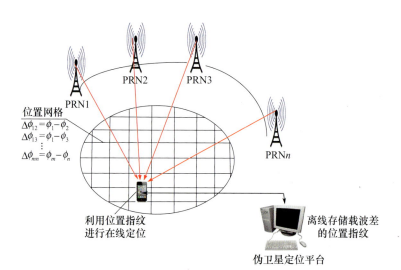

图 4.8　伪卫星的位置指纹定位原理示意图

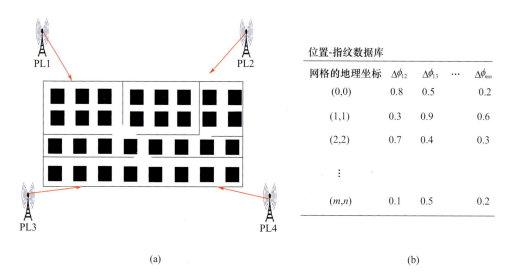

图 4.10　离线建立位置-指纹特征库

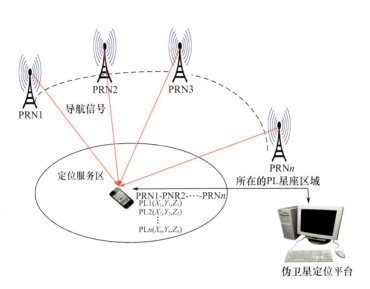

图4.11　伪卫星的邻近定位示意图

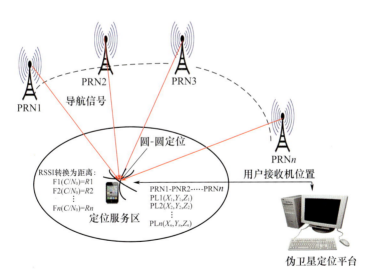

图4.12　伪卫星系统的邻近与圆-圆组合定位示意图

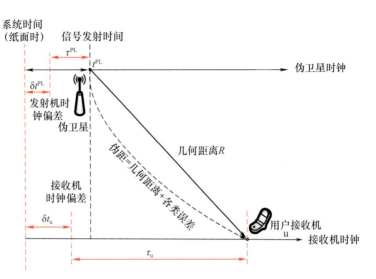

图 4.13　伪卫星系统的伪距测量概念

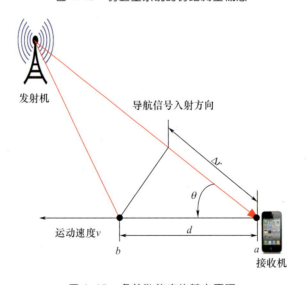

图 4.15　多普勒效应的基本原理

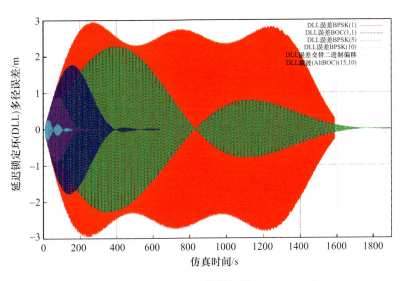

图 4.16　多径包络

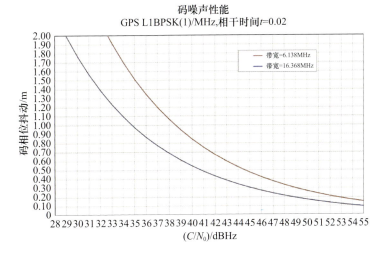

图 4.17　码相位噪声随载噪比变化的曲线

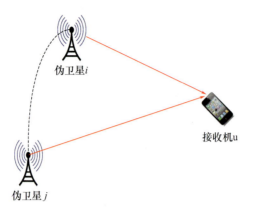

图 4.18　伪卫星定位系统的星间差分示意图

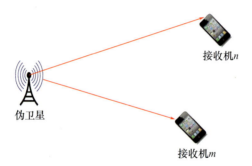

图 4.19　伪卫星定位系统的站间差分示意图

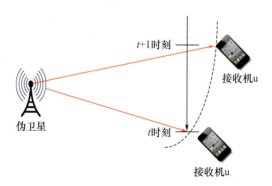

图 4.20　伪卫星定位系统的历元间差分示意图

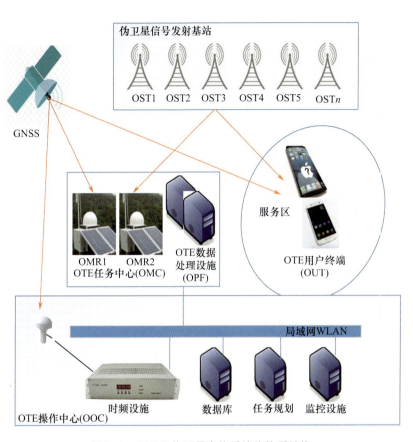

图 5.1　GNSS 伪卫星定位系统的体系结构

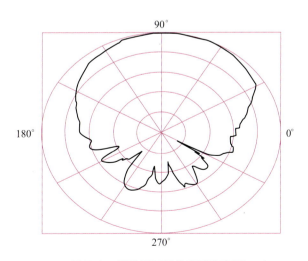

图 5.9　极坐标下天线典型方向图

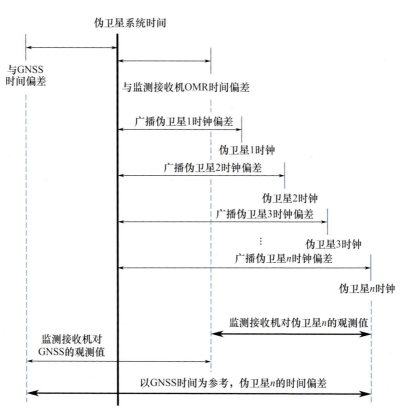

图 5.13　时钟偏移量与接收机观测量的关系

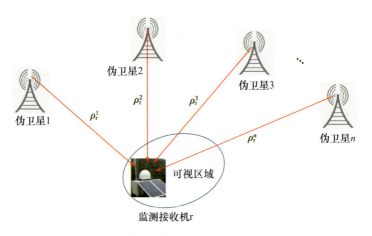

图 5.14　监测站反馈时间同步算法原理图

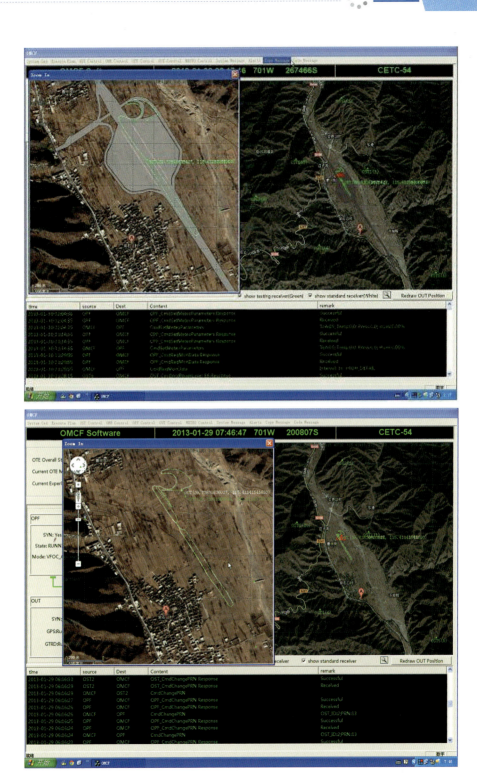

图 5.30 车载终端在测试区内的运动轨迹(2 个示例图)

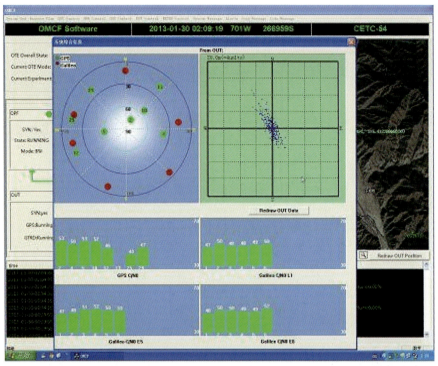
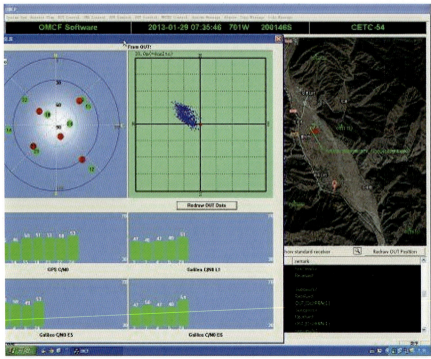

图 5.31 伪卫星系统实时定位精度测试结果(2 个示例图)

彩页 26

图 5.32　在城市峡谷部署伪卫星定位系统

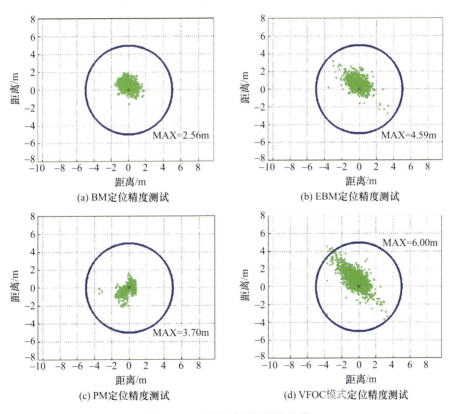

图 5.33　4 种模式下的定位结果

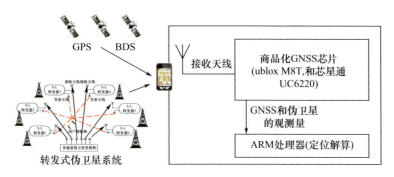

图 5.40 用户接收机

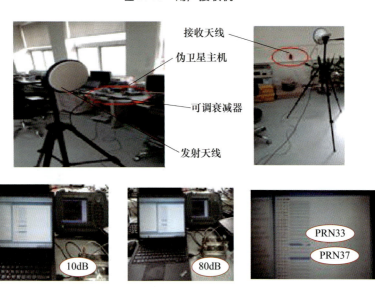

图 6.3 使用导航芯片接收伪卫星信号

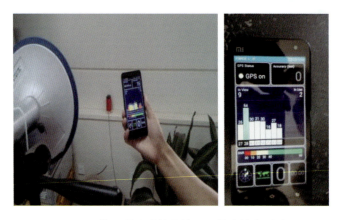

图 6.4 伪卫星脉冲信号抗远近效应能力测试

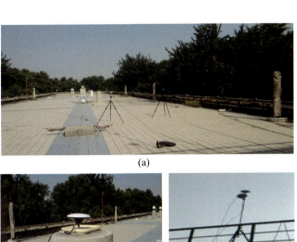
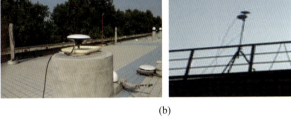

图 6.5　北斗/GPS 伪卫星外场测试环境

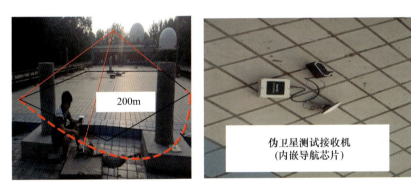

图 6.6　北斗/GPS 伪卫星信号发射功率和覆盖区域测试

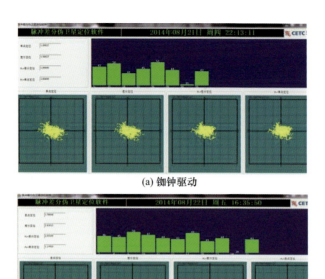

(a) 铷钟驱动

(b) 晶振驱动

图 6.7 伪卫星的定位精度测试

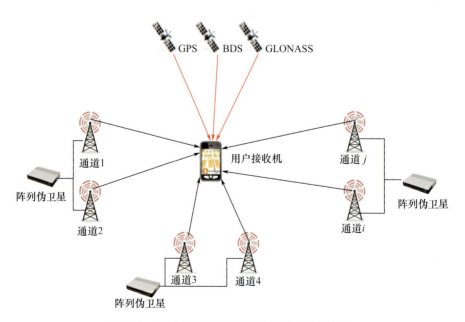

图 6.8 非同步阵列伪卫星增强系统的体系结构

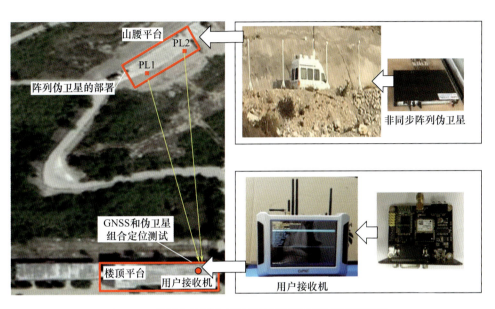

图 6.11 非同步阵列伪卫星的定位精度试验环境和条件

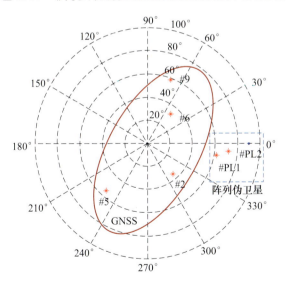

图 6.12 GPS 和伪卫星的空间分布

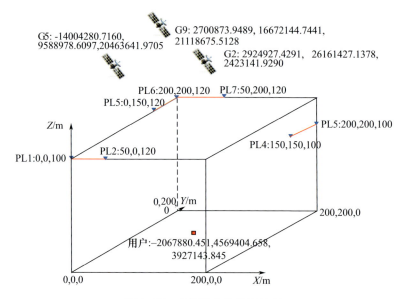

图 6.15 几何分布的仿真结果

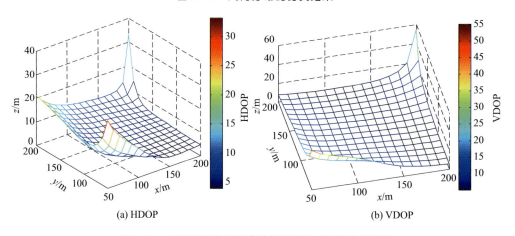

(a) HDOP (b) VDOP

图 6.16 3 颗阵列伪卫星定位情况下的 DOP 仿真结果

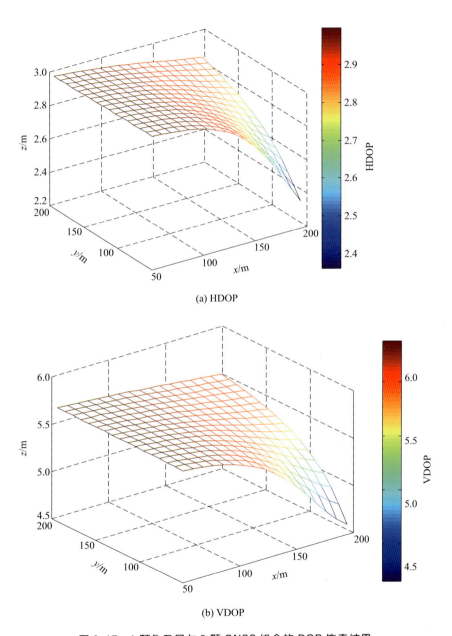

图 6.17 1 颗伪卫星与 3 颗 GNSS 组合的 DOP 仿真结果

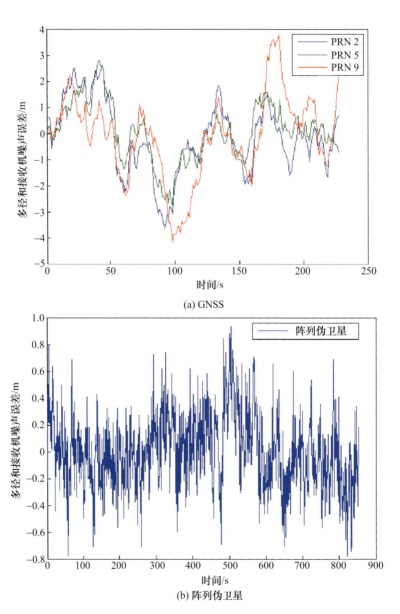

图 6.18 接收机多径误差

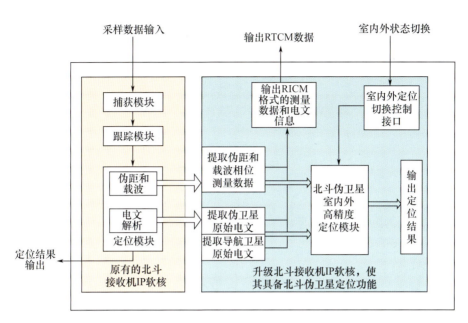

图 7.11 GNSS/伪卫星导航芯片的定位软核的实现方法

Word count			1 2 3 4 5 6 7 8	9 ... 24	25 26 27 28 29 30
			Preamble		
0	0	0	1 0 0 1 1 1 1 0	Data	Parity
			CNT		
0	0	1	0 0 1	Data	Parity
			Preamble		
0	1	0	1 0 0 1 1 1 1 0	Data	Parity
			CNT		
0	1	1	0 1 1	Data	Parity
1	0	1	1 0 1	Data	Parity
			Preamble		
1	1	0	1 0 0 1 1 1 1 0	Data	Parity
			CNT		
1	1	1	1 1 1	Data	Parity
			CNT		
0	0	0	0 0 0	Data	Parity
			CNT		
0	0	1	0 0 1	Data	Parity

图 8.1 字计数器的示例

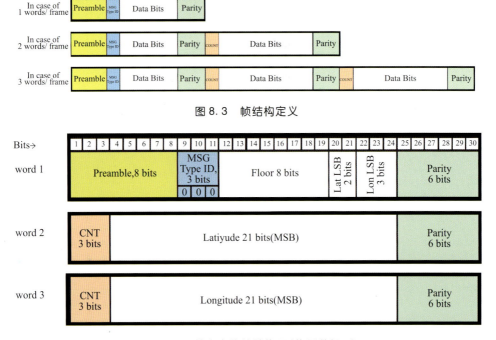

图 8.3　帧结构定义

图 8.4　导航电文的帧结构图(位置数据 1)

发射功率/dBW	发射机天线高度/m															
	2.5	3.0	3.5	4.0	4.5	5.0	6.0	7.0	8.0	9.0	10.0	12.0	14.0	16.0	18.0	20.0
−94.4				29	29	29	29	28	28	28	28	27	26	25	24	22
−95.0				27	27	27	26	26	26	26	25	25	24	22	21	19
−96.0			24	24	24	24	23	23	23	23	22	21	20	19	17	15
−97.0			21	21	21	21	21	21	20	20	19	18	17	15	13	
−98.0		19	19	19	19	19	18	18	18	17	17	16	14	12		
−99.0		17	17	17	17	17	16	16	15	15	14	13	11			
−100.0		15	15	15	15	15	14	14	13	13	12	10				
−101.0	13	13	13	13	13	13	13	12	12	11	10	8				
−102.0	12	12	12	12	12	11	11	10	10	9	8					
−103.0	11	11	10	10	10	10	9	9	8	7	6					
−104.0	9	9	9	9	9	9	8	7	7	5						
−105.0	8	8	8	8	8	8	7	6	5							
−106.0	7	7	7	7	7	6	6	5								
−107.0	7	6	6	6	6	5	5									
−108.0	6	6	5	5	5	5	3									
−109.0	5	5	5	4	4	4										
−110.0	5	4	4	4	3	3										
−111.0	4	4	3	3	2											
−112.0	3	3	3	2												
−113.0	3	3	2													
−114.0	3	2	2													

图 8.6　IMES 定位精度计算实例

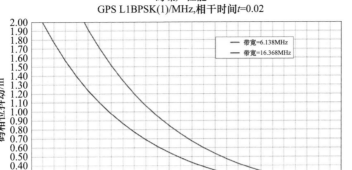

图 4.17　码相位噪声随载噪比变化的曲线（见彩图）

表 4.3　伪卫星接收机热噪声表

频段	D	(C/N_0)/dBHz	带宽/MHz	码噪声/cm
非脉冲调制伪卫星				
L1 BPSK(1)	$0.2T_c$	42	6.138	60
脉冲调制伪卫星				
L1 BPSK(1)	$0.2T_c$	35	6.138	151

4.5.5.5　非线性误差

GNSS 导航卫星与接收机距离可以达到 2.2 万 km，因此，非线性定位解算误差可以忽略，但是，伪卫星与接收机之间距离在几米到几千米范围内，需要考虑非线性解算带来的定位误差。

根据伪距测量方程：

$$\rho = c \times (t_u - t_{PL}) + R + \varepsilon = \\ \sqrt{(X_u - X_{PL})^2 + (Y_u - Y_{PL})^2 + (Z_u - Z_{PL})^2} + c \times (t_u - t_{PL}) + \varepsilon = \\ f(X_u, Y_u, X_u, t_u) \tag{4.72}$$

式中：$R = \sqrt{(X_u - X_{PL})^2 + (Y_u - Y_{PL})^2 + (Z_u - Z_{PL})^2}$，$(x_u, y_u, z_u)$ 为接收机在地心地固（ECEF）坐标系中的坐标；(X_{PL}, Y_{PL}, Z_{PL}) 为伪卫星在 ECEF 坐标系中的坐标。

伪距 ρ 是接收机位置 (X_u, Y_u, Z_u) 和时钟偏差 t_u 的非线性函数，则假设接收机位置和时钟偏差由近似分量 $\hat{X}_u$、$\hat{Y}_u$、$\hat{Z}_u$ 和增量 Δx_u、Δy_u、Δz_u 组成，即

$$\begin{cases} X_u = \hat{X}_u + \Delta x_u \\ Y_u = \hat{Y}_u + \Delta y_u \\ Z_u = \hat{Z}_u + \Delta z_u \\ t_u = \hat{t}_u + \Delta t_u \end{cases} \quad (4.73)$$

因此,伪距测量方程可表达为

$$\rho = f(\hat{X}_u + \Delta x_u, \hat{Y}_u + \Delta y_u, \hat{Z}_u + \Delta z_u, \hat{t}_u + \Delta t_u) \quad (4.74)$$

对上述函数在 (X_u, Y_u, Z_u, t_u) 处进行泰勒级数展开,得

$$f(\hat{X}_u + \Delta x_u, \hat{Y}_u + \Delta y_u, \hat{Z}_u + \Delta z_u, \hat{t}_u + \Delta t_u) =$$

$$f(\hat{X}_u, \hat{Y}, \hat{Z}_u, \hat{t}_u) + \frac{\partial f(\hat{X}_u, \hat{Y}, \hat{Z}_u, \hat{t}_u)}{\partial \hat{X}_u} \times \Delta x_u + \frac{\partial f(\hat{X}_u, \hat{Y}_u, \hat{Z}_u, \hat{t}_u)}{\partial \hat{Y}_u} \times$$

$$\Delta y_u + \frac{\partial f(\hat{X}_u, \hat{Y}, \hat{Z}_u, \hat{t}_u)}{\partial \hat{Z}_u} \times \Delta z_u + \frac{\partial f(\hat{X}_u, \hat{Y}, \hat{Z}_u, \hat{t}_u)}{\partial \hat{t}_u} \times \Delta t_u +$$

$$o(\Delta x_u, \Delta y_u, \Delta z_u, \Delta t_u) \quad (4.75)$$

式中:$o(\Delta x_u, \Delta y_u, \Delta z_u, \Delta t_u)$ 为高阶项,在使用线性方程进行定位解算的过程中,高阶项被忽略,从而引起非线性误差。

4.6 伪卫星定位与测速的基本原理

4.6.1 伪距单点定位

4.6.1.1 伪距单点定位方程

伪卫星通常固定在已知的位置上,利用上述的伪距观测量,理论情况下利用3颗伪卫星与接收机坐标联立方程组便可以得到接收机的位置,但在实际应用过程中,伪卫星系统与接收机之间时间是不能完全同步的,通常存在一定的时钟偏差,因此要想计算接收机的坐标位置,就需要将钟差作为未知量考虑在内,则要想实现定位至少需要4颗伪卫星[34-41]。

建立伪卫星的伪码测距定位方程组为

$$\begin{cases} \rho_u^1 = R_u^1 + \delta t_u - \delta t^1 + T_u^1 + \varepsilon_u^1 \\ \rho_u^2 = R_u^2 + \delta t_u - \delta t^2 + T_u^2 + \varepsilon_u^2 \\ \vdots \\ \rho_u^n = R_u^n + \delta t_u - \delta t^n + T_u^n + \varepsilon_u^n \end{cases} \quad (4.76)$$

式中:R_u^n 为伪卫星到接收机的几何距离,$R_u^1 = \sqrt{(X^1 - X_u)^2 + (Y^1 - Y_u)^2 + (Z^1 - Z_u)^2}$;

δt_u 为接收机时钟偏差(相对系统时);δt^n 为伪卫星时钟偏差(相对系统时);T_u^n 为对流层时延;ε_u^n 为测量误差;n 为伪卫星数量,$n \geqslant 4$。

式(4.76)为非线性方程,对其在位置点(X_0, Y_0, Z_0)处进行泰勒展开为

$$\begin{bmatrix} \rho_u^1 - R_{u,0}^1 - T_u^1 \\ \rho_u^2 - R_{u,0}^2 - T_u^2 \\ \vdots \\ \rho_u^n - R_{u,0}^n - T_u^n \end{bmatrix} = \begin{bmatrix} \dfrac{X^1 - X_{u,0}}{R_{u,0}^1} & \dfrac{Y^1 - Y_{u,0}}{R_{u,0}^1} & \dfrac{Z^1 - Z_{u,0}}{R_{u,0}^1} & 1 \\ \dfrac{X^2 - X_{u,0}}{R_{u,0}^2} & \dfrac{Y^2 - Y_{u,0}}{R_{u,0}^2} & \dfrac{Z^2 - Z_{u,0}}{R_{u,0}^2} & 1 \\ & & \vdots & \\ \dfrac{X^n - X_{u,0}}{R_{u,0}^n} & \dfrac{X^n - X_{u,0}}{R_{u,0}^n} & \dfrac{X^n - X_{u,0}}{R_{u,0}^n} & 1 \end{bmatrix} \begin{bmatrix} \Delta x \\ \Delta y \\ \Delta z \\ \Delta t \end{bmatrix} \quad (4.77)$$

式中

$$\boldsymbol{G} = \begin{bmatrix} \dfrac{X^1 - X_{u,0}}{R_{u,0}^1} & \dfrac{Y^1 - Y_{u,0}}{R_{u,0}^1} & \dfrac{Z^1 - Z_{u,0}}{R_{u,0}^1} & 1 \\ \dfrac{X^2 - X_{u,0}}{R_{u,0}^2} & \dfrac{Y^2 - Y_{u,0}}{R_{u,0}^2} & \dfrac{Z^2 - Z_{u,0}}{R_{u,0}^2} & 1 \\ & & \vdots & \\ \dfrac{X^n - X_{u,0}}{R_{u,0}^n} & \dfrac{X^n - X_{u,0}}{R_{u,0}^n} & \dfrac{X^n - X_{u,0}}{R_{u,0}^n} & 1 \end{bmatrix}$$

$$\boldsymbol{b} = \begin{bmatrix} \rho_u^1 - R_{u,0}^1 - T_u^1 \\ \rho_u^2 - R_{u,0}^2 - T_u^2 \\ \vdots \\ \rho_u^n - R_{u,0}^n - T_u^n \end{bmatrix}$$

$$\Delta \boldsymbol{x} = \begin{bmatrix} \Delta x \\ \Delta y \\ \Delta z \\ \Delta t \end{bmatrix}$$

4.6.1.2 最小二乘法

根据式(4.77),简化的伪距定位方程组变为

$$\boldsymbol{G} \Delta \boldsymbol{x} = \boldsymbol{b} \quad (4.78)$$

式中:$\boldsymbol{G}$ 为在位置点(X_0, Y_0, Z_0)处的一阶偏导矩阵;$\Delta \boldsymbol{x}$ 为当前接收机位置与上一时刻的位置估计值的差矢量;$\boldsymbol{b}$ 为伪卫星与接收机之间的距离观测量。

最小二乘定位过程就是求解实际输出测量值与估计值之差的平方和最小的过程,假设平方差为 S,则

$$S = \| \boldsymbol{G} \Delta \boldsymbol{x} - \boldsymbol{b} \|^2 = (\boldsymbol{G} \Delta \boldsymbol{x} - \boldsymbol{b})^{\mathrm{T}} (\boldsymbol{G} \Delta \boldsymbol{x} - \boldsymbol{b}) =$$

$$\Delta x^{\mathrm{T}} G^{\mathrm{T}} G \Delta x - \Delta x^{\mathrm{T}} G^{\mathrm{T}} b - b^{\mathrm{T}} G \Delta x + b^{\mathrm{T}} b =$$
$$\Delta x^{\mathrm{T}} G^{\mathrm{T}} G \Delta x - 2\Delta x^{\mathrm{T}} G^{\mathrm{T}} b + b^{\mathrm{T}} b \tag{4.79}$$

式中：因为矩阵 $G^{\mathrm{T}}G$ 具有对称、正定、可逆的特点，因而 S 存在最小值。对式(4.79)求导可得，当导数为 0 时，S 达到最小值，可得导数为 0 时，最小二乘解 Δx 为

$$\Delta x = (G^{\mathrm{T}} G)^{-1} G^{\mathrm{T}} b \tag{4.80}$$

同时，考虑到不同的测量值通常具有不同的测量误差。为了进一步精细定位误差结果，可以对每个测量值设定一个权重。通常情况下，测量误差标准差越小，权重值越高。假定权重矢量为

$$W = \begin{bmatrix} W_1 & & & \\ & W_2 & & \\ & & \ddots & \\ & & & W_N \end{bmatrix} \tag{4.81}$$

则将 W 代入式(4.80)，可得加权后的最小二乘解为

$$\Delta x = (G^{\mathrm{T}} W^{\mathrm{T}} W G)^{-1} G^{\mathrm{T}} W^{\mathrm{T}} W b \tag{4.82}$$

4.6.1.3 卡尔曼滤波

在伪卫星的观测量中，不同历元的观测值存在一定的相关性，若使用最小二乘方法处理伪卫星观测数据，则难以充分利用这些规律和相互关系。因此，本节介绍卡尔曼滤波方法，它能够从一组有限的、包含噪声的观察序列预测出接收机的位置及速度，是一种线性最小方差估计。

假设线性离散系统的状态方程和观测方程为

$$\begin{cases} x_{k+1} = \phi_{k+1,k} x_k + \Gamma_k w_k \\ z_{k+1} = H_{k+1} x_{k+1} + v_{k+1} \end{cases} \tag{4.83}$$

式中：x_k 为 n 维状态矢量；$\phi_{k+1,k}$ 为 $n \times n$ 维的一步状态矢量转移矩阵，它是一个非奇异阵，具有性质 $\phi_{k,k} = I$（$n \times n$ 维的单位矩阵），$\phi_{k+1,k} = \phi_{k,k+1}^{-1}$，$\phi_{k+1,k}\phi_{k,k-1} = \phi_{k+1,k-1}$；$v_{k+1}$ 为 m 维观测值噪声；Γ_k 为 $n \times p$ 维动态噪声驱动阵；w_k 为动态系统零均值白噪声，即

$$E\{w_k\} = 0 \tag{4.84}$$
$$E\{w_k \cdot w_l^{\mathrm{T}}\} = Q_k \delta_{kl} \tag{4.85}$$

式中：Q_k 为已知的非负矩阵；δ_{kl} 为克罗尼克 δ 函数；z_{k+1} 为 m 维观测矢量；H_{k+1} 为 $n \times m$ 维观测矩阵。

$$E\{v_k\} = 0 \tag{4.86}$$
$$E\{v_k \cdot v_l^{\mathrm{T}}\} = Q_k \delta_{kl} \tag{4.87}$$
$$E\{\omega_k \cdot v_l^{\mathrm{T}}\} = Q_k \delta_{kl} \tag{4.88}$$

式中：$\{v_k\}$ 为与 $\{\omega_k\}$ 不相关的零均值白噪声序列。

卡尔曼滤波计算过程可归纳为状态矢量和相应方差阵的预测；滤波增益计算；状

态矢量预测值的修正。卡尔曼滤波过程需要状态矢量的状态方程和观测方程,过程如下:

1)预测过程

根据上一时刻的滤波值 $x_{k1,k-1}$(或状态矢量初值)计算当前时刻预测值:

$$x_{k,k-1} = \phi_{k,k-1} x_{k,k-1} \qquad (4.89)$$

根据上一时刻的误差方差阵 $P_{k,k-1}$(或初值)及状态转移方差阵 Q_k 计算预测方差阵:

$$P_{k,k-1} = \phi_{k,k-1} P_{k,k-1} \phi_{k,k-1}^{T} + \Gamma_{k-1} Q_k \Gamma_{k-1}^{T} \qquad (4.90)$$

2)卡尔曼滤波增益的计算

滤波增益阵为

$$K_k = P_{k,k-1} H_k^{T} [H_k P_{k,k-1} H_k^{T} + R_k]^{-1} \qquad (4.91)$$

式中:R_k 为已知的非负矩阵。

根据新的观测值 z_k 计算改正项:

$$v_k = z_k - H_k x_{k,k-1} \qquad (4.92)$$

3)预测值的修正即状态矢量计算

计算状态矢量滤波估计值:

$$x_{k,k} = x_{k,k-1} + K_k v_k \qquad (4.93)$$

计算滤波误差方差阵:

$$P_{k,k} = [I - K_k H_k] P_{k,k-1} \qquad (4.94)$$

因此,卡尔曼滤波过程是基于时间序列的不断的"预测—修正"状态矢量的递推方式:首先根据状态矢量初值或上一时刻的滤波值预测当前时刻的状态矢量;然后根据观测值通过最优估计得到的新信息和卡尔曼增益(加权项),对状态矢量预测值进行修正,得到当前历元滤波值,进而等待下一时刻观测信息进行下一时刻估计。

4.6.1.4 非线性卡尔曼滤波

假设状态方程和系统的观察方程是

$$x_k = f(x_{k-1}) + \omega_k \qquad (4.95)$$

$$z_k = h(x_k) + v_k \qquad (4.96)$$

式中:x_k 和 x_{k-1} 分别为 k 和 $k-1$ 的状态矢量;z_k 为观测矢量;ω_k 为状态噪声;v_k 为观测噪声。ω_k 和 v_k 为互相不相关的零均值白噪声序列。

无迹卡尔曼滤波(UKF)算法的具体计算步骤如下:

1)选择过滤器的初始值

$$\hat{x}_0 = E x_0 \qquad (4.97)$$

$$P_0 = E[(x_0 - \hat{x}_0)(x_0 - \hat{x}_0)^{T}] \qquad (4.98)$$

计算:

$$\tilde{x}_{k-1}^{(0)} = \hat{x}_{k-1} \qquad (4.99)$$

$$\tilde{x}_{k-1}^{(i)} = \hat{x}_{k-1} + \gamma (\sqrt{P_{k-1}})_{(i)} \quad i = 1,2,\cdots,n \quad (4.100)$$

$$\tilde{x}_{k-1}^{(i)} = \hat{x}_{k-1} - \gamma (\sqrt{P_{k-1}})_{(i-n)} \quad i = n+1, n+2,\cdots,2n \quad (4.101)$$

式中

$$\gamma = \sqrt{n+\lambda} \quad (4.102)$$

$$\lambda = a^2(n+k) - n \quad (4.103)$$

式中:n 为状态矢量维度;a 为一个小的正数,范围从 $10 \sim 1$;k 为第二个比例参数,$k = 3 - n$。

2) 确定权重

$$W_0^{(m)} = \frac{\lambda}{n+\lambda} \quad (4.104)$$

$$W_0^{(c)} = \frac{\lambda}{n+\lambda} + 1 - a^2 + \beta \quad (4.105)$$

$$W_i^{(m)} = W_i^{(c)} = \frac{1}{2(n+\lambda)} \quad i = 1,2,\cdots,2n \quad (4.106)$$

式中:β 为状态分布参数,高斯分布的 β 最优值是 2,对于单变量状态变量,β 最优值是 0;m 表示期望;c 表示方差。

3) 时间更新

$$x_{k/(k-1)}^{(i)} = f(x_{k-1}^i) \quad i = 0,1,2,\cdots,2n \quad (4.107)$$

$$\hat{x}_{k/(k-1)} = \sum_{i=0}^{2n} W_i^{(m)} x_{k/(k-1)}^{(i)} \quad (4.108)$$

$$P_{k/(k-1)} = \sum_{i=0}^{2n} W_i^{(c)} [x_{k/(k-1)}^{(i)} - \hat{x}_{k/(k-1)}][x_{k/(k-1)}^{(i)} - \hat{x}_{k/(k-1)}]^T + Q_{k-1} \quad (4.109)$$

式中:$\hat{x}_{k/(k-1)}$ 为预测状态矢量;$P_{k/(k-1)}$ 为预测状态矢量的协方差矩阵。

4) 测量更新

$$z_{k/(k-1)}^{(i)} = h(x_{k/(k-1)}^{(i)}) \quad (4.110)$$

$$\hat{z}_{k/(k-1)} = \sum_{i=0}^{2n} W_i^{(m)} z_{k/(k-1)}^{(i)} \quad (4.111)$$

$$P_{(ZZ)k/(k-1)} = \sum_{i=0}^{2n} W_i^{(c)} [z_{k/(k-1)}^{(i)} - \hat{z}_{k/(k-1)}][z_{k/(k-1)}^{(i)} - \hat{z}_{k/(k-1)}]^T + R_k \quad (4.112)$$

式中:$\hat{z}_{k/(k-1)}$ 为预测观测矢量;$P_{(ZZ)k/(k-1)}$ 为预测观测矢量的协方差矩阵。

5) 过滤器更新

$$P_{(XZ)k/(k-1)} = \sum_{i=0}^{2n} W_i^{(c)} [x_{k/(k-1)}^{(i)} - \hat{x}_{k/(k-1)}][z_{k/(k-1)}^{(i)} - \hat{z}_{k/(k-1)}]^T \quad (4.113)$$

$$K_k = P_{(XZ)k/(k-1)} P_{(ZZ)k/(k-1)}^{-1} \quad (4.114)$$

$$\hat{x}_k = \hat{x}_{k/(k-1)} + K_k(z_k - \hat{z}_{k/(k-1)}) \quad (4.115)$$

$$P_k = P_{k/(k-1)} - K_k P_{(ZZ)k/(k-1)} K_k^T \quad (4.116)$$

式中:$\hat{x}_k$ 为估计的状态矢量;P_k 为估计的状态矢量的协方差矩阵;K_k 为增益矩阵。

从上述步骤可以看出,UKF 方法直接使用状态方程或非线性系统的观测方程来计算,避免了扩展卡尔曼滤波器(EKF)算法带来的线性化误差。

4.6.2 载波相位差分定位

由于伪码的测量精度在 1m 左右,而载波相位的测量精度为几个毫米,对于伪卫星的精密定位,需要使用载波相位差分实现[42-47]。下面介绍伪卫星定位系统常用的几种载波相位差分方程。

4.6.2.1 星间载波相位差分

图 4.18 伪卫星定位系统的星间差分示意图中,有两颗伪卫星分别向接收机发射导航信号,载波相位测量方程可分别表示为

$$\lambda N_u^i + \lambda \phi_u^i(t) = R_u^i + \delta t_u - \delta t^i + T_u^i + m_u^i + \varepsilon_u^i \quad (4.117)$$

$$\lambda N_u^j + \lambda \phi_u^j(t) = R_u^j + \delta t_u - \delta t^j + T_u^j + m_u^j + \varepsilon_u^j \quad (4.118)$$

式中,i 和 j 分别为两颗伪卫星的编号;下角 u 代表接收机;λ 为波长;N 为整周模糊度;$\phi(t)$ 为载波相位观测量;R 为真实距离值;δt_u 为接收机钟差;δt 为卫星钟差;T_u 为对流层钟差;m 为电离层误差;ε 为噪声随机误差。

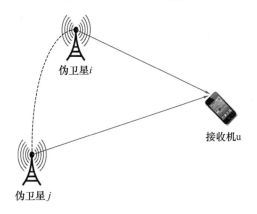

图 4.18 伪卫星定位系统的星间差分示意图(见彩图)

同一时刻,两组载波相位测量方程分别做差,得

$$\lambda N_u^{i,j} + \lambda \Delta \phi_u^{i,j} = \Delta R_u^{i,j} - \delta t^{i,j} + \Delta T_u^{i,j} + \Delta m_u^{i,j} + \Delta \varepsilon_u^{i,j} \quad (4.119)$$

可以看出,通过星间差分消除了接收机时钟偏差影响。

4.6.2.2 站间载波相位差分

图 4.19 是伪卫星定位系统的站间差分示意图,有两个接收机同时接收一颗伪卫星 i 发射的导航信号,载波相位测量方程可分别表示为

$$\lambda N_m^i + \lambda \phi_m^i(t) = R_m^i + \delta t_m - \delta t^i + T_m^i + m_m^i + \varepsilon_m^i \quad (4.120)$$

$$\lambda N_n^i + \lambda \phi_n^i(t) = R_n^i + \delta t_n - \delta t^i + T_n^i + m_n^i + \varepsilon_n^i \quad (4.121)$$

同一时刻,两组载波相位测量方程分别做差,得

$$\lambda N_{m,n}^i + \lambda \phi_{m,n}^i(t) = R_{m,n}^i + \delta t_{m,n} + T_{m,n}^i + m_{m,n}^i + \varepsilon_{m,n}^i \quad (4.122)$$

可以看出,通过站间差分消除了伪卫星时钟偏差影响。

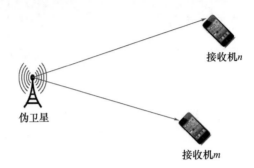

图 4.19　伪卫星定位系统的站间差分示意图(见彩图)

4.6.2.3　历元间的载波相位差分

图 4.20 是伪卫星定位系统的历元间差分示意图,接收机接收一颗伪卫星 i 发射的导航信号,在历元 t 和历元 $t+1$ 时刻的载波相位测量方程可分别表示为

$$\lambda N_u^i + \lambda \phi_u^i(t) = R_u^i(t) + \delta t_u(t) - \delta t^i(t) + T_u^i + m_u^i + \varepsilon_u^i \quad (4.123)$$

$$\lambda N_u^i + \lambda \phi_u^i(t+1) = R_u^i(t+1) + \delta t_u(t+1) - \delta t^i(t+1) + T_u^i + m_u^i + \varepsilon_u^i \quad (4.124)$$

历元间的载波相位差分方程为

$$\lambda \Delta \phi_u^i(t) = \Delta R_u^i(t) + \Delta[\delta t_u(t) - \delta t^i(t)] + \Delta m_u^i + \Delta \varepsilon_u^i \quad (4.125)$$

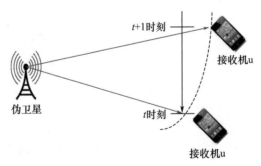

图 4.20　伪卫星定位系统的历元间差分示意图(见彩图)

式(4.125)的整周模糊度通过对消去除,并假设伪卫星的用户接收机在相邻历元的对流层变化较小,则对流层误差可以忽略。

4.6.3　多普勒测速与定位

通过多普勒观测量,可以计算用户机的实时速度,在通过速度和时间的乘积获得位置的变化量,从而实现多普勒测速和定位[48-52]。根据时间的导数可以得到距离变化率的计算公式:

$$\dot{\rho}_u^i = \lambda \cdot D_u^i = \dot{R}_u^i + c \cdot \mathrm{d}\dot{t}_u - c \cdot \mathrm{d}\dot{t}^i + \dot{T}_u^i + \dot{\varepsilon}_u^i \qquad (4.126)$$

式中：D_u^i 为用户接收机 u 相对伪卫星 i 的多普勒观测值；λ 为伪卫星定位信号波长；c 为光速；$\dot{R}_u^i$ 为几何距离的变化率，反映了用户接收机 u 的三维速度变化；$\mathrm{d}\dot{t}_u$ 为用户接收机 u 的时钟速度或时钟漂移率；$\mathrm{d}\dot{t}^i$ 为伪卫星的时钟速度或时钟漂移率；$\dot{T}_u^i$ 为电离层的时延变化率，在地基伪卫星系统中，可以认为是 0；$\dot{\varepsilon}_u^i$ 为误差的变化率，包括接收机热噪声和多径误差等。

由于用户接收机 u 到伪卫星 i 的几何距离 R_u^i 可以表示为

$$R_u^i = \sqrt{(x_u - x^i)^2 + (y_u - y^i)^2 + (z_u - z^i)^2} \qquad (4.127)$$

式中：用户接收机 u 的位置表示为 (x_u, y_u, z_u)；伪卫星的位置坐标可以表示为 (x^i, y^i, z^i)。几何距离的变化率 $\dot{R}_u^i$ 对时间的导数为

$$\dot{R}_u^i = \frac{(x_u - x^i)(\dot{x}_u - \dot{x}^i) + (y_u - y^i)(\dot{y}_u - \dot{y}^i) + (z_u - z^i)(\dot{z}_u - \dot{z}^i)}{\sqrt{(x_u - x^i)^2 + (y_u - y^i)^2 + (z_u - z^i)^2}} \qquad (4.128)$$

式中：用户接收机 u 的速度表示为 $(\dot{x}_u, \dot{y}_u, \dot{z}_u)$；伪卫星的速度可以表示为 $(\dot{x}^i, \dot{y}^i, \dot{z}^i)$，由于室内伪卫星的发射天线静止部署，因此，$(\dot{x}^i = 0, \dot{y}^i = 0, \dot{z}^i = 0)$。伪卫星的多普勒观测方程可以表达为

$$\lambda \cdot D_u^i = \frac{(x_u - x^i) \cdot \dot{x}_u + (y_u - y^i) \cdot \dot{y}_u + (z_u - z^i) \cdot \dot{z}_u}{\sqrt{(x_u - x^i)^2 + (y_u - y^i)^2 + (z_u - z^i)^2}} + c \cdot \mathrm{d}\dot{t}_u - c \cdot \mathrm{d}\dot{t}^i + \dot{\varepsilon}_u^i$$

$$(4.129)$$

伪卫星系统的测速方程可以表达为

$$\begin{bmatrix} \dfrac{x_u - x^1}{R_u^1} & \dfrac{y_u - y^1}{R_u^1} & \dfrac{z_u - z^1}{R_u^1} & 1 \\ \dfrac{x_u - x^2}{R_u^2} & \dfrac{y_u - y^2}{R_u^2} & \dfrac{z_u - z^2}{R_u^2} & 1 \\ & & \vdots & \\ \dfrac{x_u - x^n}{R_u^n} & \dfrac{y_u - y^n}{R_u^n} & \dfrac{z_u - z^n}{R_u^n} & 1 \end{bmatrix} \cdot \begin{bmatrix} \dot{x}_u \\ \dot{y}_u \\ \dot{z}_u \\ c \cdot \mathrm{d}\dot{t}_u - c \cdot \mathrm{d}\dot{t}^i \end{bmatrix} = \begin{bmatrix} \dfrac{c}{f} \cdot D_u^1 \\ \dfrac{c}{f} \cdot D_u^2 \\ \vdots \\ \dfrac{c}{f} \cdot D_u^n \end{bmatrix} + \begin{bmatrix} \dot{\varepsilon}_u^1 \\ \dot{\varepsilon}_u^2 \\ \vdots \\ \dot{\varepsilon}_u^n \end{bmatrix} \qquad (4.130)$$

方程(4.130)的左边用矢量 $\boldsymbol{G}$ 表示，待求解的速度矢量用 $\boldsymbol{v}_{u,s}$ 表示，右边用矢量 $\boldsymbol{b}$ 和 $\boldsymbol{\varepsilon}$ 表示，可以变换为

$$\boldsymbol{G} \cdot \boldsymbol{v}_{u,s} = \boldsymbol{b} + \boldsymbol{\varepsilon} \qquad (4.131)$$

通过最小二乘法可以求解用户接收机的当前速度为

$$\Delta \boldsymbol{v}_{u,0} = (\boldsymbol{G}^\mathrm{T} \boldsymbol{G})^{-1} \boldsymbol{G}^\mathrm{T} \boldsymbol{b} \qquad (4.132)$$

则当前历元的用户接收机速度为

$$\hat{v}_{u,1} = v_{u,0} + \Delta v_{u,0} \tag{4.133}$$

接收机的位置可以通过速度进行估计:

$$r_{u,1} = r_{u,0} + \hat{v}_{u,1} \cdot \Delta t \tag{4.134}$$

式中: $r_{u,0}$ 为用户接收机 u 的上一个三维位置信息; $r_{u,1}$ 为用户接收机 u 的当前历元的三维位置信息; Δt 为两个历元之间的时间间隔。

4.7 高精度定位与模糊度解算

伪卫星系统的高精度定位原理与 GNSS 基本相同,它也是采用载波相位观测方程进行高精度位置的求解,因此,同样面临整周模糊度求解的问题,下面介绍已知点初始化模糊度解算和最小二乘模糊度降相关平差(LAMBDA)法模糊度解算的基本原理。

4.7.1 已知点初始化算法

已知点初始化法(KPI)是给出已知初始点的整周模糊度[53-54],为了得到更为准确的整周模糊度,消除接收机的时钟误差,伪卫星定位系统使用了星间单差分技术(SD)。对流层的误差通过一个适合的校正模型拟合,假设用户接收机到伪卫星节点 j 的信号作为参考信号,用户接收机到伪卫星节点 i 的同频信号作为另一组信号。其观测方程如下:

$$\phi^j = R^j + \tau_{trop}^j + c\delta T - \frac{c}{f_{L1}}N^j + \varepsilon_j \tag{4.135}$$

$$\phi^i = R^i + \tau_{trop}^i + c\delta T - \frac{c}{f_{L1}}N^i + \varepsilon_i \tag{4.136}$$

式中: ϕ 为载波相位。

将式(4.135)与式(4.136)相减得单差分方程(4.137):

$$\Delta \phi^{ij} = (\phi^i - \phi^j) = R^{ij} + \tau_{trop}^{ij} - \frac{c}{f_{L1}}\Delta N^{ij} + v \tag{4.137}$$

式中: ΔN^{ij} 为单差模糊度; τ_{trop}^{ij} 为对流层传播延时之差; $v = \varepsilon_i - \varepsilon_j$ 为噪声因子之差。

这里假设接收机在 t 时刻的坐标为 $(x(t), y(t), z(t))$,伪卫星发射天线的坐标分别为 $(x(i), y(i), z(i))$、$(x(j), y(j), z(j))$。其中 R^{ij} 代表几何距离差:

$$R^{ij} = \sqrt{[x(t)-x(i)]^2 + [y(t)-y(i)]^2 + [z(t)-z(i)]^2} - \sqrt{[x(t)-x(j)]^2 + [y(t)-y(j)]^2 + [z(t)-z(j)]^2} \tag{4.138}$$

为了获取准确的整周模糊度,定位接收机的坐标是由 GNSS 定位系统实时动态(RTK)定位得,由于初始坐标已知,这样 R^{ij} 就可准确得到,忽略噪声因子误差及大气层误差,可以算出 ΔN^{ij},如下式所示:

$$\Delta N^{ij} = \frac{f_{L1}}{c}(R^{ij} - \Delta\phi^{ij}) \quad (4.139)$$

将 ΔN^{ij} 作为已知值,在接收机开始运动后,就可以实时地根据载波相位观测量计算出接收机的坐标。

4.7.2 LAMBDA 算法

采用 LAMBDA 算法[55],解决相关性数据搜索空间中正确模糊度整数解的搜索问题。LAMBDA 算法主要由 Z 变换和条件最小二乘搜索两部分组成。整周模糊度的整数解搜索解决方案转换为

$$\min_{N} \| N - \hat{N} \|^2_{Q_{\hat{N}}^{-1}} \quad (4.140)$$

的求解。式中:$Q_{\hat{N}}$ 为 $\hat{N}$ 的协方差矩阵,$\hat{N}$ 为整周模糊度的浮动解。

$Q_{\hat{N}}$ 的 Z 变换过程如下:

1) 对 $Q_{\hat{N}}$ 进行上三角变换

对 $Q_{\hat{N}}$ 进行 UDU^T 分解:

$$Q_{\hat{N}} = U_1 D_{U_1} U_1^T \quad (4.141)$$

式中:U_1 为上三角矩阵,对 U_1 各元素取正后求逆为 Z_{U_1}。

2) 上三角变换后的协方差矩阵为

$$Q_{ZU_1} = Z_{U_1} Q_{\hat{N}} Z_{U_1}^T \quad (4.142)$$

式中:Z_{U_1} 为上三角矩阵。

3) 对 Q_{ZU_1} 进行下三角变换

对 Q_{ZU_1} 进行 LDL^T 分解:

$$Q_{ZU_1} = L_1 D_{L1} L_1^T \quad (4.143)$$

式中:L_1 为下三角矩阵,对 L_1 各元素取正后求逆为 Z_{L_1}。

4) 下三角变换后的协方差矩阵为

$$Q_{ZL_1} = Z_{L_1} Q_{ZU_1} Z_{L_1}^T \quad (4.144)$$

式中:Z_{U_1} 为下三角矩阵,重复上述过程,直到经过 k 次迭代后得到的三角矩阵为单位矩阵为止,则得到整数高斯变换矩阵为

$$Z = \prod_{i=1}^{1} Z_{L_i} Z_{U_i} \quad (4.145)$$

浮点解的整数变换为

$$Z_{\hat{N}} = Z\hat{N} \quad (4.146)$$

协方差矩阵变换为

$$Z_{Q_{\hat{N}}} = ZQ_{\hat{N}}Z \quad (4.147)$$

变换后的搜索空间为

$$(\mathbf{Z}_N - \mathbf{Z}_{\hat{N}})\mathbf{Z}_{Q_{\hat{N}}}^{-1}(\mathbf{Z}_N - \mathbf{Z}_{\hat{N}}) < \chi^2 \tag{4.148}$$

Z 变换的目的是将协方差矩阵对角化，Z 变换后利用条件最小二乘搜索即可获得模糊度的整数解。

参考文献

[1] SCHELLENBERG S R, FARLEY M G. Airborne pseudolite navigation system：US5886666[P]. 1999-03-23.

[2] KENNEDY J P. Pseudolite positioning system and method：US6952158[P]. 2005-10-04.

[3] WANG J, TSUJII T, RIZOS C, et al. GPS and pseudo-satellites integration for precise positioning[J]. Geomatics Research Australasia, 2001, 74：103-117.

[4] 史峰, 姚连璧. 伪卫星定位技术及其应用[J]. 地矿测绘, 2006, 22(3)：5-7.

[5] 孟键, 孙付平, 王爱兵. 伪卫星独立组网方案研究[J]. 海洋测绘, 2007, 27(1)：12-16.

[6] 杨光, 华锡生, 何秀凤. GPS 和伪卫星组合定位技术及其在形变监测中的应用研究[J]. 测绘学报, 2006, 35(4)：410.

[7] STONE J M, POWELL J D. Precise positioning with GPS near obstructions by augmentation with pseudolites[C]//IEEE 1998 Position Location and Navigation Symposium, Palm Springs, CA, April 20-23, 1996：562-569.

[8] 李实. GPS 伪卫星的设计和实现[D]. 上海：上海交通大学, 2007.

[9] 李天文. GPS 原理及应用[M]. 北京：科学出版社, 2003.

[10] 赵琳, 丁继成, 马雪飞. 卫星导航原理及应用[M]. 西安：西北工业大学出版社, 2011.

[11] 中国卫星导航定位应用管理中心.《中国北斗卫星导航系统》白皮书[EB/OL]. (2016-7-15) [2019-11-5]. http://www.chinabeidou.gov.cn/bdzc/560.html.

[12] 百度百科. GPS 时[EB/OL]. [2019-11-5] https://baike.baidu.com/item/GPS 时/4734613? fr=aladdin.

[13] 吴海涛, 李变, 武建锋, 等. 北斗授时技术及其应用[M]. 北京：电子工业出版社, 2016.

[14] 杨俊, 单庆晓. 卫星授时原理与应用[M]. 北京：国防工业出版社, 2013.

[15] 王斌. 时差定位系统高精度时间测量技术研究[D]. 南京：南京信息工程大学, 2009.

[16] 毛悦, 宋小勇, 柴飞. 脉冲星 TOA 测量误差及几何精度分析[J]. 测绘科学技术学报, 2009, 26(2)：140-143.

[17] 周玲, 康志伟, 何怡刚. 基于三角不等式的加权双曲线定位 DV-HOP 算法[J]. 电子测量与仪器学报, 2013, 27(5)：389-395.

[18] 李达刚. 数字蜂窝网双曲线定位算法的实现[J]. 郑州大学学报（理学版）, 2000, 32(3)：42-45.

[19] 赵雅秋, 楼喜中. 基于 UWB 的线段近似双曲线定位算法[J]. 中国计量大学学报, 2018, 29(3)：80-86.

[20] COBB H S. GPS pseudolites：theory, design, and applications[M]. Palo Alto：Stanford University Press, 1997.

[21] Elliott D K,CHRISTOPHER J H. GPS 原理与应用[M]. 北京:电子工业出版社,2002.

[22] 唐卫明,刘智敏. GPS 载波相位平滑伪距精度分析与应用探讨[J]. 测绘地理信息,2005,30(3):37-39.

[23] LEMASTER E A. Self-calibrating pseudolite arrays:theory and experiment[M]. Palo Alto:Stanford University Press,2002.

[24] COBB S,LAWRENCE D,PERVAN B,et al. Precision landing tests with improved integrity beacon pseudolites[C]//Proceedings of Ion GPS. Institute of Navigation, Palm Springs, CA, 1995:827-833.

[25] 隋艺. 北斗卫星和伪卫星组合定位系统研究[D]. 西安:西北工业大学,2004.

[26] 艾树峰,俞群爱,冯冀宁,等. 抑制远近干扰伪卫星接收机的研究[J]. 电子学报,2010(8):1837-1840.

[27] 吕汉峰,张良,吴杰. 基于接收机钟差约束的地基伪卫星导航改进方法[J]. 国防科技大学学报,2014,36(2):68-72.

[28] 谢荣荣,王玮,李岁劳,等. 纯伪卫星系统中导航算法收敛性研究[J]. 弹箭与制导学报,2005(SB):527-531.

[29] 张玉宝,崔晓伟. 基于载波相位的室内伪卫星定位系统设计方案[J]. 科学技术与工程,2013,13(20).

[30] 徐亚明,孙福余,张鹏,等. 一种利用载波相位差值的伪卫星定位方法[J]. 武汉大学学报·信息科学版,2018,43(10):1445-1450.

[31] 李坤. 北斗伪卫星系统高精度定位关键技术研究[D]. 成都:电子科技大学,2018.

[32] 曹华杰,刘源. 北斗/GPS 伪卫星定位系统中信号跟踪算法研究[J]. 计算机技术与发展,2017,27(9):179-181.

[33] He X,CHEN Y Q,SANG W G,et al. Pseudolite-augmented GPS for deformation monitoring:analysis and experimental study[J]. Acta Geodaetica et Cartographica Sinica,2006,35(4):315-320.

[34] TRIMBLE C R,WOO A N. Local-area position navigation system with fixed pseudolite reference transmitters:US5686924[P]. 1997-11-11.

[35] VERVISCH-PICOIS A,SAMAMA N. Interference mitigation in a repeater and pseudolite indoor positioning system[J]. IEEE Journal of Selected Topics in Signal Processing,2009,3(5):810-820.

[36] RAQUET J,LACHAPELLE G,QIU W,et al. Development and testing of a mobile pseudolite concept for precise positioning[J]. Navigation,1996,43(2):149-165.

[37] STONE J M,LEMASTER E A,POWELL J D,et al. GPS pseudolite transceivers and their applications[C]//Proceedings of the 1999 Institute of Navigation National Technical Meeting,San Diego,CA,1999.

[38] FARLEY M G. Pseudolite navigation system:US7142159[P]. 2006-11-28.

[39] BORIO D,GIOIA C,BALDINI G. Asynchronous pseudolite navigation using C/N0 measurements[J]. The Journal of Navigation,2016,69(3):639-658.

[40] KUBARK D. Pseudolite positioning system:US9423502[P]. 2016-08-23.

[41] DIAO X,CAO Y,MA Z,et al. Method for transmitting pseudolite system messages,pseudolite positioning system and associated device:US9638804[P]. 2017-05-02.

[42] 徐亚明,孙福余,张鹏,等.一种利用载波相位差值的伪卫星定位方法[J].武汉大学学报·信息科学版,2018,43(10):1445-1450.

[43] 闫宁,何成龙,叶红军.跳时信号体制地基伪卫星远近效应分析[J].无线电工程,2017,47(6):27-31.

[44] STANSELL Jr T A. RTCM SC-104 recommended pseudolite signal specification[J]. Navigation,1986,33(1):42-59.

[45] 阎海峰,魏文辉,冯志华.伪卫星空中基站定位高性能算法研究[J].西北工业大学学报,2015(5):763-769.

[46] 王趁香,葛茂荣,祝会忠.GPS、BDS与GPS/BDS伪距单点定位与差分定位精度分析[J].导航定位学报,2017(03):88-93.

[47] 童汇琛.基于多普勒效应的RFID室内定位技术研究与实现[D].上海:上海交通大学,2014.

[48] 柯伟,王成,郭振平.利用超声波多普勒效应进行目标定位[J].延边大学学报(自然科学版),2017,43(3):31-34.

[49] 李汪洋.双模式卫星导航定位技术研究[D].成都:电子科技大学,2014.

[50] 袁德宝,崔希民,郎博,等.GPS卫星信号Doppler频移的计算与分析[J].测绘工程,2009,18(3):6-8.

[51] 蔡苗红,金乐,何峰,等.基于TDOA/Doppler测量的联邦UKF移动位置估计算法[J].东南大学学报(英文版),2009,25(3):294-298.

[52] 王鼎,张刚.一种基于窄带信号多普勒频率测量的运动目标直接定位方法[J].电子学报,2017,45(3):591-598.

[53] 陈树新.GPS整周模糊度动态确定的算法及性能研究[D].西安:西北工业大学,2002.

[54] 朱志宇,刘维亭,张冰.差分GPS载波相位整周模糊度快速解算方法[J].测绘科学,2005,30(3):54-57.

[55] MOGGI E. Computational lambda-calculus and monads:proceedings[C]//Fourth Annual Symposium on Logic in Computer Science,Pacific Grove,CA,June 5-8,1989:14-23.

第 5 章　GNSS 伪卫星定位系统

伪卫星是一种地面的兼容 GNSS 信号发射机,由多于 4 颗的伪卫星发射机和时间同步设备构成的独立定位导航网络,被称为 GNSS 伪卫星定位系统。本章主要介绍 GNSS 伪卫星定位系统的体系机构、组成单元、工作原理、工作模式等内容,重点介绍伪卫星定位系统的时间同步技术,以及基于监测接收机的同步算法,并对地基伪卫星网络部署进行仿真分析,给出这类伪卫星在山区峡谷和城市峡谷的定位试验结果,最后介绍转发式伪卫星定位系统的体系结构、阵列伪卫星、转发器和用户接收机设计。

5.1　伪卫星定位系统组成

5.1.1　体系结构

GNSS 伪卫星定位系统是一个通过地面部署多个伪卫星信号发射基站(大于等于 4 台),组成定位网络并提供开放服务的无线电导航系统[1-9]。图 5.1 是 GNSS 伪卫星定位系统的体系结构图,主要包括以下几个部分。

(1) 至少 4 个伪卫星室外测试环境(OTE)信号发射基站(OST),编号为 OST1,…,OSTn。

(2) OTE 数据处理设施(OPF)。

(3) OTE 监测接收机(OMR)。

(4) OTE 监控设施(OMCF)。

(5) OTE 授时设施(OTF)。

(6) OTE 存档与数据服务设施(OAF)。

(7) OTE 用户终端(OUT)。

(8) OTE 任务规划软件(OMPS)。

(9) OTE 通信网络(OCN)。

用户服务区(USA)是在 GNSS 伪卫星定位系统的信号覆盖区域中为用户提供定位服务的部分区域,在其中能够至少同时收到 4 颗伪卫星信号,从而实现三维定位能力。

伪卫星信号基站发射与北斗系统和 GPS 等兼容的民用导航信号和电文信息。定位服务区中的用户接收机如果能收到至少 4 颗伪卫星信号,就可以计算出它的位置。

在选定的用户服务区域中,伪卫星发射基站的选址决定了伪卫星的信号发射功率和脉冲方案。在为某个确定服务区域选择有关配置时,GNSS 伪卫星定位系统内部以及卫星导航系统的外部用户可以通过使用站址仿真软件进行详细设计与规划,即通过仿真确定伪卫星可见数及定位覆盖分布。

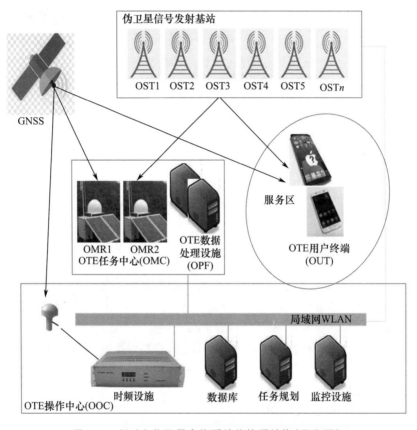

图 5.1　GNSS 伪卫星定位系统的体系结构(见彩图)

5.1.2　组成单元

GNSS 伪卫星定位系统的发射部分可以划分为 3 个分部,如图 5.2 所示,即发射分系统、任务中心与操作中心。

OTE 发射分系统(OTS)提供部署和发射伪卫星基站所需的基础设备和导航信号发射设备。发射分系统至少包括 4 个伪卫星信号发射基站。

OTE 任务中心(OMC)则负责处理伪卫星相关数据(信号测量数据、用户反馈同步等)以合理控制伪卫星运行任务设施和功能。任务中心包含监测接收机以及数据处理设施。

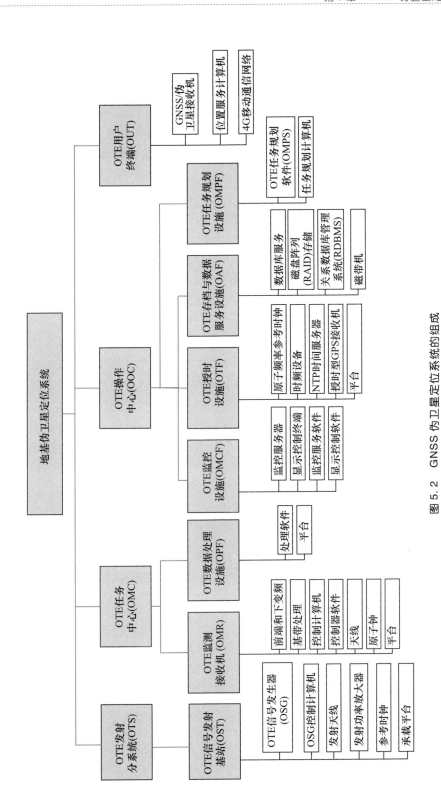

图 5.2 GNSS 伪卫星定位系统的组成

OTE 操作中心(OOC)对地基伪卫星网络定位系统设备的远程操作进行监视和控制。操作中心包含监控设施、授时设施、存档与数据服务设施等。

用户终端主要包括 GNSS/伪卫星接收机或芯片、实时无线数据通信(4G 移动通信)以及导航软件等。

移动通信网络本身并不是地基伪卫星网络定位系统的一部分,但是它支持伪卫星网络的连接组网、位置服务信息传递等。因此,需要完整的物理层和应用层接口规范。

5.1.3 系统工作原理

GNSS 伪卫星定位系统的工作原理如图 5.3 所示,工作过程描述如下:

(1) 空间 GNSS 卫星和地面伪卫星向服务区域内发射无线信号。

(2) 监测站接收 GNSS 和伪卫星的空间导航信号,对伪卫星信号进行测量,将原始的测量数据送 OPF 进行处理,以便完成伪卫星基站之间的时间同步,同时对 GNSS 信号进行测量,输出 GNSS 时间(GPST 或 BDT)给 OPF 处理。

(3) GNSS 伪卫星定位系统用两套热备的氢钟,在远端维护一个伪卫星系统时间,通过授时服务器完成对伪卫星基站网络的授时,同时通过本地 GNSS 授时接收机和监测站共视接收 GNSS 信号,将本地 GNSS 授时接收机和氢钟的时间差通过简单处理后经通信网络传输至 OPF,以便 OPF 进行共视处理。

(4) 数据处理设施对监测站送来的 GNSS 时间和共视的远端氢原子钟的时差信号进行处理,将监测站时间同步到远端氢钟时间;OPF 对伪卫星基站的原始观测量进行处理,将每颗伪卫星时间同步到监测站的时间上,这样伪卫星基站、监测站和远端氢原子钟的时间就建立了同步关系。

(5) 监控中心完成对整个 GNSS 伪卫星定位系统的监控,并对设备工作状态和信息进行记录。GNSS 伪卫星定位系统的工作按照用户任务规划来运行,用户计划规定了整个系统的运转任务。

(6) 用户接收机接收这些信号,完成导航定位和时间测量,并向位置服务平台实时发送自身定位信息。

5.1.4 核心单元或模块

5.1.4.1 伪卫星发射机

1) 功能

(1) 能够发射与 GNSS 兼容的导航信号和电文。

(2) 可配置扩频码序列。

(3) 能够设置本地发射机时间偏差。

(4) 能够调整多普勒偏移。

(5) 能够调整信号功率。

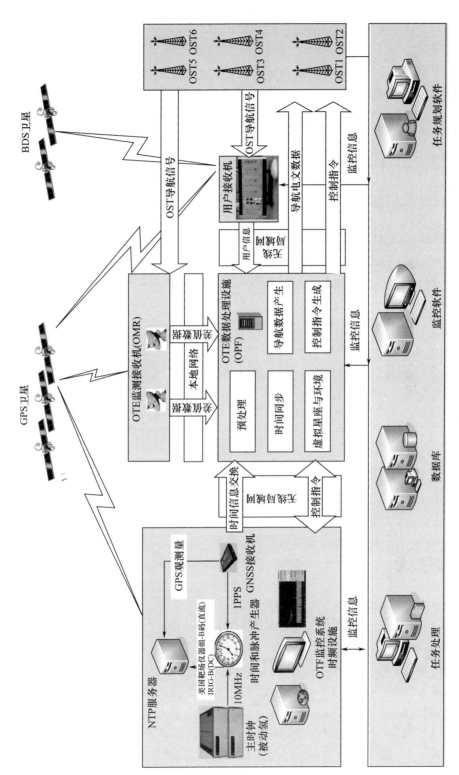

图 5.3 GNSS 伪卫星定位系统的工作原理

(6) 能够发射脉冲调制的信号来减小对 GNSS 导航卫星信号的干扰。

2) 组成

伪卫星信号发射机的模块组成如图 5.4 所示,包括如下模块。

(1) OTE 信号发生器(OSG),主要由信号产生单元(SGU)完成伪卫星基带信号生成。

(2) 控制单元,主要通过控制计算机实现系统时钟单元和信号产生单元的状态监控,并由接口单元实现状态信息上报。

(3) 射频单元,主要完成基带信号的上变频,将信号转换为 L 频段的导航信号。

(4) 发射天线,主要由全频段发射天线和发射功率放大器组成。

(5) 时钟单元,主要由参考钟(原子钟频率基准)作为系统基准时钟源,产生稳定的 10MHz 频率输出。

此外,承载平台、承载结构和周边基础设施,包含了容纳所有上述 OST 单元的全部基础设施(如天线杆、服务室),还要提供操作所需要的环境保护措施,外部通信设施等。

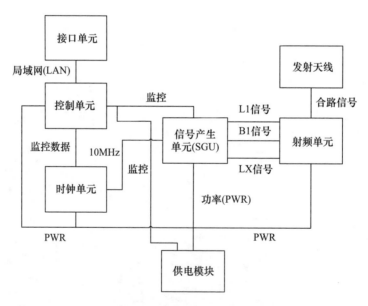

图 5.4 伪卫星信号发射机的模块组成图

3) 伪卫星信号调制

在不干扰 GNSS 的情况下,实现对不同伪卫星信号的同时访问的最佳方案就是 TDMA,也称为"脉冲调制"。在使用 TDMA 方式时,伪卫星不是发射连续的信号,而是只发射脉冲。

伪卫星信号一般采用时分多址和码分多址调制组合方式,即 TDMA + CDMA。即通过脉冲信号调制的方式既能减小对空间 GNSS 信号的干扰,又能够实现不同 GNSS

接收机的兼容接收。需要实现以下的设计。

(1) 设计脉冲调制方案。

(2) 设计脉冲方案的解码和应用。

图 5.5 是伪卫星基带信号调制的基本结构。

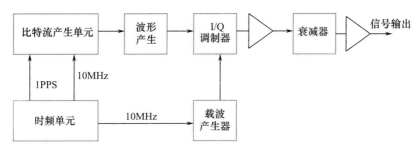

图 5.5　伪卫星基带信号调制的基本结构

伪卫星基带上的时频单元产生基础的时频信号 1PPS 和 10MHz，根据伪卫星的接口控制文件规定的扩频码格式和抽头，产生 PRN 码的比特流。载波产生器产生导频信号，并与调制信号积分生成基带信号。

4）基带脉冲

图 5.6 是伪卫星基带信号的脉冲产生方案，说明比特流是如何在伪卫星的 FPGA 内产生的。一阶码使用码片频率(10.23MHz max)进行时钟输出。每次全部原码始终输出完毕后，二阶码的地址加 1。二阶码完成后，将对下一个数据位寻址。比特流由一阶码、二阶码以及数据的异或(EXOR)运算生成。某些情况下会对副载波进行复加的 EXOR 运算，副载波是一种方波。

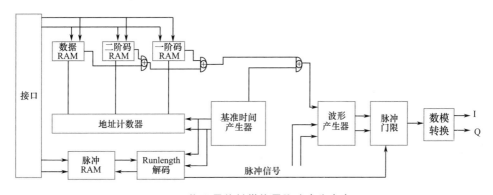

图 5.6　伪卫星的基带信号脉冲产生方案

波形产生器可以生成合适的信号来激励 I/Q 调制器。对每个码片间隔都计算输出波形，所有码片间隔的波形相加构成了 I 与 Q 的连续输出。

对脉冲调制随机存取存储器(RAM)中规定的码片的波形进行消隐，根据内存的数据内容可以产生消隐波形。由于地址计数器和 Runlength 解码器都采用同样的时钟激励,所以可以比较理想地进行脉冲调制。每个码片间隔都可以打开或关闭,开关的次数是由存储器的规模限定的。

5) 射频脉冲

伪卫星的基带脉冲调制方案是一种理想方法,它对输入信号和 I/O 调制器的归零并不能理想地对射频(RF)输出归零。首先,调制器只能做到 50dB 左右的载波抑制,在使用基带脉冲调制时,平均输出功率将最多降低 20dB,载波馈源将不受影响。这意味着在平均功率下只有 30dB 的无效载波,在基带脉冲调制时将会影响伪卫星发射机附近的用户接收机。

对于 I/Q 调制器中产生的宽带噪声可以采用类似的计算。在以 10dBm 非脉冲模式下运行时,伪卫星宽带噪声约为 -140dBm/Hz。假定导航信号 LA 的带宽为 92MHz,而另一个导航信号 LB 的带宽为 41MHz,噪声累计分别达到 -61dBm(LA)与 -64dBm(LB)。此功率将在脉冲调制时保持不变,而想要的信号的平均功率根据占空因数将最多降低 20dB。所求出的噪声也可能影响位于伪卫星附近的接收机。

通过在 RF 一侧增加一个脉冲调制机制可以解决这两个问题。图 5.7 中所示的衰减器可以用于非脉冲方式的电平控制。显然,在脉冲关闭条件下将此开关调至最大衰减才有意义。遗憾的是,切换速度被限制在 1μs(约为 10.23MHz 处的 10 个码片)左右。所以对单独的码内进行消隐难以实现。通过两个脉冲调制器相加,调制器 1 的插入损耗约为 6dB,开关比(on/off ratio)为 90dB,调制器 2 的插入损耗约为 2dB,开关比为 30dB。在脉冲调制器中 GaAs 开关的切换速度约为 2ns。调制器可以使用基带脉冲调制生成的脉冲方案激励。为了补偿在模拟电路中的传播损耗,还应加一个合适的延迟。脉冲调制器分为两部分可以在输出端使用低损耗类型。

然而电路只保证在关闭条件下的输出端的热噪声,在 10dBm 的加电条件下载波馈源将在"off"下通过 RF 脉冲调制机制降到 -160dBm。只有将基带和 RF 脉冲调制两者组合才能得到最优化的脉冲信号产生结果。

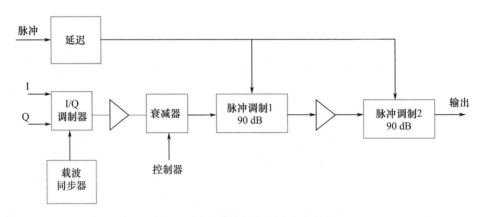

图 5.7 伪卫星的射频信号脉冲方案

5.1.4.2 发射天线

1)功能指标

(1)工作频率:GNSS 频段。

(2)极化方式:右旋圆极化。

(3)增益:≥0dB。

(4)波束宽度:≥120°。

(5)轴比:1.25。

(6)驻波比:≤1.5。

(7)能够精确标定发生天线各频点相位中心偏差,精度优于 0.03m。

2)天线方案

伪卫星发射天线采用轴向模螺旋天线形式,如图 5.8 所示。将金属导线绕制成一定尺寸的圆柱或圆锥形的螺旋线,其一端用同轴线内导体馈电,另一端处于自由状态。在馈电的一端带有金属接地板或金属栅网,与同轴线的外导体相连,这样就构成了一个螺旋天线。通常使用的螺旋天线,其一圈的周长近似为一个工作波长,选取恰当的螺距角和一定的圈数,可以构成一个具有良好的宽频带特性和圆极化特性的行波天线。

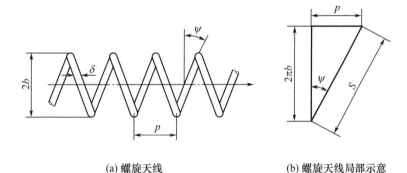

(a) 螺旋天线   (b) 螺旋天线局部示意

图 5.8 螺旋天线的几何尺寸

轴向模螺旋天线的典型结构尺寸一般为

$$12° < \psi < 14° \tag{5.1}$$

$$0.15 < p/\lambda_0 < 0.3 \ (或 \ 0.3\pi < kp < 0.6\pi) \tag{5.2}$$

$$0.71 < 2\pi b/\lambda_0 < 1.2 \tag{5.3}$$

$$D \geq 0.6\lambda_0 \tag{5.4}$$

式中:λ_0 为自由空间波长;ψ 为螺距角;p 为螺距;b 为圆柱螺旋半径;D 为金属接地板半径。接地板的大小对轴向模螺旋天线的辐射特性有着重要的影响,一般 $D/\lambda \geq 0.6$。

在工程应用中,通常使用一些半经验公式及设计曲线,在已知天线增益或半功率波瓣宽度要求下,在选择螺旋天线的几何尺寸时,可应用下列公式估算。

(1) 方向增益:

$$\text{Gain} = 15N(2\pi b/\lambda_0)^2 (p/\lambda_0) \tag{5.5}$$

将式(5.5)以对数形式表示为

$$\text{Gain} = 11.76 + 10\lg[N(2\pi b/\lambda_0)^2 (p/\lambda_0)] \quad (\text{dB}) \tag{5.6}$$

这是相对于各向同性圆极化点源时的增益值,在估算时忽略了旁瓣的影响,因而较实测值略大,但通常不会超过 1~2dB。

(2) 波瓣宽度:

$$2\theta_{0.5} = \frac{52°}{(2\pi b/\lambda_0)\sqrt{Np/\lambda_0}} \tag{5.7}$$

(3) 输入阻抗:

$$Z_{\text{in}} \approx R_{\text{in}} = 140(2\pi b/\lambda_0) \quad (\Omega) \tag{5.8}$$

(4) 轴比:

$$|AR| = \frac{2N+1}{2N} \tag{5.9}$$

根据以上经验公式,选取 $\psi = 12.5°, D/\lambda_0 = 0.32, p/\lambda_0 = 0.22, N = 3$,反射板尺寸选 0.9λ。

图5.9是极坐标下天线典型方向图。

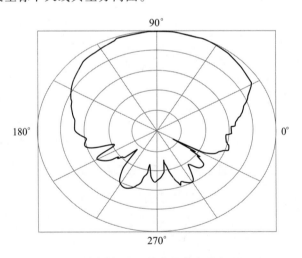

图 5.9　极坐标下天线典型方向图(见彩图)

5.1.4.3　运行控制中心

伪卫星系统的控制中心的组成如图 5.10 所示,包括如下设施。

(1) 2 台互备份的监控接收机。

(2) 数据处理设备。

(3) 站点连接/管理设备。

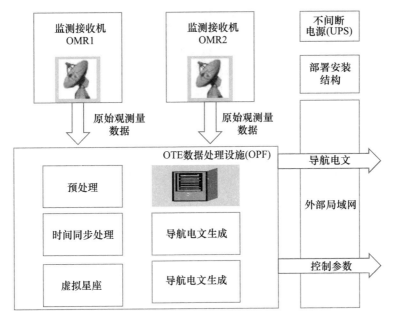

图 5.10 伪卫星系统的控制中心组成图

5.1.4.4 数据处理设施

1）功能

数据处理设施是伪卫星系统的中心单元,提供如下功能。

（1）执行互同步,即计算所有 OST 时钟和 OMR 时钟与通用室外测试环境（OTE）系统时间的偏差。

（2）计算 OTE 系统时间与 GPS 时间的偏差。

（3）计算 OTE 系统时间与 BDS 时间的偏差。

（4）计算 OTE 系统时间与 Galileo 系统时间的偏差。

（5）计算导航电文的内容,尤其是星历、时钟参数、UTC 偏差等。

（6）根据 OMR 测量计算所有 OST 的控制参数。

2）体系结构

OPF 是一种具有可选用户终端和以太局域网（Ethernet LAN）连接的计算机。所有处理都通过 OPF 中的处理软件完成,该软件在加电后自动启动,就像 Linux OS 下的实时应用软件运行。专用传输控制协议/互联网协议（TCP/IP）电文协议为 OMCF 的监控功能提供必需的数据交换。图 5.11 是 OPF 的功能结构图。

3）处理软件

OPF 的工作流程如下:预处理、时钟同步滤波处理、导航电文生成、虚拟星座仿真、伪卫星信号控制参数生成。

数据处理软件具有模块化和配置灵活的特性,主要包括如下几点。

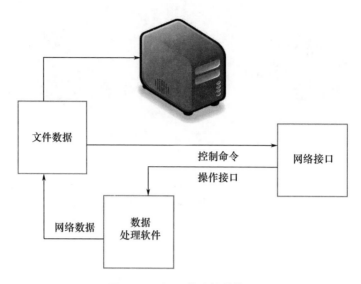

图 5.11　OPF 的功能结构图

(1) 充足的计算资源和能力。
(2) 2 个监测接收机。
(3) 1 个时频设施的 GNSS 观测数据流。
(4) 1 个用户终端。
(5) 多通道的 GNSS 原始观测量数据。
(6) 6 个伪卫星 OST 站控制参数。
(7) 处理中所包含的系统组成数目可变(依据配置),例如 OST 和 OMR 的数目。
(8) 伪卫星系统发射信号的可配置参考时间。
(9) 特殊伪卫星系统内数据处理设施的并行操作。
(10) 伪卫星的可配置选择。

5.1.4.5　时频设施

时频设施负责为地基伪卫星系统提供参考时标和系统时间。时频设施具有与 GNSS 的守时和授时设备相似的功能。

1) 功能

(1) 产生地基伪卫星系统时间。

地基伪卫星系统时间通过精确时钟产生,即氢原子钟。

(2) 为其他设备单元提供对系统时间的访问。

地基伪卫星系统时间的访问通过 OTF 和其他单元之间的时间同步链路实现,所提供的链路如下:

① OTF-OMR。

通过 GNSS 共视技术和无线通信网络,将 GNSS 原始观测量数据传送到 OPF,计算两者之间的时间偏差。

② OTF-其他单元。

通过网络时间协议(NTP)服务器的网络时间同步链路。

(3) 提供对 GNSS 时间的访问。

对 GNSS 时间的访问通过参照 OTE 系统时间进行 GNSS 测量而提供,测量处理由 OPF 执行。

2) 设备组成

地基伪卫星 OTF 的组成如图 5.12 所示,主要包括如下部分。

(1) 2 个热备的氢原子频率参考时钟,维持地基伪卫星系统时间,用于产生频率参考。

(2) 1 套时频设备,使用氢原子频率参考时钟产生伪卫星系统时间。

(3) 1 个 NTP 时间服务器,使用网络时间协议把 OTE 系统时间发送到 OTE 分系统单元。

(4) 1 个 GNSS 授时接收机,用于输出 GNSS 时间和原始观测量数据。

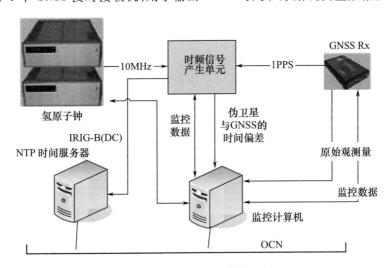

图 5.12 OTF 的系统组成

3) 工作原理

氢原子频率参考时钟作为主时钟以便提供具有较高稳定性和精度的频率参考。通过使用由氢原子频率参考时钟产生的参考频率信号,时间频率设备生成伪卫星系统时间。

对于所需的粗同步由 NTP 时间服务器提供并维持。当有必要存取系统时间时,时频设施的其他设备将通过 OCN 向 OTF 发送一个时间同步请求,OTF 响应该请求同时通过 OCN 向提出请求的设备送回当前系统时间。

使用 NTP 只能得到粗时间同步,监测接收机和时频设施需要的是毫微秒级的时间同步精度,依靠 GPS 共视方法可以得到这样的精度。OTF 的 GNSS 授时接收机将实时观测空间的 GNSS 卫星,观测数据将由监控计算机通过 OCN 直接发送给数据处理设施。由 OPF 组合处理 OMR 和 OTF 各自得到的 GNSS 观测数据,然后计算 OMR 本地时间与伪卫星系统时间之间的偏差,从而将 OMR 的时间同步到伪卫星系统时间上,进而通过监测站反馈法将伪卫星信号发射基站的时间同步到系统时间上。

时频设施的监控计算机将监控 OTF 所有设备的工作情况,并将其汇报到 OMCF,由 OMCF 实现对整个 OTE 的监视。通过 OTF 的监控计算机,OMCF 也可实现对 OTF 设备进行远程控制。

5.2 工作模式

为保证 OTE 系统正常运行,需要对其工作模式进行分析与定义。按照 OTE 的使用需求,可将其工作模式分为 5 个:初始化模式(IM)、基本模式(BM)、扩展基本模式(EBM)、脉冲模式(PM)、虚拟全运行模式(VFOC)。其中:IM 用于系统自身初始化过程中;BM、EBM、PM 下都需要使用专用的接收终端来进行定位试验,由于远近效应的存在,BM 的服务区域最小(仅限于中心区域),EBM 通过增加用户位置反馈链路,动态调整各伪卫星站发射功率,扩大了服务区域,PM 不需要增加反馈链路,但需要对发射信号进行分时设计而避免远近效应;而在虚拟全运行模式(VFOC)下,可以验证通用用户终端的服务性能,支持各种新的导航系统或导航信号尚未完成在轨部署前的应用验证与测试。

5.2.1 初始化模式

初始化模式(IM)用于"初始化"GNSS 伪卫星定位系统,仅用于启动伪卫星系统。IM 的主要任务是将监测接收机时钟和所有伪卫星时钟同步到系统时间。在 IM 下,伪卫星基站不能够给用户接收机提供定位导航服务。

首先,监测接收机的时钟必须同步到地基伪卫星网络定位系统时间。因此,数据处理设施可根据接收到的共视测量值计算时钟参数。

其次,伪卫星基站同步到监测接收机。伪卫星基站以恒定功率电平发送未调控信号。导航电文为空并标记为无效,但包含时间标记,可观测每个伪卫星基站与监测接收机间的时钟偏差。

最后,当所有系统时钟的估算参数已充分收敛时,伪卫星初始化完成,系统显示下一模式准备就绪。

5.2.2 基本模式

基本模式(BM)下,伪卫星基站发射连续导航信号,功率电平恒定且未调控(相位与多普勒频移)。导航电文中发送伪卫星天线相位中心的真实位置(可通过测绘仪器事先标定和测量)。

伪卫星基站按指令向码周期数整数的时间标记内加入一个偏移值,将时钟偏差大小缩减到适合导航电文(±1ms)的范围。这种按指令完成的"虚拟时钟跳跃"也加入到导航电文广播的估算参数中。

BM模式下,伪卫星导航信号只能由专用的用户接收机使用。

5.2.3 扩展基本模式

扩展基本模式(EBM)在BM的基础上,由伪卫星基站发射连续导航信号,并且功率电平进行动态调整(调控),从而补偿了远近效应。

5.2.4 脉冲模式

脉冲模式(PM)与基本模式类似,信号发射机也是以恒定功率电平发射信号,不过将采取措施(如脉冲调制)避免伪卫星与其他真实卫星间的远近问题,能够在定义的服务区域内为任意数量的用户提供定位导航服务。

5.2.5 虚拟全运行模式

虚拟全运行模式能够模拟空间导航卫星的在轨运行状态,伪卫星基站发射信号的功率电平经过调制与来自空间真实卫星信号的基本一致。

伪卫星基站初始化完成后,信号发射机按指令向码周期数整数的时间标记内加入一个偏移值,根据虚拟卫星轨道位置将时钟偏差大小设置为等于几何延迟。这种按指令完成的"虚拟时钟跳跃"也加入到导航电文广播的估算参数中。剩余分数部分必须适合导航电文大小(±1ms)。此外,还使用了多普勒频移,与空间飞行器按虚拟卫星轨迹运行时用户得到的多普勒频移相等。这种按指令完成的"虚拟时钟跳跃"和多普勒跳跃加入到导航电文广播的估算参数中。上述时钟与频移的调整将使信号电参数动态变化。

信号调控必须考虑自由空间传播虚拟偏移和大气对不同频率码与载波相位以及对衰减的影响。应用多普勒频率得到的附加码偏移速率大小控制在任何时间都尽可能与用户位置匹配的程度。

5.3 时间同步

5.3.1 系统时间维持

GNSS伪卫星定位系统基于单向时间测量,这将要求整个系统的时间同步精度要达到纳秒以下。时钟偏移量与接收机观测量之间的关系如图5.13所示。GNSS伪卫星定位系统实现了一个主时钟定时的概念,即一个时钟来实现系统时间。相对主时钟而言,计算得到其他时钟的偏移量。当它只是个"纸面时"的时候,基于主时钟的伪卫星系统时间可被任意设置。

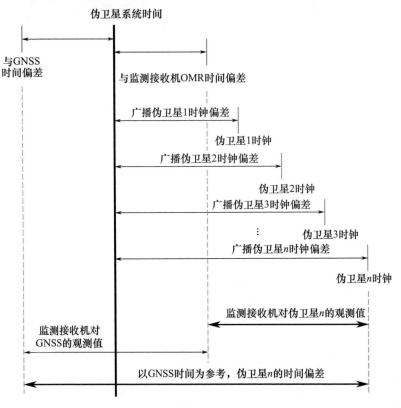

图5.13 时钟偏移量与接收机观测量的关系(见彩图)

1)系统时间

GNSS 伪卫星定位系统时间是导航电文中广播时钟偏移量的参考。它是一个可任意设置的"纸面时"。可以按照如下情况定义。

(1)等于本地氢原子钟的时间。

(2)等于 GNSS 时间。

(3)等于自定义"纸面时"。

2)监测接收机时间同步到系统时间

通过共视法可以将监测接收机时间同步到本地钟房的氢原子钟维持的系统时间,或者利用 GNSS 授时方法,将监测接收机的时间同步到 GNSS 时间。

3)伪卫星基站的时钟同步到监测接收机时钟

通过监测站反馈时间同步算法,实现伪卫星的本地时钟同步到监测接收机的时钟,保证伪卫星之间是纳秒级别的时间同步精度。

4）控制器的粗同步

在地基伪卫星网络定位系统中需要伪卫星控制器的所有 CPU 时钟同步,可使用网络时间协议同步,允许的最大偏差为 50ms。

5.3.2 基于监测站反馈的时间同步

伪卫星基站之间的时间同步采用监测站反馈时间同步算法,基本原理如图 5.14 所示。监测站同时接受多个伪卫星信号,通过解算和数据处理得到监测站与每个伪卫星钟差,监测站将这些钟差信息反馈给相应伪卫星,调节伪卫星本地时频设备,从而实现多个伪卫星的时间同步。

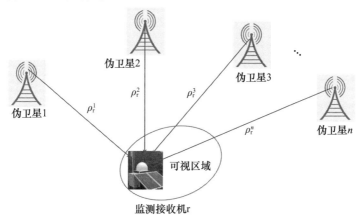

图 5.14　监测站反馈时间同步算法原理图(见彩图)

图中设有 n 颗伪卫星($n \geq 4$),监测接收机能够接收所有的伪卫星信号,即在可视条件下。假设不考虑信号传播的多径影响,首先利用测量型 GNSS 接收机对伪卫星的天线站址进行精密测量,然后同样对监测站进行精密测量,这样得到各伪卫星站到监测站的距离 R_i,从而得到各伪卫星到监测站的传播时延 T_i,通过已知的 T_i,可以修正伪卫星的发射时刻,从而使伪卫星的时刻同步到统一时刻。时间同步的误差主要包括伪卫星发射的时延误差、伪卫星的相位中心不确定误差和接收机处理多通道信号的误差。具体的计算公式如下:

根据伪卫星到监测接收机的伪距测量方程:

$$\begin{cases} \rho_r^1 = R_r^1 + I_r^1 + (t_r - t^1) + m_r^1 + \varepsilon^1 \\ \rho_r^2 = R_r^2 + I_r^2 + (t_r - t^2) + m_r^2 + \varepsilon^2 \\ \quad \vdots \\ \rho_r^n = R_r^n + I_r^n + (t_r - t^n) + m_r^n + \varepsilon^n \end{cases} \quad (5.10)$$

式中:$\rho_r^1, \rho_r^2, \cdots, \rho_r^n$ 为监测接收机到伪卫星的伪距测量值;$R_r^1, R_r^2, \cdots, R_r^n$ 为监测接收机到伪卫星的几何距离;$I_r^1, I_r^2, \cdots, I_r^n$ 为对流层误差;t_r 为接收机相对系统时间的时间

偏差;$t^1, t^2, \cdots, t^n$ 为伪卫星相对系统时间的时钟偏差;$m_r^1, m_r^2, \cdots, m_r^n$ 为多径误差;$\varepsilon^1, \varepsilon^2, \cdots, \varepsilon^n$ 为接收机的热噪声。

通过测绘仪器对伪卫星的发射天线进行精确位置测量,得到天线相位中心的坐标为 $(X_1, Y_1, Z_1), (X_2, Y_2, Z_2), (X_3, Y_3, Z_3), \cdots, (X_n, Y_n, Z_n)$,监测站的坐标为 (X_r, Y_r, Z_r),则伪卫星距监测站的距离分别为

$$\begin{cases} R_r^1 = \sqrt{(X_1 - X_r)^2 + (Y_1 - Y_r)^2 + (Z_1 - Z_r)^2} \\ R_r^2 = \sqrt{(X_2 - X_r)^2 + (Y_2 - Y_r)^2 + (Z_2 - Z_r)^2} \\ \vdots \\ R_r^n = \sqrt{(X_n - X_r)^2 + (Y_n - Y_r)^2 + (Z_n - Z_r)^2} \end{cases} \quad (5.11)$$

为了简化处理,假设伪卫星 1 到该伪卫星定位系统的时钟偏差为 0,即 $t^1 = 0$,则

$$t_r = \rho_r^1 - (R_r^1 + I_r^1 + m_r^1 + \varepsilon^1) \quad (5.12)$$

每颗伪卫星的时钟偏差为

$$\begin{cases} t^1 = 0 \\ t^2 = \Delta R_r^{21} + \Delta I_r^{21} + \Delta m_r^{21} + \Delta \varepsilon^{21} - \Delta \rho_r^{21} \\ \vdots \\ t^n = \Delta R_r^{n1} + \Delta I_r^{n1} + \Delta m_r^{n1} + \Delta \varepsilon^{n1} - \Delta \rho_r^{n1} \end{cases} \quad (5.13)$$

式中:$\Delta R_r^{21} = R_r^2 - R_r^1$,$\Delta R_r^{n1} = R_r^n - R_r^1$;$\Delta I_r^{21} = I_r^2 - I_r^1$,$\Delta I_r^{n1} = I_r^n - I_r^1$;$\Delta m_r^{21} = m_r^2 - m_r^1$,$\Delta m_r^{n1} = m_r^n - m_r^1$;$\Delta \varepsilon^{21} = \varepsilon^2 - \varepsilon^1$;$\Delta \rho_r^{n1} = \rho_r^n - \rho_r^1$。

这样将 GNSS 伪卫星定位系统的"纸面时"规定到伪卫星 1 的本地时间上,其他伪卫星通过监测接收机实现与伪卫星 1 的时间同步,则式(5.13)即在导航电文中广播的时钟偏差。

假如以 GNSS 的系统时间作为 GNSS 伪卫星定位系统的"纸面时",通过监测接收机对 GNSS 的测量和解算,可以求解 t_r,则每颗伪卫星的时钟偏差为

$$\begin{cases} t^1 = R_r^1 + (t_r - \rho_r^1) + I_r^1 + m_r^1 + \varepsilon^1 \\ t^2 = R_r^2 + (t_r - \rho_r^2) + I_r^2 + m_r^2 + \varepsilon^2 \\ \vdots \\ t^n = R_r^n + (t_r - \rho_r^n) + I_r^n + m_r^n + \varepsilon^n \end{cases} \quad (5.14)$$

5.3.3 时间同步误差

1)天线相位中心坐标误差

如果使用测量型 GNSS 接收机标定伪卫星发射机的天线相位中心,令大地测量

型接收机的测量误差为 σ_m,天线相位中心带来的不确定误差为 σ_t,则天线相位中心的坐标误差为天线相位中心的不确定偏差和测绘仪器标定误差之和。

2）发射信号漂移误差分析

伪卫星发射信号是多通道信号,各信号都有一定的零值漂移误差 σ_f,该项漂移误差主要取决于环境温度的影响,一般情况下,在 0.5ns 以下。为了获得更高的同步精度,监测站就必须考虑此项影响,通过及时测量和调整来抵消该项误差。

该项误差分为伪卫星发射机自身的时延稳定性误差和多通道之间的时延偏差。为了精确抵消这种误差,通常利用监测接收机的观测数据估算通道的时延误差,同时在伪卫星发射机调整多通道的时延误差,最大程度地保持多通道信号的时延稳定度。

3）接收机处理误差分析

接收机处理的误差 σ_r 主要由多通道的传播时延不同造成,在物理上存在不同的传输通道,必然会引入不同的时延,虽然可以通过仪器来标定这些时延,但是,标定有残留误差。典型的标定方法是采用矢网进行标定,标定精度可以很高,一般仪器精度能达到 0.1ns 的分辨力,考虑线缆误差和温度偏移影响,留余量实际容易达到小于 0.5ns 的误差。

4）时间同步误差估计

如果不考虑多径传输的误差,采用监测站反馈时间同步算法的同步误差为

$$\Delta T \leqslant \sqrt{\sigma_m^2 + \sigma_f^2 + \sigma_r^2} \tag{5.15}$$

5）多径误差影响分析

一般场地环境是很复杂的,多径影响将是主要误差因素,多径导致的信号时延如图 5.15 所示。

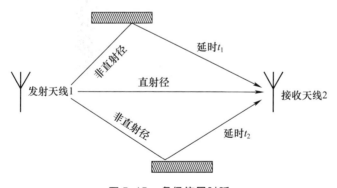

图 5.15 多径信号时延

减弱乃至消除多径效应已成为伪卫星导航定位技术应用的关键问题。由于伪卫星受布设高度的限制,卫星仰角较低,其信号受地面物体的遮挡更为严重,测量数据质量极易受到严重多径误差的影响。

在静态定位时,伪卫星的多径偏移可当作一个常量,但是在动态情况下,偏移量

通常是随机的。这个问题可通过选用适当的发射机和接收机天线、应用鲁棒跟踪和与其他传感器组合等技术得到解决。

目前抗多径影响主要有4种途径:①改进收发天线性能;②数据滤波与自适应处理;③时空组合;④合理选择伪卫星。

5.4 网络部署与仿真分析

伪卫星网络的站址选择、勘测和布局是一个复杂的问题,必须考虑某些地域范围和地形因素[10-11]。例如:可能有复杂的地形,如山脉、斜坡、平原以及河流等,同时还有铁路、公路、航线;既有空旷的测试环境,也有障碍和多径严重的测试环境;同时还要提供机载、车载和手持等应用形式和环境。

为了对场地选择和布站提供理论指导,首先对伪卫星布站位置进行优化设计,提供一些备选优化方案,然后仿真分析其相应的水平精度衰减因子(HDOP)、垂向精度衰减因子(VDOP)指标性能。实际布站时依据所得结论,并结合场地的地形和所要求的性能,确定最终方案。

5.4.1 伪卫星部署仿真原理

伪卫星布站优化设计采用搜索的方法来实现:将整个测试场地空间划分为 n 个区域,每一个区域进一步划分为若干空间网格,每一个网格代表该区域内伪卫星的一种可能的位置,然后在这些网格中搜索每一颗伪卫星的位置。由于优化的对象有 n 颗,每一颗卫星的位置需用3个参量来描述。因此,该优化总共涉及 $3n$ 个参量,搜索空间相当大。如果采用一般的优化算法,将导致组合爆炸。为此,我们采用一种高效的搜索算法——遗传算法。

遗传算法是一种全局优化自适应概率搜索算法,它通过使用群体搜索技术,对当前群体施加选择、交叉、变异等一系列操作,产生出新一代群体,并逐步使群体进化到包含或接近最优解的状态。特别是对于大规模、高度非线性系统和无解析表达式的目标函数的优化,遗传算法表现出比其他传统优化算法更加独特和优越的性能。

取 n 颗伪卫星的位置为优化对象,以卫星几何性能 HDOP 和 VDOP 作为优化目标,基于遗传算法的布站优化设计基本原理如图 5.16 所示。选取一个随机分布的样本群体(几组伪卫星布站方式);分别计算它们对覆盖区域内目标的 HDOP 和 VDOP 值,再将这些性能参数通过适当的加权组合计算各组的适应度;而后进行迭代搜索,即通过选择、交叉、变异等遗传操作产生一个新群体再重复计算其适应度;在两种条件下:得到满足指标的样本和搜索迭代到预设的最大终止代数,则认定得到了最优或近似最优解,并终止迭代。

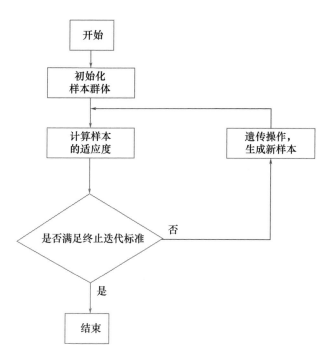

图 5.16 基于遗传算法的伪卫星布站优化设计基本原理

5.4.2 伪卫星部署仿真方法

利用遗传算法进行优化设计的流程包括：①编码；②初始群体的生成；③适应度评估；④选择；⑤交叉；⑥变异。

1）编码

假设地基伪卫星定位网络的部署场地大小为 15km×15km，伪卫星数量取 6。在设计过程中，将布站空间设为 15km×15km×1km，将测试场地划分为 6 个区域（目的是使各测站站址只在各自区域中搜索），每个区域大小为 7.5km×5km×1km，再对每个区域进行立体空间的网格划分，网格大小为 1.5km×1km×0.1km。以场地中心为坐标原点，在 6 个区域内分别生成三维坐标 m_i, n_i, l_i 表示的网格点作为该区域测站的站址，将站址按顺序串联就组成该站址对应的基因。所有不同区域的网格点的不同组合就构成整个搜索空间。

2）初始群体的生成

在 6 个立体网格区域中，随机选择 6 个点作为伪卫星布站位置，6 个点的伪卫星位置构成一个样本，多个样本的组合构成样本群体。

3）适应度评估

在伪卫星视距的情况下，计算覆盖区域内的 DOP 值，包括 HDOP 和 VDOP。组合 12 个固定目标点的 HDOP 和 VDOP，给出伪卫星布站的适应度指标。

根据6个观测方程,通过一阶泰勒公式展开,可以给出系数矩阵 A 为

$$A = \begin{bmatrix} e_{00} & e_{01} & e_{02} & 1 \\ e_{10} & e_{11} & e_{12} & 1 \\ \vdots & \vdots & \vdots & \vdots \\ e_{50} & e_{51} & e_{52} & 1 \end{bmatrix} \quad (5.16)$$

法方程系数矩阵 N 为

$$N = [A^{\mathrm{T}} A]^{-1} \quad (5.17)$$

HDOP 和 VDOP 的计算公式为

$$\mathrm{HDOP} = \sqrt{N_{00} + N_{11}} \quad (5.18)$$

$$\mathrm{VDOP} = \sqrt{N_{22}} \quad (5.19)$$

结合 HDOP < 5, VDOP < 100 的设计要求,将适应度 F 表达为在此范围内的 HDOP 和 VDOP 的减函数,其形式是12个目标的 HDOP 和 VDOP 的加权组合。

4) 选择

选择操作建立在对个体的适应度进行评价的基础之上。

采用最常用的比例选择方法作为选择算子,它是一种回放式随机采样的方法,其基本思想是:各个个体被选中的概率与其适应度大小成正比。

设群体的大小为 M,个体 i 的适应度大小为 F_i,则该个体被选中的概率为

$$P_i = \frac{F_i}{\sum_{i=1}^{M} F_i} \quad (5.20)$$

5) 交叉

在交叉运算前,必须对群体中的个体进行配对。目前最常用的配对策略是随机配对,即将群体中的 M 个个体以随机的方式组成 $[M/2]$ 配对个体组,交叉操作就在这些配对个体组中两两之间进行。交叉算子的设计考虑包含两方面的内容:确定交叉点位置和进行部分基因交换。

采用最基本的单点交叉方法作为交叉算子,其方法为:对每一对个体组,随机设定某个基因座之后的位置为交叉点,而后按照事先设定的交叉概率 P_c(一般取值在 0.4~0.99 之间,)在交叉点处相互交换两个个体的基因,从而产生出两个新的个体。

6) 变异

变异算子的设计考虑也包含两方面的内容:确定变异点位置和进行基因值替换。基本位变异算子是最简单和最基本的变异操作算子,其基本过程为:对个体中的每一个基因座,依事先确定的变异概率 P_m(一般取值在 0.0001~0.1)指定其为变异点。对每一个指定的变异点,对其基因值取反运算,从而产生一个新的个体。

5.4.3 伪卫星部署仿真分析

伪卫星基站网络部署仿真分析的目的是分析不同场地环境下的伪卫星布站方案。针对遗传算法优化设计得到的几种布站方案,研究场地范围内目标定位指标 HDOP 和 VDOP。

在伪卫星布站仿真时,基于遗传算法初步分析了以下几种方案:①部署场地内有一个在最高点(例如山脉或大厦);②4 颗在同一平面,2 颗在相同的最高点;③6 颗在同一平面。

1) 部署场地内有 1 个在最高点的情况

图 5.17 是 6 颗伪卫星(有一颗在最高点)布站的平面位置分布图,图 5.18 是其高度(z 轴)分布图,图 5.19 是其 HDOP 和 VDOP 分布图。通过平面位置和高度分布图,可以得出 6 颗伪卫星近似的相对距离和高差。通过 12 个用户所在位置的 HDOP 和 VDOP 分布图,可以初步得出布站选择的适用性。

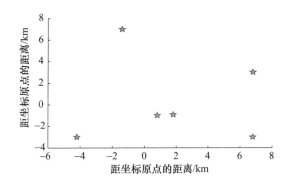

图 5.17 6 颗伪卫星(有 1 颗在最高点)布站的平面位置分布

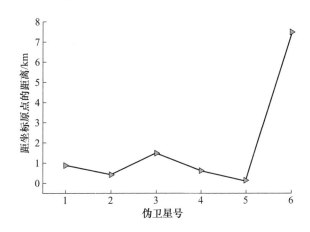

图 5.18 6 颗伪卫星布站的高度(z 轴)分布

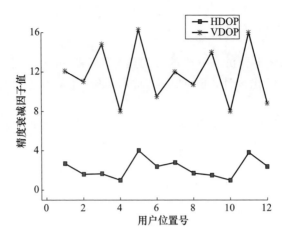

图 5.19　6 颗伪卫星有 1 颗在最高点时用户区域 HDOP 和 VDOP 分布

2）4 颗在同一平面,2 颗在相同的最高点的情况

图 5.20 是 6 颗伪卫星（有 4 颗在同一平面,2 颗在相同的最高点）布站的平面位置分布图,图 5.21 是其高度（z 轴）分布图,图 5.22 是其 HDOP 和 VDOP 分布图。

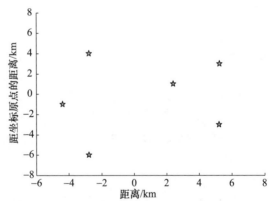

图 5.20　6 颗伪卫星（有 4 颗在同一平面,2 颗在相同的最高点）布站的平面位置分布

3）6 颗在同一平面的情况

图 5.23 是 6 颗伪卫星（在同一平面）布站的平面位置分布图,图 5.24 是其高度（z 轴）分布图,图 5.25 是其 HDOP 和 VDOP 分布图。

分析以上几种布站方案,可以得出如下初步结论。

（1）伪卫星布站平面（或曲面）越高,相应的 HDOP 和 VDOP 越好。

（2）伪卫星布站在同一平面,VDOP 受影响较大,HDOP 也会受一定的影响。所以,在实际布站时,顾及 HDOP 和 VDOP 指标较好的情况下,建议避免 6 颗卫星在同一平面的情况。

（3）伪卫星布在一个曲面（即伪卫星布站高度不同）,HDOP 和 VDOP 较好。但

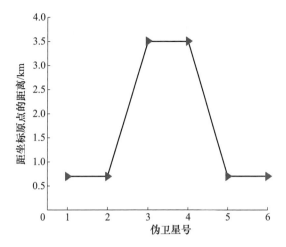

图 5.21　6 颗伪卫星(有 4 颗在同一平面,2 颗在相同的最高点)布站的高度(z 轴)分布

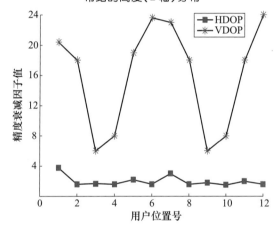

图 5.22　伪卫星 4 颗在同一平面,2 颗在相同的最高点时用户区域 HDOP 和 VDOP 分布

需要在一个最高点(山脉或大厦)布站,实际布站时,建议选择该方案。

5.5　伪卫星定位系统试验验证

GNSS 伪卫星定位系统在实际环境部署较为典型的是山区和城市环境。前者地理环境和电磁环境相对理想,比较适合伪卫星部署要求的高仰角覆盖和低几何分布因子,同时免受复杂电磁环境影响,通常适合大型测试试验场以及矿业应用等。后者地理环境和电磁环境相对复杂,GNSS 应用往往受阻,需要利用高楼环境布置伪卫星基站,实现 GNSS 盲区或弱区覆盖,是城市环境增强和补充 GNSS 的重要场合。

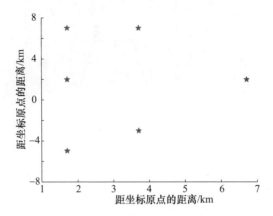

图 5.23 6 颗伪卫星(在同一平面)布站的平面位置分布

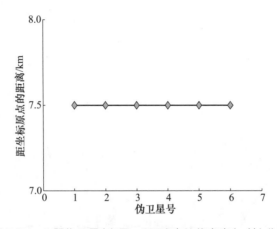

图 5.24 6 颗伪卫星(在同一平面)布站的高度(z 轴)分布

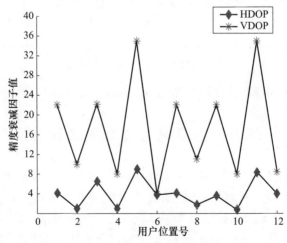

图 5.25 6 颗伪卫星在同一平面时用户区域 HDOP 和 VDOP 分布图

5.5.1 山区峡谷定位试验

5.5.1.1 试验环境

在山区部署地基伪卫星网络如图 5.26 所示。在图示地形的周边山峰顶上,通过仿真将选取 6 个合适的点位建设伪卫星站,在测试场中心区域设立中心站,在"盆地"底部区域放置被测设备,即可构成一个完整的卫星导航试验场。在试验区的测试地形包括高速公路、匝道、桥梁、停车场、弯道、直道等。6 个伪卫星站均部署于无人值守的山顶,每个伪卫星站由其自身的太阳能电池和不间断电源(UPS)保证供电。

(a) 卫星导航试验场

(b) 测试天线　　　　　　　(c) 测试设备

图 5.26　伪卫星基站在山顶部署场地

OTE 监测接收机(OMR)位于条件较好的测试场中心站,如图 5.27 所示,其能够提供市电保障。为了对各伪卫星发射信号进行监测,也为了实时监测空中 GNSS 导航卫星信号,在日常工作中监测接收机应持续加电。但监测接收机自身可以在操作中心的控制下进行远程自动工作,不需要有人长期值守。

图 5.27　监测接收机部署（左、右图为从不同角度拍摄的结果）

OTE 操作中心（OOC）包括完成正常功能所需的所有分系统以及对所有 OTE 系统组成的操作监控设施,如图 5.28 所示。操作中心包括监控设施、授时设施、存档与数据服务设施以及任务规划设施。通信网络本身属于 OOC 的一部分,它包括了所有系统级或者单元级的固定有线或者无线连接。

(a) 车外形　　　　　　　　　　　(b) 车内

图 5.28　OTE 操作中心

伪卫星用户接收机的车载测试如图 5.29 所示,利用 GPS、实时无线数据通信以及 GNSS/伪卫星用户接收机的工作实现确定用户位置的功能。

图 5.29　GNSS/伪卫星用户接收机的车载测试（左、右图为从不同角度拍摄的结果）

5.5.1.2 试验结果

图 5.30 是车载终端在测试区内的运动轨迹(见绿线),车上安装 GPS-RTK 设备,通过无线局域网(WLAN)实时输出车辆的精确位置,同时伪卫星用户接收机输出定位结果,两者在 OMCF 监控软件上相互比较,得到地基伪卫星系统的定位精度,如图 5.31 中绿色方块所示。定位结果显示,在不同工作模式下,定位精度优于 6m(95%)。

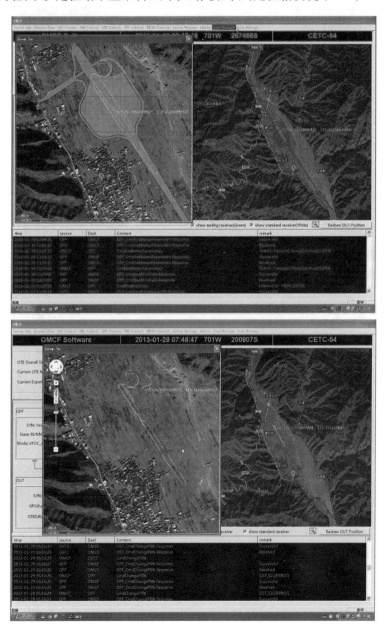

图 5.30 车载终端在测试区内的运动轨迹(2 个示例图)(见彩图)

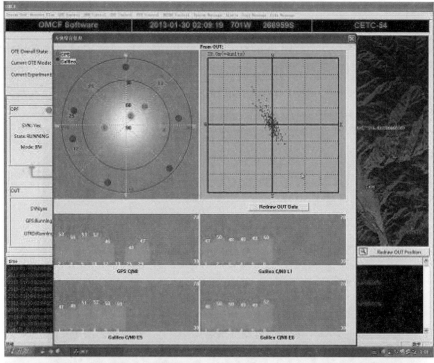
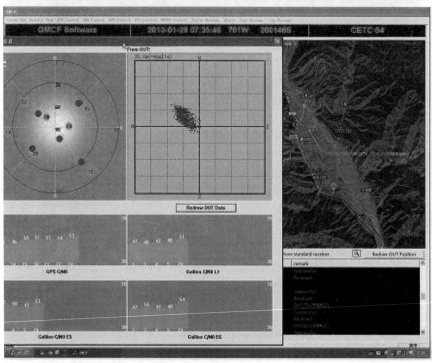

图 5.31 伪卫星系统实时定位精度测试结果(2 个示例图)(见彩图)

5.5.2 城市峡谷定位试验

为了验证 GNSS 伪卫星定位系统在城市峡谷条件下的定位性能,选择城市环境安装和部署了伪卫星系统(图 5.32),其中 3 个伪卫星设备部署在楼顶,另外 3 颗伪卫星通过车载方式部署在地面,伪卫星信号发射车的架高为 20m。2 个 OTE 监测接收机(OMR)部署在服务区中心,以保证伪卫星到 OMR 的可见性。测试车搭载 GPS-RTK 设备和伪卫星用户接收机在服务区内运动,GPS-RTK 终端和伪卫星用户接收机通过 WLAN 将定位结果发送到 OMCF 和 OAF,在监控软件进行比对处理。

图 5.32 在城市峡谷部署伪卫星定位系统(见彩图)

图 5.33 是 GNSS 伪卫星定位系统在基本模式(BM)、脉冲模式(PM)、扩展基本模式(EBM)和虚拟全运行模式(VFOC)等不同模式下的定位结果。表 5.1 是不同模式下的定位精度统计表,其中:BM 模式下,实测定位精度为 2.56m(95%);PM 模式下,实测定位精度为 3.70m(95%);EBM 模式下,实测定位精度为 4.59m(95%);虚拟运行模式下,实测定位精度为 6.00m(95%)。可以看出,GNSS 伪卫星定位系统的定位精度高于 GNSS 的标称定位精度。

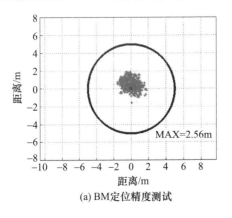
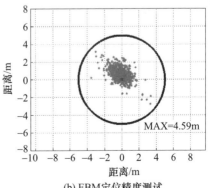

(a) BM 定位精度测试　　(b) EBM 定位精度测试

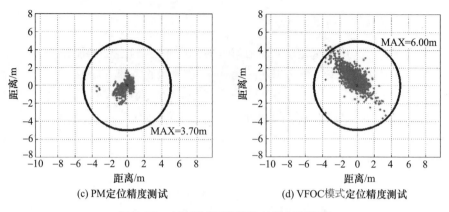

(c) PM定位精度测试　　　　　(d) VFOC模式定位精度测试

图 5.33　4 种模式下的定位结果(见彩图)

表 5.1　不同工作模式的定位精度统计表

工作模式	预期性能	实测定位结果(95%)
基本模式	≤10m	MAX = 2.56m
脉冲模式	≤10m	MAX = 3.70m
扩展基本模式	≤10m	MAX = 4.59m
虚拟运行定位模式	≤10m	MAX = 6.00m

5.6　转发式伪卫星定位系统

5.6.1　体系结构

转发式伪卫星定位系统由 3 部分组成,包括多通道伪卫星发射机、S-L 转发器和用户接收机,其体系结构如图 5.34 所示。

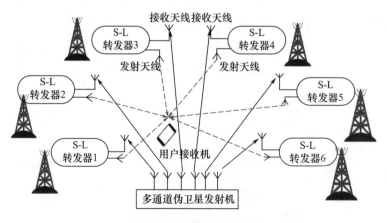

图 5.34　非同步阵列伪卫星系统的体系结构

5.6.1.1 多通道伪卫星发射机

多通道伪卫星发射机设计如图 5.35 所示。多通道伪卫星发射机利用 GNSS 授时技术,实现与空间卫星导航系统的时间同步,同步精度在 20～50ns。伪卫星信号发射基带单元由数字信号处理器和可编程阵列共同驱动多通道射频模块。每一个发射通道被调制不同的 C/A 码和导航电文,信号频率在工业科学医药(ISM)频段。由于多通道伪卫星发射机所有通道的发射信号在同一时刻发射(同一个 1PPS),因此,当 GNSS 用户接收机收到的伪卫星信号的时间误差相同时,可以通过数据处理消除伪卫星时钟偏差影响。

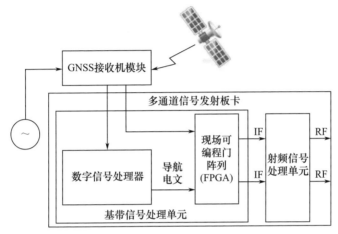

图 5.35 多通道伪卫星发射机设计图

多通道信号发射板卡如图 5.36 所示,主要包括基带信号处理单元和射频信号处理单元。

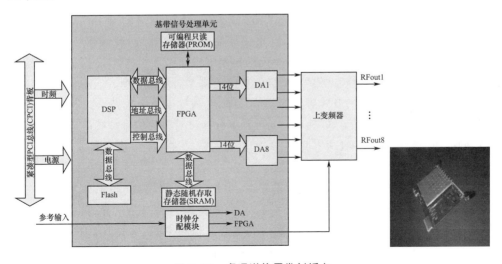

图 5.36 多通道信号发射板卡

基带信号处理单元由数据存储及管理模块、接口管理及参数计算模块、信号产生模块、动态时钟管理模块、数字到模拟(DA)转换模块、中频信号产生模块等组成。其组成框图如图 5.37 所示。

接口管理及参数计算模块，负责与上位机交互数据，接收来自数据仿真子系统的仿真数据，由于数据量较大，需要数据缓冲与存储，参数计算模块读取数据存储的观测样点，经过计算，输出板卡硬件控制参数，送至后端模块。电文和卫星参数也由接口管理及参数计算模块分发送至后端模块。

信号产生模块产生所需的导航信号，经由扩频处理模块，产生扩频信号(或调频信号)，DA 模块负责将信号完成数字到模拟的转换，同时经中频调制，输出正交的一对调制信号，送相应的射频模块，最终完成射频空间信号模拟。动态时钟管理模块负责根据接口管理和参数计算模块送来的参数，产生多路高精度的时钟信号，该时钟信号是后续模块乃至整个基带信号处理单元的基础。

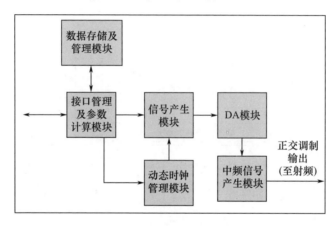

图 5.37　基带信号处理单元

射频信号处理单元由频率综合器、正交调制器、滤波模块、衰减模块等组成，如图 5.38 所示。频率综合器在信号处理单元的控制下根据送入的 10MHz 基准时钟，综合产生正交调制所需的本振频率信号；正交调制模块将基带信号处理单元送来的 I/Q 调制信号进行正交调制，送出 ISM 频点射频信号；幅度调整模块由数控衰减器组成，考虑到信号隔离和可测试，在信号处理单元的控制下分两级对射频信号进行调整，首先将调制后的射频信号进行第一级功率调整 30dB，然后对信号进行二级功率调整 30dB。

5.6.1.2　S-L 转发器

S-L 转发器采用模块设计，包含屏蔽盒、电源、双工器模块、S-L 下变频器和频率源，从低噪声放大器接收到射频信号后，经过分路器分成两路信号，其中一路分给 S-L 下变频器模块进行下变频；另一路剥离出载波给频率源，生成 10MHz 参考信号，作为 S-L 下变频器的时频基准输入。最终输出信号为 L 频段下变频导航信号。双工器频率为，RFin：2390～2490MHz，RFout_1：2414±10MHz(待变频导航信号)，

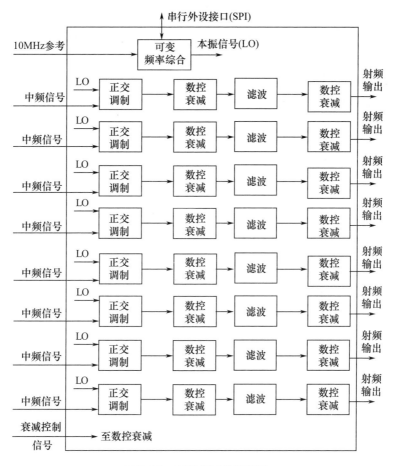

图 5.38 射频信号处理单元

RFout_2：2465±5MHz(导频信号)。

S-L 转发器的信号流原理框图如图 5.39 所示。

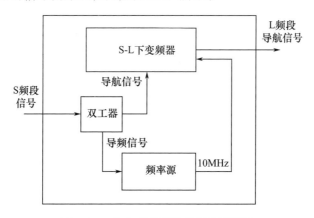

图 5.39 S-L 转发器的信号流原理图

5.6.1.3 用户接收机

1）用户手机的组成和常用 GNSS 芯片

用户接收机由 3 部分组成,如图 5.40 所示,包括接收天线、商品化 GNSS 芯片（例如 ublox M8T 或和芯星通 UC6220）以及用于定位解算的 RISC 微处理器（ARM）。GNSS 芯片用于跟踪 GNSS 和阵列伪卫星信号,并输出导航电文、伪距和载波相位等测量数据,无钟差的阵列伪卫星测量方程在 ARM 处理器中进行用户位置的解算。

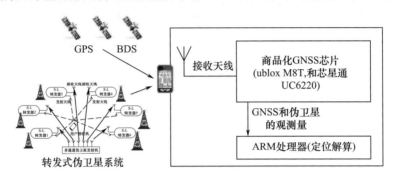

图 5.40 用户接收机（见彩图）

2）ublox M8T 芯片

2014 年,瑞士公司 ublox 推出 NEO-M8T（图 5.41）和 LEA-M8T 精密授时模块,输出北斗系统、GPS、GLONASS、Galileo 系统等 GNSS 的原始观测数据,包括载波相位、码相位以及伪距。

图 5.41 ublox NEO-M8T 芯片

ublox 的关键性能参数如表 5.2 所列。

表 5.2 ublox 关键性能参数

性能	NEO-M8P-0	NEO-M8P-2
GNSS 功能		
GNSS	北斗系统,GLONASS,GPS/QZSS	
并发 GNSS 数量	2	
并发 GNSS	√	
振荡器	TCXO	

(续)

性能	NEO-M8P-0	NEO-M8P-2
接口		
通用异步收发传输器(UART)	1	
通用串行总线(USB)	1	
串行外设接口(SPI)	1	
直接数字控制(DDC)(符合1℃标准)	1	
电气数据		
最低供应量/V	2.70	
最大供应量/V	3.6	
环境数据,质量和可靠性		
最高温度/℃	85	
最低温度/℃	-40	
尺寸/mm	12.2×16×2.4	
特征		
其他局域网(LAN)	√	
其他表面声波元件(SAW)	√	
载波相位输出	√	
数据记录	√	
移动基线支持	√	
可编程的闪存	√	
实时通信(RTC)晶体	√	
RTK流浪者	√	
具有测量功能的基站	√	

3) 和芯星通 UC6226 导航芯片

图 5.42 是和芯星通的 UC6226 导航芯片,表 5.3 是 UC6226 芯片的关键指标。采用 28nm 工艺,支持 BDS、GPS、GLONASS、Galileo 等系统,并向用户开放原始观测量信息。

图 5.42 和芯星通 UC6226 导航芯片

表 5.3 UC6226 芯片的关键指标

定位精度					
单点定位	2.0cm CEP	测速精度	0.1m/s		
D-GNSS	<1.0cm CEP	灵敏度	GPS	BDS	GLONASS
首次定位时间（TTFF）	冷启动<29s	冷启动	-148dBm	-146dBm	-146dBm
	AGNSS<2s	跟踪	-162dBm	-162dBm	-160dBm
	热启动<1s	热启动	-154dBm	-153dBm	-150dBm
	重捕<1s	重捕	-160dBm	-160dBm	-160dBm
辅助 & 增强					
uniAssist	SGNSS 在线辅助	传感器中心	支持十轴传感器输入		
长时星历预测	在线 28 天,离线 14 天		支持车载里程计脉冲/信息输入		
OMA SUPL&3GPP	支持 SUPL2.0	地理围栏	内置算法,用户可配置（不需唤醒访问接入点(AP)）		
原始观测量输出	RKT 后处理精度可达厘米级	其他	支持 WiFi、Cell ID、传感器及 GNSS 混合定位		
其他					
抗干扰	内置,主动干扰信号检测和移除	GNSS 时钟输入	支持 TCXO 或晶体		
低噪声放大器（LNA）	内置	RTC 输入	32.768kHz 可选（可经 GNSS 时钟分频）		
DC-DC	内置,可选				
数据更新率	最高 10Hz	存储	内置只读存储器（ROM）版本固件;支持外接 SPI 内存和 AP SPI 加载固件		
数据格式	NMEA0183, Unicore Protocol				
电气特性		环境指标			
供电	1.7~3.6V(使用 DC-DC)	温度	-40~+85℃工作		
	1.2~1.98V(分流 DC-DC)		-50~+125℃存储		
IO	1.7~3.6V	湿敏	MSL3		
功耗	20mW,高性能模式	关于限制在电子电气设备中使用某些有害成分的指令(ROHS)	符合		

(续)

电气特性		环境指标	
功耗	9mW,低功耗模式	建筑设计、工程设计和施工服务(AEC)的 AEC-Q100	可选 QFN40 封装支持
	4mW,步行者航位推算(PDR)模式		
	10μA,深睡眠		

4) 输出观测量的智能手机

2016年6月,Google 开发者大会表示在下一代的安卓操作系统开放 NPI 调用,可以获得芯片底层的数据。谷歌定位技术主管表示"这是一个在智能手机领域第一次让我们提供原始 GPS 观测量的数据,会刺激一些新的应用产业带和新的应用思路方法"。智能手机的 GNSS 芯片输出观测量将会极大促进高精度定位技术发展。表 5.4 是当前可输出原始观测量的智能手机,但是受到智能手机的 GNSS 接收机天线的性能制约,其输出的伪距和载波相位的观测量质量相对较差,高精度导航数据的性能有待进一步提高。

表 5.4 当前可输出原始观测量的智能手机

手机型号	Android 版本	导航信息	累积增量范围	显示与设定硬件时钟	全球系统
Huawei Mate20X	9.0	是	是	是	GPS,GLONASS GALILEO,BeiDou
Huawei Mate20 PRO	9.0	否	是	是	GPS,GLONASS GALILEO,BeiDou
Pixel 3 XL	9.0	是	否	是	GPS,GLONASS GALILEO,BeiDou
Xiaomi Mi 8	8.1	是	是	是	GPS,GLONASS GALILEO,BeiDou
Samsung Galaxy9	8.0	是	是	是	GPS,GLONASS GALILEO,QZSS

5) 利用 GNSS 芯片实现伪卫星信号接收和定位

图 5.43 是利用 GNSS 芯片实现伪卫星信号接收和定位的方法。其基本原理是在商品化 GNSS 芯片的定位软核模块中,加入输出伪距和载波相位测量数据、原始导航电文接口,编辑成国际海事无线电技术委员会(RTCM)标准格式,通过高速串口输出给上层 ARM 处理器用于高精度伪卫星/GNSS 组合定位计算。

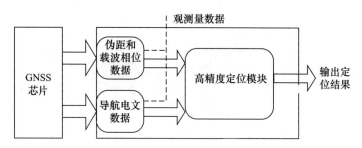

图 5.43 利用 GNSS 芯片实现伪卫星信号接收和定位的方法

5.6.2 链路预算

转发式伪卫星系统的信号链路预算如表 5.5 所列,以伪卫星发射机的输出功率为 -25dBm 为例。

表 5.5 转发式伪卫星系统的信号链路预算

名称	相关参数	L1/B1	
		增益/dB	电平/dBm
接收机入口			-133
发射塔-地面自由空间路径损失/m	1000	-96.4	-132.6
L 全向发射天线(右旋圆极化)		7	-36.2
功放	0	0	-43.2
S/L 变频器		30	-43.2
Rx 插入损失	电压驻波比(VSWR)=1.25	0	-73.2
Rx 电缆损失	20m RG214(TBC)	-3	-73.2
天线增益变化(最差的情况)		0	-70.2
Rx LNA 增益		20	-70.2
Rx 天线增益		8	-90.2
Rx 参考			-98.2
地面-发射塔自由空间路径损失/m	1000	-114.2	-114.2
Tx 峰值功率			16
天线增益变化(最差的情况)		0	16
Tx 天线增益		10	16
Tx 电缆损失		-3	6
Tx 功放增益		40	9
电缆损耗		-3	-31
4 入 1 出合路器插损		-3	-28
地面基站发射器输出			-25

5.6.3 时间同步

图 5.44 是转发式伪卫星的信号传输链路示意图,则伪卫星监测接收机的伪距测量方程为

$$\rho^j = R_S^j + R_1^j + D^j + \tau_{\text{trop}}^j + c(\mathrm{d}t_r - \mathrm{d}t_s) + \varepsilon_j \tag{5.21}$$

式中:R_S^j 为伪卫星发射天线 j 到转发器 j 的几何距离;R_1^j 为转发器 j 的发射天线到监测接收机的几何距离;D^j 为硬件时延,$D^j = D_{\text{sl}}^j + D_{\text{slf}}^j + D_{\text{slr}}^j$,$D_{\text{sl}}^j$ 是转发器 j 的硬件延迟,D_{slf}^j 是伪卫星发射通道 j 的硬件延迟,D_{slr}^j 是监测接收机的硬件延迟,D 的参数可以通过时延标定技术对硬件延迟进行精确标定;$\mathrm{d}t_r$ 是监测接收机的时间偏差;$\mathrm{d}t_s$ 是伪卫星发射机的时间偏差;c 为光速;τ_{trop}^j 为对流层延迟,可以通过公式估算;ε_j 为测量误差,主要为多径误差。

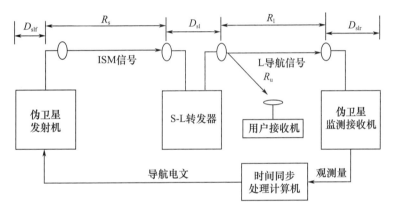

图 5.44 转发式伪卫星的信号传输链路示意图

监测接收机对转发式伪卫星系统的测量方程组为

$$\begin{cases} \rho^1 = R_S^1 + R_1^1 + D^1 + \tau_{\text{trop}}^1 + c(\mathrm{d}t_r - \mathrm{d}t_s) + \varepsilon_1 \\ \rho^2 = R_S^2 + R_1^2 + D^2 + \tau_{\text{trop}}^2 + c(\mathrm{d}t_r - \mathrm{d}t_s) + \varepsilon_2 \\ \vdots \\ \rho^j = R_S^j + R_1^j + D^j + \tau_{\text{trop}}^j + c(\mathrm{d}t_r - \mathrm{d}t_s) + \varepsilon_j \end{cases} \tag{5.22}$$

将监测接收机通道 2 到 j 的方程减去通道 1 的方程,假设伪卫星发射机和监测接收机的所有通道的硬件延迟相同,而 D_{sl}^j 事先精确标定,忽略对流层延迟的影响。得到用户接收机的新方程组为

$$\begin{cases} R_S^{2-1} + D_{\text{sl}}^{2-1} + D_{\text{slf}}^{2-1} = \rho^{2-1} - R_1^{2-1} - \varepsilon_{2-1} \\ R_S^{3-1} + D_{\text{sl}}^{3-1} + D_{\text{slf}}^{3-1} = \rho^{3-1} - R_1^{3-1} - \varepsilon_{3-1} \\ \vdots \\ R_S^{j-1} + D_{\text{sl}}^{j-1} + D_{\text{slf}}^{j-1} = \rho^{j-1} - R_1^{j-1} - \varepsilon_{j-1} \end{cases} \tag{5.23}$$

式(5.23)的左边为每一个发射通道的传输时延,该参数与伪卫星和接收机的时钟偏

差无关。通过式(5.23)的右边计算得到修正参数,并可以写入导航电文向用户接收机播发。

同理,得到用户接收机对转发式伪卫星系统的测量方程组为

$$\rho_u^j = R_s^j + R_u^j + D_{sl}^j + D_{slf}^j + D_{slu}^j + \tau_{tropu}^j + c(dt_u - dt_s) + \varepsilon_{uj} \quad (5.24)$$

式中:R_u^j 为转发器 j 的发射天线到用户接收机 u 的几何距离;D_{slu}^j 为用户接收机的通道硬件时延;τ_{tropu}^j 为对流层延迟误差;dt_u 为用户接收机的时间偏差;ε_{uj} 为用户接收机的测量噪声。

用户接收机对转发式伪卫星的测量方程组为

$$\begin{cases} \rho_u^1 = R_s^1 + R_u^1 + D_{sl}^1 + D_{slf}^1 + D_{slu}^1 + \tau_{tropu}^1 + c(dt_u - dt_s) + \varepsilon_{u1} \\ \rho_u^2 = R_s^2 + R_u^2 + D_{sl}^2 + D_{slf}^2 + D_{slu}^2 + \tau_{tropu}^2 + c(dt_u - dt_s) + \varepsilon_{u2} \\ \vdots \\ \rho_u^j = R_s^j + R_u^j + D_{sl}^j + D_{slf}^j + D_{slu}^j + \tau_{tropu}^j + c(dt_u - dt_s) + \varepsilon_{uj} \end{cases} \quad (5.25)$$

用户接收机通道 2 到 j 的方程减去通道 1 的方程,忽略对流层延迟的影响,得到用户接收机的新方程组为

$$\begin{cases} \rho_u^{2-1} = (R_s^{2-1} + D_{sl}^{2-1} + D_{slf}^{2-1}) + R_u^{2-1} + \varepsilon_{u2-1} \\ \rho_u^{3-1} = (R_s^{3-1} + D_{sl}^{3-1} + D_{slf}^{3-1}) + R_u^{3-1} + \varepsilon_{u3-1} \\ \vdots \\ \rho_u^{j-1} = (R_s^{j-1} + D_{sl}^{j-1} + D_{slf}^{j-1}) + R_u^{j-1} + \varepsilon_{uj-1} \end{cases} \quad (5.26)$$

将式(5.23)带入式(5.26),得

$$\begin{cases} \rho_u^{2-1} = \rho^{2-1} - R_1^{2-1} + R_u^{2-1} + \Delta\varepsilon_{2-1} \\ \rho_u^{3-1} = \rho^{3-1} - R_1^{3-1} + R_u^{3-1} + \Delta\varepsilon_{3-1} \\ \vdots \\ \rho_u^{j-1} = \rho^{j-1} - R_1^{j-1} + R_u^{j-1} + \Delta\varepsilon_{j-1} \end{cases} \quad (5.27)$$

式中:$\Delta\varepsilon_{j-1}$ 为测量误差,$\Delta\varepsilon_{j-1} = \varepsilon_{uj-1} - \varepsilon_{j-1}$。整理,得到计算方程为

$$\begin{cases} \rho_u^{2-1} - \rho^{2-1} = R_u^{2-1} - R_1^{2-1} + \Delta\varepsilon_{2-1} \\ \rho_u^{3-1} - \rho^{3-1} = R_u^{3-1} - R_1^{3-1} + \Delta\varepsilon_{3-1} \\ \vdots \\ \rho_u^{j-1} - \rho^{j-1} = R_u^{j-1} - R_1^{j-1} + \Delta\varepsilon_{j-1} \end{cases} \quad (5.28)$$

可以看出,转发式伪卫星的时间同步处理过程,本质上是进行伪距双差处理过程。第一步,先进行监测接收机和用户接收机的星间差分处理,由于伪卫星发射机同源,不同发射通道的时间偏差相同;接收机也采用同一时钟,其接收通道的时间偏差相同,因此,消除了时钟偏差的影响。第二步,进行站间差,消除相同的传输链路,建立伪距双差测量方程。

5.6.4 试验验证

1）试验环境和条件

图 5.45 是转发式伪卫星的高精度定位试验环境。一辆转发式伪卫星信号发射车向部署在高处的转发器发射 ISM 频段信号，转发器接收该信号并变频到 L 频段导航信号，使用 ublox M8T 接收导航信号和进行高精度定位处理。

(a)伪卫星主机　(b)转发式伪卫星信号发射车

(c)伪卫星发射天线　(d)高精度定位试验场地

图 5.45　转发式伪卫星的高精度定位试验环境

2）试验结果

图 5.46 是用户接收机输出的伪卫星测量结果，共计捕获到 7 颗伪卫星信号，输出伪距、载波相位、C/N$_0$ 和导航电文等数据。图 5.47 是转发式伪卫星系统的星间伪距差观测结果，均值 12.5m，方差是 0.3m。

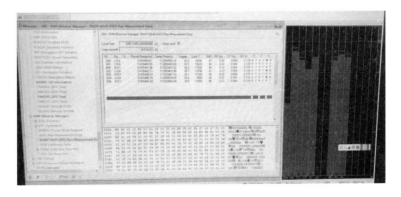

图 5.46　用户接收机输出伪卫星测量结果

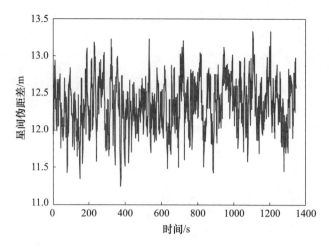

图 5.47 转发式伪卫星系统的星间伪距差观测结果

图 5.48 是转发式伪卫星系统的静态定位结果。图中标号 1,2,3,…,6 为伪卫星转发器的 L 发射天线坐标点。标号 19 为静态测试点。X 轴的定位误差为 $0.01\mathrm{m}$，Y 轴的定位误差为 $-0.007\mathrm{m}$。

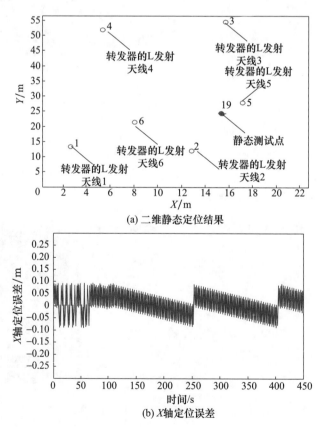

(a) 二维静态定位结果

(b) X 轴定位误差

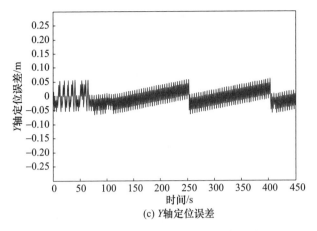

(c) Y 轴定位误差

图 5.48　转发式伪卫星系统的静态定位结果

图 5.49 是阵列伪卫星动态定位的结果。用户接收机从 25 点直线运动到 26 点，又从 26 点直线运动到 23 点，最后从 23 点运动到 21 点。X 轴定位误差为 $-0.18\mathrm{m}$，Y 轴定位误差为 $-0.19\mathrm{m}$。

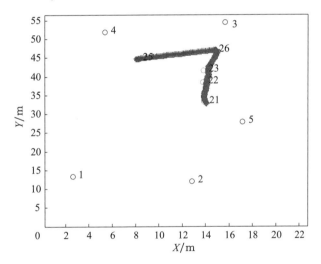

图 5.49　转发式伪卫星动态定位的结果

本章介绍了地基 GNSS 伪卫星定位系统和转发式伪卫星定位系统，它能够不依赖卫星导航并自组网络向服务区域内发射定位信号。该系统的组成架构与 GNSS 相似，主要包括发射段、控制段和用户段。地基伪卫星系统采用一种基于监测站反馈的时间同步方法和一种基于遗传算法的伪卫星网络部署仿真技术。最后，在中国伽利略测试场和城市环境开展了山区和城市峡谷两类场景下的定位实现，结果证明，地基伪卫星系统的定位精度优于 6m(95%)。利用搭建的转发式伪卫星高精度定位系统，测试了静态定位精度和动态定位精度，测试结果表明转发式伪卫星的静态定位精度可以达到厘米级,动态定位精度在分米级。

参考文献

[1] DAI L,RIZOS C,WANG J. The role of pseudo-satellite signals in precise GPS-based positioning [J]. Journal of Geospatial Engineering,2001,3(1):33-44.

[2] 纪元法,梁涛,孙希延,等. 伪卫星网络时频同步系统设计与实现[J]. 电子技术应用,2018(6):39-43.

[3] KIM C,SO H,LEE T,et al. A pseudolite-based positioning system for legacy GNSS receivers [J]. Sensors,2014,14(4):6104-6123.

[4] BORIO D,ODRISCOLL C. Design of a general pseudolite pulsing scheme[J]. IEEE Transactions on Aerospace and Electronic Systems,2014,50(1):2-16.

[5] YANG G,HE X,CHEN Y. Integrated GPS and pseudolite positioning for deformation monitoring [J]. Survey Review,2010,42(315):72-81.

[6] PUENGNIM A,PATINO-STUDENCKA L,THIELECKE J,et al. Precise positioning for virtually synchronized pseudolite system[C]//International Conference on Indoor Positioning and Indoor Navigation. Montbéliard-Belfort,France. Oct 28-31,2013:1-8.

[7] KHUDHAIR A A,JABBAR S Q,SUTTAN M Q,et al. Wireless indoor localization systems and techniques:survey and comparative study[J]. Indonesian Journal of Electrical Engineering and Computer Science,2016,3(2):392-409.

[8] WANG J,GAO J,LIU C,et al. High precision slope deformation monitoring model based on the GPS/Pseudolites technology in open-pit mine[J]. Mining Science and Technology(China),2010,20(1):126-132.

[9] BORIO D,O'DRISCOLL C,FORTUNY J. Impact of pseudolite signals on non-participating GNSS receivers[J]. JRC Scientific and Technical Reports,European Commission,2011,39.

[10] 胡胜军,王玮,张京娟,等. 伪卫星进近着陆系统几何布局研究[J]. 宇航计测技术,2010,30(5):54-57.

[11] 张书雨,姚铮,陆明泉. 地基伪卫星区域导航系统快速布站算法[J]. 武汉大学学报信息科学版,2018,43(9):1355-1361.

第 6 章　GNSS 伪卫星增强系统

GNSS 在城市峡谷区域因楼宇遮挡而不能提供定位服务,此时伪卫星则变成一种重要的定位手段。在这种应用环境下,通常用户接收机能够接收部分导航卫星(小于 4 颗),因此,我们只需要提供部分伪卫星用于增强 GNSS,使得用户接收机能够将伪卫星和导航卫星进行组合定位,这种工作模式称为地基伪卫星增强系统。相比于第 5 章的 GNSS 伪卫星定位系统,GNSS 伪卫星增强系统具备如下特点:一是能够与 GNSS 同步并为用户机提供组合定位服务;二是系统的硬件模块相对简单,使用低成本晶振,并通过独特的时间同步技术,实现伪卫星之间、伪卫星与 GNSS 的高精度时间同步,而地基伪卫星定位系统更加关注伪卫星之间的时间同步性能。

本章按照时间同步方法不同,提出了两种地基伪卫星增强系统:一种称为自闭环同步伪卫星;另一种称为非同步阵列伪卫星。下面分别对这两种伪卫星的系统构成、时间同步原理和测量方程进行描述,并给出定位试验结果。

▲ 6.1　自闭环时间同步伪卫星系统

6.1.1　体系结构

自闭环时间同步伪卫星系统由 3 部分组成,包括北斗系统、GPS 和 GLONASS 等 GNSS 卫星导航系统、伪卫星信号发射机及天线和用户接收机。其体系结构如图 6.1 所示。

伪卫星要实现与空间导航卫星的联合定位,首先需要解决高精度时间同步问题[1-4]。伪卫星采用自闭环星地时间同步体制,伪卫星安装的同步接收机同时接收空间北斗系统/GPS 信号以及伪卫星导航信号,由于伪卫星发射天线和接收天线的坐标点可精确测量,所以可认为收发天线的距离为零,伪卫星同步接收机根据伪卫星的伪距和导航卫星的伪距联合处理,求解出伪卫星相对于导航卫星的时间差,从而实现数字化解算的高精度时间同步。

6.1.2　自闭环时间同步

建立伪卫星的同步接收机对伪卫星信号发射机的伪距测量方程[5-6]如下:

$$\rho_i^m = R_i^m + c \times (\mathrm{d}t_i - \mathrm{d}t^m) + \varepsilon_i^m \tag{6.1}$$

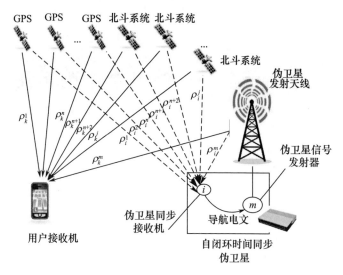

图 6.1 自闭环时间同步伪卫星体系结构

式中：ρ_i^m 为同步接收机到伪卫星发射机的伪距值；$R_i^m = \sqrt{(x_i - x^m)^2 + (y_i - y^m)^2 + (z_i - z^m)^2}$ 为同步接收机和伪卫星信号发射机之间的几何距离；$\mathrm{d}t_i$ 为同步接收机的钟差；$\mathrm{d}t^m$ 为伪卫星的系统时间偏差；c 为光速。

建立伪卫星同步接收机对 GPS 和北斗卫星的伪距测量方程如下：

$$\rho_i^j = R_i^j + c \times (\mathrm{d}t_i - \mathrm{d}t^j) + \mathrm{d}\rho_\mathrm{R} + \mathrm{d}\rho_\mathrm{I} + \mathrm{d}\rho_\mathrm{T} + \varepsilon_i^j \tag{6.2}$$

式中：ρ_i^j 为同步接收机对 GPS 或北斗卫星的伪距值；$R_i^j = \sqrt{(x_i - x^j)^2 + (y_i - y^j)^2 + (z_i - z^j)^2}$ 为同步接收机到导航卫星的几何距离，(x^j, y^j, z^j) 是导航卫星的位置，(x_i, y_i, z_i) 是同步接收机的位置；$\mathrm{d}\rho_\mathrm{R}$ 为星历误差；$\mathrm{d}\rho_\mathrm{I}$ 为电离层误差；$\mathrm{d}\rho_\mathrm{T}$ 为对流层误差；$\mathrm{d}t^j$ 为导航卫星的时间偏差，由导航电文参数获得。

由于伪卫星接收天线的坐标已知，可计算北斗或 GPS 卫星的钟差校正值为

$$M^j = \rho_i^j - P_i^j = c \times (\mathrm{d}t_i - \mathrm{d}t^j) + \mathrm{d}\rho_\mathrm{R} + \mathrm{d}\rho_\mathrm{I} + \mathrm{d}\rho_\mathrm{T} \tag{6.3}$$

式中：M^j 为 GPS 或北斗卫星的钟差校正值。

计算伪卫星的钟差校正值为

$$M^m = \rho_i^m - R_i^m = c \times (\mathrm{d}t_i - \mathrm{d}t^m) \tag{6.4}$$

式中：M^m 为伪卫星的钟差校正值。

将式(6.3)和式(6.4)计算得到的钟差校正值作为电文参数发送给用户机,通过用户机的联合解算,可消除伪卫星的时钟误差的影响,从而实现时间同步。

6.1.3 伪卫星与 GNSS 组合定位方程

建立用户接收机对北斗和 GPS 卫星的伪距测量方程如下：

$$\rho_k^j = R_k^j + c \times (\mathrm{d}t_k - \mathrm{d}t^j) + \mathrm{d}\rho_{\mathrm{R}k} + \mathrm{d}\rho_{\mathrm{I}k} + \mathrm{d}\rho_{\mathrm{T}k} \tag{6.5}$$

式中:ρ_k^j 为用户接收机到北斗或 GPS 卫星的伪距值;$R_k^j = \sqrt{(x_k-x^j)^2+(y_k-y^j)^2+(z_k-z^j)^2}$ 为用户接收机到北斗或 GPS 卫星的几何距离,(x^j,y^j,z^j) 为导航卫星的位置,(x_k,y_k,z_k) 为用户接收机的位置;$\mathrm{d}\rho_{Rk}$ 为星历误差;$\mathrm{d}\rho_{Ik}$ 为电离层误差;$\mathrm{d}\rho_{Tk}$ 为对流层误差;$\mathrm{d}t_k$ 为用户接收机时间偏差;$\mathrm{d}t^j$ 为北斗或 GPS 卫星的时间偏差,由导航电文参数获得。

建立用户接收机对伪卫星信号发射机的伪距测量方程如下:

$$\rho_k^m = R_k^m + c \times (\mathrm{d}t_k - \mathrm{d}t^m) \tag{6.6}$$

式中:ρ_k^m 为用户接收机到伪卫星的伪距值;R_k^m 为用户接收机到伪卫星的几何距离;$\mathrm{d}t^m$ 为伪卫星的时间偏差。

对 GPS 和北斗系统的伪距测量方程进行处理如下:

$$\rho_k^j - (\rho_i^j - R_i^j) = R_k^j + c \times (\mathrm{d}t_k - \mathrm{d}t^j) + \mathrm{d}\rho_{Rk} + \mathrm{d}\rho_{Ik} + \mathrm{d}\rho_{Tk} - c \times (\mathrm{d}t_i - \mathrm{d}t^j) - \mathrm{d}\rho_R - \mathrm{d}\rho_I - \mathrm{d}\rho_T \tag{6.7}$$

因为存在 $\mathrm{d}\rho_{Rk} \approx \mathrm{d}\rho_R$、$\mathrm{d}\rho_{Ik} \approx \mathrm{d}\rho_I$ 和 $\mathrm{d}\rho_{Tk} \approx \mathrm{d}\rho_T$,所以用户接收机对 GPS 和北斗的测量方程变为

$$\rho_k^j = R_k^j + c \times (\mathrm{d}t_k - \mathrm{d}t_i) + (\rho_i^j - R_i^j) \tag{6.8}$$

对伪卫星的伪距测量方程进行处理如下:

$$\rho_k^m - (\rho_i^m - R_i^m) = R_k^m + c \times (\mathrm{d}t_k - \mathrm{d}t^m) - c \times (\mathrm{d}t_i - \mathrm{d}t^m) \tag{6.9}$$

用户接收机对伪卫星的测量方程变为

$$\rho_k^m = R_k^m + c \times (\mathrm{d}t_k - \mathrm{d}t_i) + (\rho_i^m - R_i^m) \tag{6.10}$$

用户接收机将修正后的北斗测量方程、GPS 测量方程和伪卫星测量方程组合,建立不受空间导航卫星与伪卫星时间偏差影响的测量方程组,利用最小二乘法进行位置求解。其中,测量方程组如下:

$$\begin{cases} \rho_k^1 = R_k^1 + c \times (\mathrm{d}t_k - \mathrm{d}t_i) + (\rho_i^1 - R_i^1) \\ \rho_k^2 = R_k^2 + c \times (\mathrm{d}t_k - \mathrm{d}t_i) + (\rho_i^2 - R_i^2) \\ \quad\quad\quad\quad\quad \vdots \\ \rho_k^n = R_k^n + c \times (\mathrm{d}t_k - \mathrm{d}t_i) + (\rho_i^n - R_i^n) \\ \rho_k^m = R_k^m + c \times (\mathrm{d}t_k - \mathrm{d}t_i) + (\rho_i^m - R_i^m) \end{cases} \tag{6.11}$$

可以看出:测量方程的钟差部分 $c \times (\mathrm{d}t_k - \mathrm{d}t_i)$ 只与用户接收机和伪卫星同步接收机的钟差有关,与 GPS、北斗和伪卫星的钟差无关,因此,通过定位解算过程的数字化同步体制消除了导航卫星钟差、轨道偏差、电离层和对流层的影响,实现了伪卫星与空间导航卫星的高精度时间同步,并进一步改善用户机的定位精度。

6.1.4 关键指标测试

6.1.4.1 伪卫星零值及测距稳定性

伪卫星的零值和测距稳定性将影响其导航性能,需使用高速示波器对测距稳定

性进行测试。图 6.2 为北斗/GPS 双模伪卫星的 24h 测距稳定性的测试结果。其中：北斗伪卫星的 B1I 通道均值为 2979.0328m，标准差为 0.0068m，最大偏差为 0.0267m；GPS 伪卫星的 L1 通道均值为 3519.1583m，标准差为 0.0054m，最大偏差为 0.0276m。

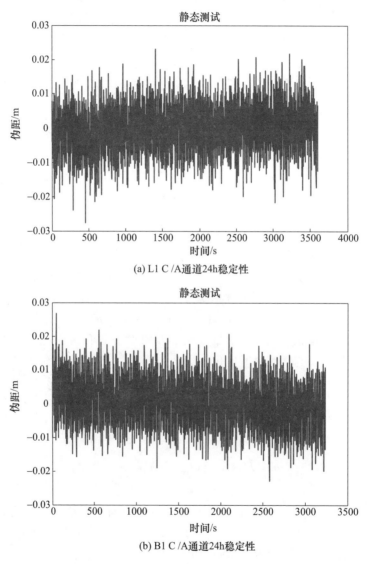

(a) L1 C/A通道24h稳定性

(b) B1 C/A通道24h稳定性

图 6.2　北斗/GPS 双模伪卫星的 24h 测距稳定性

6.1.4.2　GNSS 芯片接收伪卫星信号

图 6.3 是使用导航芯片接收伪卫星脉冲信号的能力测试场景。在室内环境下，伪卫星主机和可调衰减器、伪卫星信号发射天线连接，通过调整衰减器的衰减值，判断芯片接收伪卫星脉冲信号的能力，从而验证伪卫星信号的兼容性。

由图 6.3 中可以看出,在测试的开始阶段,可调衰减器设置为 10dB,芯片接收到 33 号和 37 号伪卫星信号,这足以证明设计的伪卫星信号与导航芯片的高度兼容性。

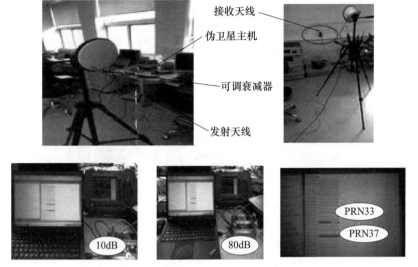

图 6.3　使用导航芯片接收伪卫星信号(见彩图)

脉冲方式可使导航芯片的动态接收范围变大,测试结果如表 6.1 所列,衰减器从 10dB 增加至 80dB,导航芯片仍然能够捕获伪卫星信号,该芯片(输出 $C/N_0 \approx 43\text{dBHz}$)在衰减器 10dB 至 70dB 时处于饱和区,芯片(输出 $C/N_0 = 35\text{dBHz}$)在衰减器 70dB 至 90dB 为不饱和区。因此,在脉冲信号方式下,导航芯片工作在饱和区,使其接收伪卫星信号的动态范围扩大到 70dB。

表 6.1　用户机芯片输出伪卫星信号载噪比随衰减器变化曲线

序号	衰减值/dB	GPS 的载噪比/dBHz	北斗系统的载噪比/dBHz
1	10	43	47
2	30	43	47
3	50	43	47
4	70	43	47
5	80	40	45
6	90	38	43
7	100	35	40
8	110	失锁	38
9	120	失锁	失锁

6.1.4.3 脉冲信号抗远近效应能力测试

图 6.4 是伪卫星脉冲信号抗远近效应的测试结果,在临近玻璃窗的室内区域搭建测试环境,这使得手机的导航芯片接收的信号 C/N_0 较低,可进一步验证伪卫星信号是否干扰手机 GPS 芯片的定位能力。

测试结果如下:将手机放在伪卫星发射天线附近(大约 30cm 处),在 5min 后,手机实现了定位,说明脉冲伪卫星信号能够有效解决远近效应,在"近效应区"不会干扰 GPS 芯片的定位功能。

图 6.4 伪卫星脉冲信号抗远近效应能力测试(见彩图)

6.1.5 定位试验结果

6.1.5.1 试验环境搭建

为了测试伪卫星的组合定位精度和导航芯片的接收性能,搭建缩微场测试环境如图 6.5 所示。图 6.5(a)为楼顶的测试区域,部署精确标定的天线柱,上面放置用户机天线;图 6.5(b)为位于楼顶的北斗/GPS 双模伪卫星,通过简易的天线支架固定,发射天线和接收天线坐标事先精确标定。

(a)

(b)

图6.5 北斗/GPS伪卫星外场测试环境(见彩图)

6.1.5.2 伪卫星服务区域测试

图6.6是伪卫星的信号发射功率和服务区域试验项目的外场测试环境,使用导航芯片作为测试终端,通过计算机采集芯片输出的 C/N_0 数据,并记录芯片捕获跟踪伪卫星信号的情况。

图6.6 北斗/GPS伪卫星信号发射功率和覆盖区域测试(见彩图)

表6.2是伪卫星信号发射功率的外场测试结果,由表中可以看出,在服务区域内,北斗信号的载噪比一直很高,伪卫星信号使卫星导航芯片一直处于饱和状态。

表6.2 伪卫星信号发射功率外场测试结果

序号	距离/m	GPS的载噪比/dBHz	北斗系统的载噪比/dBHz
1	15	43	47
2	25	43	47
3	65	43	47
4	200	43	47

6.1.5.3 伪卫星与GNSS组合定位精度测试

铷钟和晶振分别驱动伪卫星设备产生的定位效果是伪卫星定位精度测试的一项重要内容,图6.7是晶振和铷钟两种方式驱动伪卫星的定位精度结果,图6.7(a)是使用铷钟的测试结果,图6.7(b)是使用晶振的测试结果。由图中的测试结果可以看出,北斗或GPS单点定位结果相对于精确标定的已知点存在偏差,且定位精度与其标称值基本相符(均为 10m 左右);加入伪卫星组合后,定位精度有所提升(优于 5m),并且定位点均集中在已知点附近,将北斗系统或 GPS 单点定位偏差进行修正,提高了定位精度。

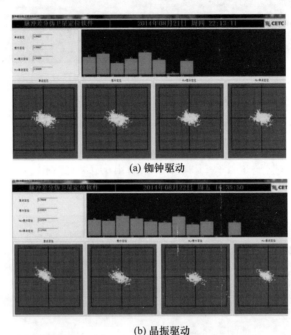

(a) 铷钟驱动

(b) 晶振驱动

图 6.7 伪卫星的定位精度测试(见彩图)

为了便于分析,将测试结果用表格表示,如表 6.3 所列,可以看出:①选用不同的时钟(铷钟和晶振)驱动下,定位性能基本相当,因此,在新的时间同步算法支持下,完全可以使用廉价的晶振作为伪卫星的时频单元;②在伪卫星和空间导航卫星组合下,HDOP 值也会减小,说明伪卫星具备改善几何分布的优点。

表 6.3 使用铷钟或晶振驱动的伪卫星定位精度统计表

定位模式	HDOP	铷钟驱动	晶振驱动
GNSS 定位	2.37	10m(95%)	10m(95%)
伪卫星/GNSS 组合定位	1.73	4.78m(95%)	4.95m(95%)

6.2 非同步阵列伪卫星增强系统

6.2.1 体系结构

非同步阵列伪卫星增强系统由 3 部分组成[7],包括 BDS、GPS 和 GLONASS 等卫星导航系统、阵列伪卫星和用户接收机。其体系结构如图 6.8 所示。

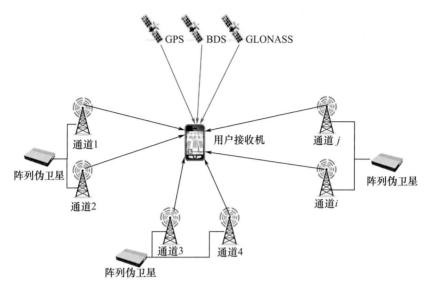

图 6.8　非同步阵列伪卫星增强系统的体系结构(见彩图)

6.2.1.1　阵列伪卫星设计

阵列伪卫星设计如图 6.9 所示。伪卫星信号发射基带单元由数字信号处理(DSP)器和现场可编程门阵列(FPGA)共同驱动多通道射频模块。每一个发射通道被调制不同的 C/A 码和导航电文,信号频率可以兼容 GPS L1 和北斗 B1。由于阵列伪卫星所有通道的发射信号在同一时刻发射(同一个 1PPS),因此,GNSS 用户接收机收到的伪卫星信号的时间误差是相同的,这可以通过数据处理消除伪卫星时钟偏差影响。

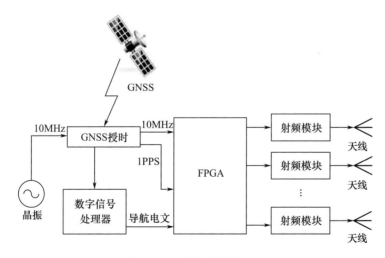

图 6.9　阵列伪卫星设计图

6.2.1.2 GNSS/阵列伪卫星用户接收机

用户接收机由 3 部分组成,如图 6.10 所示,包括接收天线、商品化 GNSS 芯片以及用于定位解算的 ARM 处理器。GNSS 芯片用于跟踪 GNSS 和阵列伪卫星信号,并输出导航电文、伪距和载波相位等测量数据,无钟差的阵列伪卫星测量方程在 ARM 处理器中进行用户位置的估计。

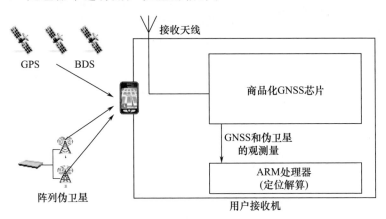

图 6.10 GNSS/伪卫星用户接收机

6.2.2 无钟差测量方程

根据传统的伪距测量方程,测量伪距 ρ_i(用户终端到第 i 个阵列天线的位置之间的距离)计算公式为

$$\rho_i = \sqrt{(x-x_i)^2 + (y-y_i)^2 + (z-z_i)^2} + T_i + (t_r - t_i) + \varepsilon_i \quad (6.12)$$

式中:ρ_i 为用户位置 (x,y,z) 和第 i 个阵列天线的位置 (x_i,y_i,z_i) 之间的距离;T_i 是对流层延迟;t_r 是接收机时钟误差;t_i 是伪卫星时钟误差;ε_i 是多径和接收机热噪声误差。

从用户终端到阵列伪卫星信道 j 的伪距测量 ρ_j 被建模为

$$\rho_j = \sqrt{(x-x_j)^2 + (y-y_j)^2 + (z-z_j)^2} + T_j + (t_r - t_j) + \varepsilon_j \quad (6.13)$$

式中:ρ_j 为用户位置 (x,y,z) 和第 j 个阵列天线的位置 (x_j,y_j,z_j) 之间的距离;T_j 是对流层延迟;t_r 是接收机时钟误差;t_j 是伪卫星时钟误差;ε_j 是多径和接收机热噪声误差。

在式(6.12)和式(6.13)中,由于阵列伪卫星在同一时刻发射信号,通道 i 和 j 的时间偏差相同,即 $t_i = t_j$,所以 ρ_i 和 ρ_j 之间的差可以写成

$$\Delta\rho_{ij} = \sqrt{(x-x_i)^2 + (y-y_i)^2 + (z-z_i)^2} - \\ \sqrt{(x-x_j)^2 + (y-y_j)^2 + (z-z_j)^2} + \varepsilon_{ij} \quad (6.14)$$

如果 $\sqrt{(x-x_i)^2+(y-y_i)^2+(z-z_i)^2} = \|r^i - r_u\|$，$\sqrt{(x-x_j)^2+(y-y_j)^2+(z-z_j)^2} = \|r^j - r_u\|$，则方程(6.14)可以简化为

$$\Delta\rho_{ij} = \|r^i - r_u\| - \|r^j - r_u\| + \varepsilon_{ij} \tag{6.15}$$

如果方程(6.15)中的非线性项定义为 F^{ij}，$F^{ij}(r_u) = \|r^i - r_u\| - \|r^j - r_u\|$，则它关于 r_u 的偏导数是

$$\frac{\partial F^{ij}(r_u)}{\partial r_u} = -\frac{(r^1 - r_u)^T}{\|r^1 - r_u\|} + \frac{(r^2 - r_u)^T}{\|r^2 - r_u\|} \tag{6.16}$$

如果根据 Newton-Raphson 法解更新过程所用的 r_u 的初始值被描述为 $r_{u,0} = (x_0, y_0, z_0)$，并且如果忽略 $F^{ij}(r_u)$ 的泰勒展开的二阶和高阶项，则第一更新解被表示为

$$F^{ij}(r_{u,1}) = \frac{F^{ij}(r_{u,0})}{\partial r_{u,0}} \Delta r_{u,0} + F^{ij}(r_{u,0}) \tag{6.17}$$

方程(6.15)可表示为

$$\Delta\rho_{ij} = F^{ij}(r_{u,1}) + \varepsilon_{ij} \approx \frac{\partial F^{ij}(r_{u,0})}{\partial r_{u,0}} \Delta r_{u,0} + \partial F^{ij}(r_{u,0}) + \varepsilon_{ij} \tag{6.18}$$

这些阵列伪距的观测方程用矩阵的形式表示为

$$\begin{bmatrix} \dfrac{\partial F_0^{12}}{\partial x_0} & \dfrac{\partial F_0^{12}}{\partial y_0} & \dfrac{\partial F_0^{12}}{\partial z_0} \\ & \vdots & \\ \dfrac{\partial F_0^{ij}}{\partial x_0} & \dfrac{\partial F_0^{ij}}{\partial y_0} & \dfrac{\partial F_0^{ij}}{\partial z_0} \end{bmatrix} \begin{bmatrix} \Delta x_0 \\ \Delta y_0 \\ \Delta z_0 \end{bmatrix} = \begin{bmatrix} \Delta\rho_{12} - F_0^{12} \\ \vdots \\ \Delta\rho_{ij} - F_0^{ij} \end{bmatrix} + \begin{bmatrix} \varepsilon_{12} \\ \vdots \\ \varepsilon_{ij} \end{bmatrix} \tag{6.19}$$

式(6.19)等号左侧的矩阵定义为 G，等号右侧的两个列矢量分别定义为 b 和 ε，式(6.19)表示为

$$G \cdot \Delta r_{u,0} = b + \varepsilon \tag{6.20}$$

方程(6.20)的解为

$$\Delta r_{u,0} = (G^T G)^{-1} G^T b \tag{6.21}$$

通过下面公式迭代更新估计的位置：

$$\hat{r}_{u,1} = r_{u,0} + \Delta r_{u,0} \tag{6.22}$$

6.2.3 伪卫星和 GNSS 组合定位

从用户终端到导航卫星的伪距测量 ρ_s 建模为

$$\rho_s = \sqrt{(x-x_s)^2 + (y-y_s)^2 + (z-z_s)^2} + T + I + (t_r - t_s) + \varepsilon_s \tag{6.23}$$

式中：ρ_s 为用户到卫星的伪距；(x_s, y_s, z_s) 为卫星的位置；T 为对流层延迟；I 为电离

层误差;t_s 为卫星的时钟误差;ε_s 为多径误差和接收机热噪声误差。

第一个更新方程为

$$F^s(r_{u,1}) = \frac{\partial F^s(r_{u,0})}{\partial r_{u,0}} \Delta r_{u,0} + F^s(r_{u,0}) \tag{6.24}$$

式(6.15)可以表示为

$$\Delta \rho_s - T - I = F^s(r_{u,1}) + \Delta t + \varepsilon_s \approx \frac{\partial F^s(r_{u,0})}{\partial r_{u,0}} \Delta r_{u,0} + F^s(r_{u,0}) + \Delta t + \varepsilon_s \tag{6.25}$$

这些阵列伪卫星和 GNSS 的观测方程见式(6.19)至式(6.21)。

6.2.4 定位试验结果

6.2.4.1 试验环境和条件

阵列伪卫星的定位精度试验环境和条件如图 6.11 所示。阵列伪卫星被放置在山腰的平台,两个发射天线与伪卫星信号发射机连接,并向服务区发射定位信号,使用接收机进行定位精度测试。伪卫星和接收机的天线坐标通过全站仪进行精确测量,这样用户接收机的精确位置可以与定位结果进行比较。

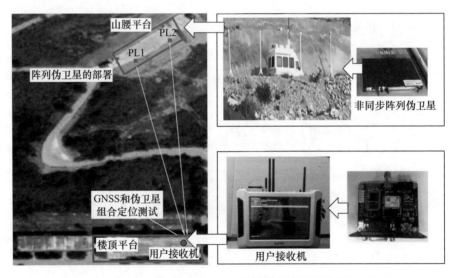

图 6.11 非同步阵列伪卫星的定位精度试验环境和条件(见彩图)

6.2.4.2 试验结果

为了验证非同步阵列伪卫星在城市峡谷场景下的应用性能,选取用户机接收到的 4 颗 GPS 卫星,并和伪卫星组合,形成不同的测试场景,例如 4 颗 GPS、4 颗 GPS 和 1 颗阵列伪卫星、3 颗 GPS 和 1 颗阵列伪卫星。

在此情况下,在楼顶的接收机捕获高仰角的 GPS 卫星(PRN 9,6,5 和 2)。空间分布图如图 6.12 所示。由于导航卫星的分布相对集中和线性,因此,HDOP 达到

6.2。放置在山顶的阵列伪卫星标记为 PL1 和 PL2,GPS 和伪卫星组合的 HDOP 达到4.2。

图 6.13 是 4 颗 GPS 的静态测试结果。在 X、Y 和 Z 轴的平均定位误差分别为 0.03 m、-0.28 m 和 -0.416m,标准差分别为 1.25 m、3.197 m 和 3.385m。

图 6.14 是 3 颗 GPS 卫星和 1 颗伪卫星组合情况下的三维定位结果,在 X、Y 和 Z 轴的平均定位误差分别为 0.07 m、-0.43 m 和 -0.44 m,标准差分别为 0.93 m、1.96 m 和 3.59 m。结果说明伪卫星和 GPS 组合定位相比于 GPS 独立定位可以提高定位精度和稳定性。

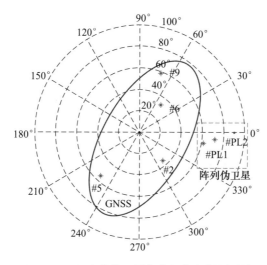

图 6.12 GPS 和伪卫星的空间分布(见彩图)

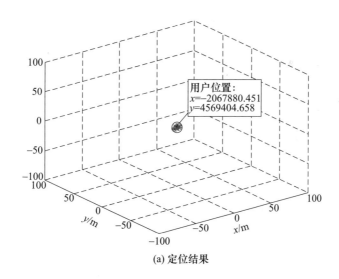

(a) 定位结果

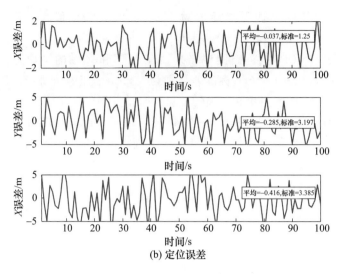

(b) 定位误差

图 6.13 4 颗 GPS 的静态测试结果

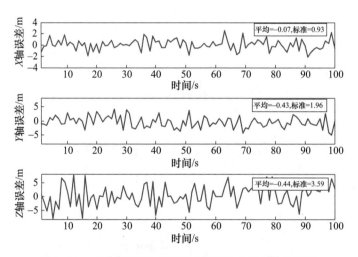

图 6.14 3 颗 GPS 和 1 颗伪卫星组合的三维定位误差

6.2.5 定位误差分析

最小的地基伪卫星增强系统由 1 颗阵列伪卫星和 3 颗导航卫星组成，但这种模式下的定位精度并没有显著提高，影响定位误差包含三个主要方面：一是精度衰减因子；二是阵列伪卫星的测距误差；三是 GNSS 的测距误差。

6.2.5.1 精度衰减因子(DOP)

1) HDOP 和 GDOP

通常使用 DOP 分析定位误差，可以表达为

$$\operatorname{cov}(\Delta r_u) = \sigma_\varepsilon^2 \cdot (G^T G)^{-1} \tag{6.26}$$

如果 $(\mathbf{G}^{\mathrm{T}}\mathbf{G})^{-1}$ 定义为 $\mathbf{H}$，DOP 可以表征为对角线矩阵，那么，$\mathbf{H}$ 为

$$\mathbf{H} = \begin{bmatrix} x\mathrm{DOP}^2 & & \\ & y\mathrm{DOP}^2 & \\ & & z\mathrm{DOP}^2 \end{bmatrix} \quad (6.27)$$

定位误差的残差可以表示为

$$\begin{cases} \sigma_x^2 = \sigma_\varepsilon^2 \cdot x\mathrm{DOP}^2 \\ \sigma_y^2 = \sigma_\varepsilon^2 \cdot y\mathrm{DOP}^2 \\ \sigma_z^2 = \sigma_\varepsilon^2 \cdot z\mathrm{DOP}^2 \end{cases} \quad (6.28)$$

HDOP 被定义为

$$\sigma_{xy} = \sqrt{\sigma_x^2 + \sigma_y^2} = \sigma_\varepsilon \cdot \sqrt{x\mathrm{DOP}^2 + y\mathrm{DOP}^2} = \sigma_\varepsilon \cdot \mathrm{HDOP} \quad (6.29)$$

PDOP 被定义为

$$\sigma_{xyz} = \sqrt{\sigma_x^2 + \sigma_y^2 + \sigma_z^2} = \sigma_\varepsilon \cdot \sqrt{x\mathrm{DOP}^2 + y\mathrm{DOP}^2 + z\mathrm{DOP}^2} = \sigma_\varepsilon \cdot \mathrm{PDOP} \quad (6.30)$$

2）DOP 分析

图 6.15 是几何分布的仿真结果，在测试区选择 3 颗导航卫星（PRN 9,5 和 2）和 3 颗阵列伪卫星。图 6.16 是 3 颗阵列伪卫星定位情况下的 DOP 仿真结果，HDOP 的最小值为 0.3，最大值为 40，VDOP 的最小值为 5，最大值为 55，但是在越接近伪卫星区域，HDOP 和 VDOP 越大。图 6.17 是 GNSS 和伪卫星组合定位下的精度衰减因子仿真结果。HDOP 的最小值为 2.3，最大值为 2.9；VDOP 的最小值为 4.4，最大值为 5.6。结果表明：伪卫星更加适合与 GNSS 组合定位。

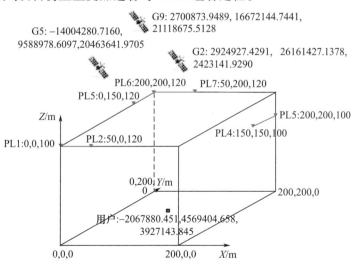

图 6.15 几何分布的仿真结果（见彩图）

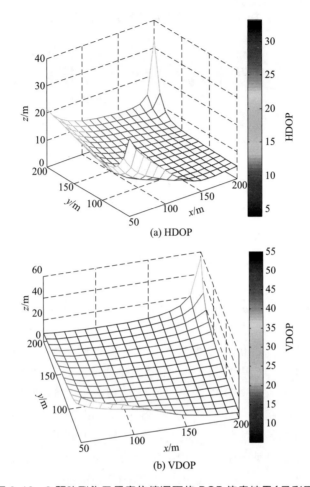

(a) HDOP

(b) VDOP

图 6.16　3 颗阵列伪卫星定位情况下的 DOP 仿真结果(见彩图)

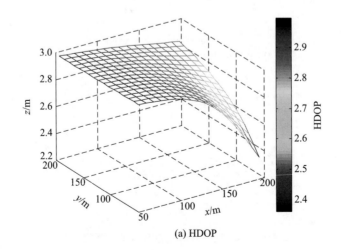

(a) HDOP

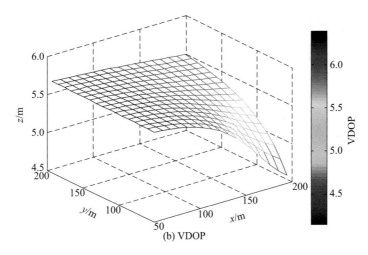

(b) VDOP

图 6.17 1 颗伪卫星与 3 颗 GNSS 组合的 DOP 仿真结果(见彩图)

6.2.5.2 接收机噪声和多径误差

阵列伪卫星和用户接收机的天线坐标可以精确测量,伪距和多径的关系方程如下:

$$(\Delta\rho_{ij} - \| r^i - r_u \| + \| r^j - r_u \|) = \varepsilon_{ij} \tag{6.31}$$

式中:ε_{ij} 包括多径误差、对流层误差和用户机热噪声。由于用户机到伪卫星发射天线的距离较短,对流层误差可以忽略不计。而用户接收机同时接收 GNSS 信号和伪卫星信号,热噪声误差在相同水平,因此,阵列伪卫星的主要误差源为多径误差。

对于 GNSS,可使用双站双差获得多径和接收机热噪声残差。图 6.18(a)给出 GNSS 的多径和接收机热噪声误差,变化范围在 -4~4m。图 6.18(b)给出阵列伪卫星的多径和接收机热噪声误差,变化范围在 -0.8~1m。结果说明 GNSS 的测距误差远大于阵列伪卫星。

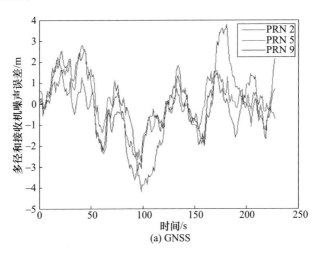

(a) GNSS

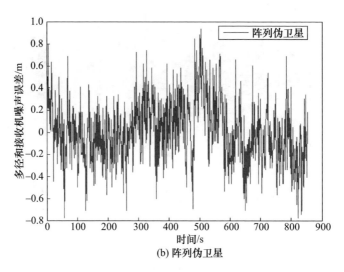

(b) 阵列伪卫星

图6.18 接收机多径误差(见彩图)

  GNSS 伪卫星增强系统本质上是为用户接收机提供了更多的导航信号源,从而增强了 GNSS 的可用性、连续性以及定位精度。本章给出了两种简单的增强式伪卫星的体系架构,它们均采用低成本的晶振作为时频源,与伪卫星信号发射板结合,即可为用户提供定位服务。此外,伪卫星增强系统的另一优点就是能够与 GNSS 组合定位,它们能够改善 GNSS 的 DOP 值、增加可用性。

参考文献

[1] Cobb H S. GPS pseudolites:theory,design,and applications[M]. Palo Alto:Stanford University,1997.

[2] SAMAMA N. Indoor positioning with gnss- like local signal transmitters[J]. Global Navigation Satellite Systems-Signal,Theory and Applications,2012(2):299-338.

[3] STONE J M,LEMASTER E A,POWELL J D,et al. GPS pseudolite transceivers and their applications [C]//Proceedings of the 1999 Institute of Navigation National Technical Meeting,San Diego,CA,1999.

[4] WANG J. Pseudolite applications in positioning and navigation:progress and problems[J]. Journal of Global Positioning Systems,2002,1(1):48-56.

[5] GAN X,YU B,ZHANG H,et al. Pseudolite cellular network in urban and its high precision positioning technology[C]//China Satellite Navigation Conference,Shanghai,May 23rd-25th,2017.

[6] BORIO D,O'DRISCOLL C. Impact of pseudolite signals on non-participating GNSS receivers[J]. JRC Scientific and Technical Reports,European Commission,2011:39.

[7] GAN X L,SHENG C Z. Combination of asynchronous array pseudolites and GNSS for outdoor localization[J]. IEEE Access,2019. 3,1(7):38550-38557.

第 7 章　GNSS 伪卫星接收机

考虑到伪卫星信号体制与 GNSS 的兼容性,伪卫星通常发射的是类导航信号,因此伪卫星接收机的工作原理与 GNSS 接收机基本相同,只需在 GNSS 芯片的 IP 核做稍许修改,便可同时接收伪卫星信号和 GNSS 信号,实现接收机在不同环境下的 GNSS/伪卫星组合定位功能。7.1 节介绍接收机的基本架构,包括射频前端、基带数字处理和定位导航模块。7.2 节介绍载波跟踪环的基本原理。7.3 节介绍码环和基带信号处理的过程。7.4 节介绍常用的 GNSS 商品化芯片,以及接收伪卫星信号后,进行伪卫星定位的 IP 软核方法。7.5 节和 7.6 节介绍信号失锁和数据处理过程。

7.1　基本架构

本节简单地介绍 GNSS/伪卫星接收机的基本结构和功能流程,如图 7.1 所示,与 GNSS 接收机类似,GNSS 伪卫星接收机的基本架构分为射频前端处理、基带数字信号处理和定位运算三大功能模块。

射频前端处理模块通过天线接收所有可见 GNSS 和伪卫星的导航信号,经前置滤波器和前置放大器的滤波放大后,再与本机振荡器产生的正弦波本振信号进行混频而下变频成中频(IF)信号,最后经模数转换器(ADC)将中频信号转变成离散时间的数字中频信号。射频前端电子器件一般集成在一个专用集成电路(ASIC)芯片中,通常称为射频集成电路[1]。

基带数字信号处理模块通过处理射频前端所输出的数字中频信号,复制出与接收到的导航信号相一致的本地载波和本地伪码信号,从而实现对导航信号的捕获与跟踪,并且从中获得伪卫星伪距和载波相位等测量值以及解调出导航电文。在伪卫星信号发射端,伪卫星载波信号上调制有 C/A 码和导航电文数据码,则相应地在伪卫星信号接收端,为了从接收到的卫星信号中调解出导航电文数据码,基带数字信号处理部分需要通过混频彻底地剥离数字中频信号中包括多普勒频移在内的载波,并且通过 C/A 码相关运算再彻底地剥离信号中的 C/A 码,而剩下的信号便是经二进制相移键控调制的导航电文数据码。一方面,接收机通过载波跟踪环路(简称载波环)不断调整其内部所复制的载波,使复制载波频率(或相位)与数字中频信号中的载波频率(或相位)保持一致,然后经下变频混频实现载波剥离;另一方面,接收机通过码环不断调整其内部所复制的 C/A 码,使复制 C/A 码的相位与数字中频信号中的 C/A

码相位保持一致,然后经过码相关运算实现 C/A 码剥离。

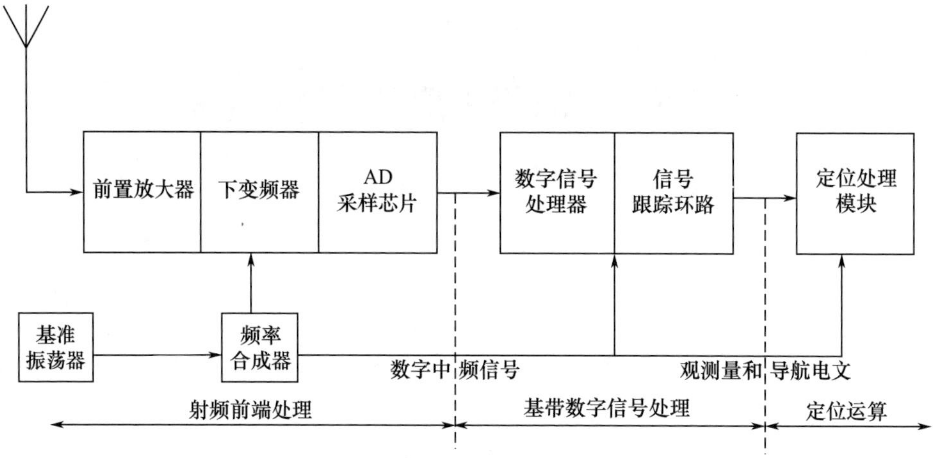

图 7.1　GNSS/伪卫星接收机的基本结构和功能流程

7.2　载波跟踪环

载波环的任务是尽力使其所复制的载波信号与接收到的导航信号的载波保持一致,从而通过混频机制彻底地剥离卫星信号中的载波。载波环通过检测其复制载波与输入载波之间的相位差异,然后再相应地调节复制载波的相位,使两者的相位保持一致,这种载波环的实现形式称为相位锁定环路。[2]

一个典型的锁相环主要是由相位鉴别器(简称鉴相器)、环路滤波器和压控振荡器 3 部分构成,如图 7.2 所示。将锁相环的输入信号 $u_i(t)$ 和由压控振荡器产生的输出信号 $u_o(t)$ 分别表达成

$$u_i(t) = U_i \sin(\omega_i t + \theta_i)$$
$$u_o(t) = U_o \cos(\omega_o t + \theta_o) \tag{7.1}$$

式中:输入信号 $u_i(t)$ 可以视为省去 C/A 码和数据码之后的中频信号;输入信号的角频率 ω_i 和初相位 θ_i 以及输出信号的角频率 ω_o 和初相位 θ_o 均是一个关于时间的函数。锁相环的任务就是使它的输出信号 $u_o(t)$ 与输入信号 $u_i(t)$ 之间的相位保持一致,这样输出信号看上去就好像是输入信号的一个副本。

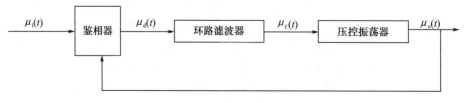

图 7.2　锁相环的基本构成

用来鉴别输入信号 $\mu_i(t)$ 与输出信号 $\mu_o(t)$ 之间相位差异的鉴相器可以简单地是一个乘法器。当 $\mu_i(t)$ 与 $\mu_o(t)$ 经鉴相器的乘法运算后,鉴相结果为

$$u_d(t) = u_i(t)u_o(t) = \\ U_i U_o \sin(\omega_i t + \theta_i)\cos(\omega_o t + \theta_o) = \\ K_d\{\sin[(\omega_i + \omega_o)t + \theta_i + \theta_o] + \sin[(\omega_i - \omega_o)t + \theta_i - \theta_o]\} \quad (7.2)$$

式中:$K_d = \frac{1}{2}U_i U_o$,为鉴相器增益。

当锁相环进入锁定状态后,其输出信号的角频率应当非常接近输入信号的角频率,于是式(7.2)中最后一个等号的右边第一项是角频率约为两倍于输入的高频信号成分,而第二项则为鉴相结果中有用的低频(或者说直流)信号成分。

环路滤波器通常是一个低通滤波器,其目的在于降低环路中的噪声,使滤波结果既能真实地反映滤波器输入信号的相位变化情况,又能防止由于噪声的缘故而过激地调节压控振荡器。当鉴相器输出信号 $\mu_d(t)$ 经过一个理想的低通环路滤波器后,它的高频信号成分和噪声被滤除,于是滤波器的输出信号 $\mu_f(t)$ 就等于 $\mu_d(t)$ 中的低频信号成分,即

$$u_f(t) = K_d K_f \sin\theta_e(t) \quad (7.3)$$

7.3 码环和基带处理

在码环和载波环分别彻底地剥离了数字中频信号中的 C/A 码和载波后,尚留存在接收信号中的则是完整无损的导航电文数据比特。接收机在完成信号跟踪阶段后,还需要完成位同步和帧同步这两个阶段的任务。只有找到了数据比特边沿以实现位同步,接收机才能将接收信号一比特接着一比特地划分开来。在实现位同步之后,只有找到了子帧边沿以实现帧同步,相邻的每 30 个数据比特才能被正确地划分成一个个有结构意义的字,并最终从字中解译出有实用价值的导航电文参数。[3-4]

7.3.1 码环

码环的主要功能是保持复制 C/A 码与接收 C/A 码之间的相位一致,从而得到对接收信号的码相位及其伪距测量值。码环与上一章所介绍的载波环联系紧密,彼此互相支持,它们一起共同组成接收机的信号跟踪环路,完成各种基带数字信号处理任务。

首先详细地介绍码环,包括其环路结构、相关运算、非相干积分、相位鉴别器以及测量误差和跟踪门限等。其次将载波环和码环组合起来,并讨论信号跟踪环路运行中的锁定检测。之后将解释接收机在跟踪信号的同时所需完成的其他多项基带数字信号处理任务,这主要包括位同步、帧同步、奇偶检验和测量值的生成等。

码环能够自适应地跟踪接收信号中码相位,保持本地码即时码与接收信号中的

伪码同步。而码环有相干和非相干两种方式,由于相干方式需要本地载波和接收到的载波相位相关,但是在信噪比较低的情况下并不容易得到与接收信号载波相关的相位信息,所以大多数情况下码环采用非相干方式[5-7]。非相干方式是指将本地伪码分为超前(E)和滞后(L)两路信号,每一路信号都是经过载波剥离的同相正交两个支路的能量的和,如图7.3所示,码环鉴相器就是利用E与L两路信号得到接收信号中的伪码与本地即时码之间的相位差∇t。

$$\nabla t = \frac{E - L}{E + L} \tag{7.4}$$

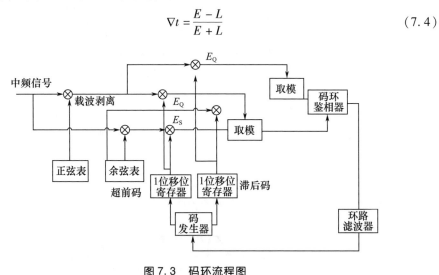

图 7.3 码环流程图

得到∇t之后将其送入码环滤波器滤除噪声,然后反馈到码发生器,来调节产生码的速率,如图7.4所示。当$\nabla t > 0$时,$E > L$为图中的第4种情况,本地即时(P)码相位滞后于信号中的伪码相位;当$\nabla t < 0$时为第1或第2种情况,本地即时码相位超前于接收信号中的伪码;当$\nabla t \approx 0$时,即时码与接收到的信号的伪码相位基本一致,此时码环进入了稳定工作状态。

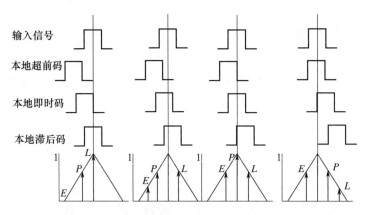

图 7.4 伪码超前、滞后、即时码相位之间的关系

7.3.2 信号捕获

尽管伪卫星的中心频率固定,但由于伪卫星的时钟采用的一般是与接收机类似的、价格相对较便宜的晶体振荡器,通常情况下会产生一定的晶体振荡频率漂移,因此导致伪卫星接收机实际接收到的卫星载波信号的中心频率一般不再等于信号发射时的标称频率。同时接收机时钟相对于伪卫星时钟不固定,因此伪卫星接收机的捕获过程一般是通过对伪卫星信号的载波频率和码相位这两个参数进行二维式扫描搜索完成的,一旦扫描信号被确认,那么该信号的捕获过程即结束[8]。图7.5中给出了伪卫星信号的搜索图,接收机依次对伪卫星进行二维搜索,其中f_{bin}为搜索步长,每个频带对应着一个载波频率搜索值,t_{bin}为码带宽度,每个码带对应一个码相位搜索值。接收机在搜索单元上搜索时,所复制的频率和码相位对应该搜索单元的中心点位置。若接收机成功捕获了信号,则它对信号载波频率的估计值误差不大于半个频带,对码相位的估计误差同样不大于半个码带宽度。图7.5中:f_{est}为估计得到的当前频率值;f_{unc}为频域在f_{est}基础上左右搜索频率范围;T_{est}为估计得到的码相位值;t_{unc}为在t_{est}基础上时域的码相位搜索范围。

在接收机对某个伪卫星信号进行捕获的过程中,数字中频首先与在一个通道的同相支路的正弦和正交支路上的余弦复制载波进行混频,然后混频结果与扩频码进行相关,然后相关结果i和q经过相干积分后生成数据对I和Q,后经非相干积分得到非相干幅值v,若超过搜索门限值则搜索到,否则继续搜索。

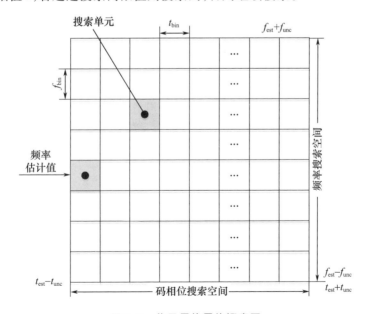

图7.5 伪卫星信号的搜索图

具体计算过程如下:假设相干积分值I和Q分别可表达为

$$I(n) = aD(n)R(\tau)\operatorname{sinc}(f_e T)\cos\phi_e + n_I$$
$$Q(n) = aD(n)R(\tau)\operatorname{sinc}(f_e T)\sin\phi_e + n_Q \tag{7.5}$$

式中:a 为信号幅值;τ 为接收码相位与搜索码相位之间的差异;n_I 和 n_Q 为两支路上均值为 0 且互不相关的正态噪声。

则

$$V = \sqrt{I^2(n) + Q^2(n)} = aR(\tau)|\operatorname{sinc}(f_e T)| \tag{7.6}$$

若相干积分数目为 N,则

$$V = \frac{1}{N}\sum_{n=1}^{N}\sqrt{I^2(n) + Q^2(n)} \tag{7.7}$$

图 7.6 为伪卫星接收机信号捕获过程示意图。

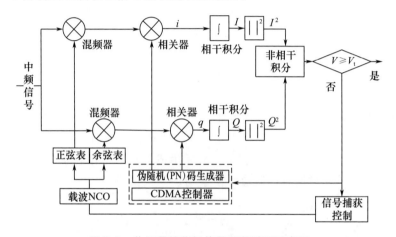

图 7.6 伪卫星接收机信号捕获过程示意图

为了确定捕获门限 V_t 的大小,我们首先要掌握作为检测量的积分值 V 的概率分布情况。假设 I/Q 两路积分结果中的噪声均呈均值为零、方差为 σ_n^2 的正态分布,那么卫星信号存在时 V 呈赖斯分布,信号不存在时呈瑞利分布。赖斯分布的概率密度函数如式(7.8)所示,瑞利分布的概率密度函数如式(7.9)所示。

$$f_1(x) = \frac{x}{\sigma_n^2} e^{-\frac{x^2+a^2}{2\sigma_n^2}} I_0\left(\frac{xa}{\sigma_n^2}\right) \tag{7.8}$$

式中:a 为常数;$x > 0$;$I_0(\cdot)$ 为第一类零阶修正贝塞尔函数。

$$f_r(x) = \frac{x}{\sigma_n^2} e^{-\frac{x^2}{2\sigma_n^2}} \tag{7.9}$$

合理地选取捕获门限 V_t 的大小是信号捕获取得良好性能的关键的一步,图 7.7 画出了以上两个函数的大致轮廓,由图可看出门限值过小容易造成虚警(FA),即卫星信号实际不存在而接收机却声明捕获到了信号,其中噪声、伪码自相关函数旁瓣和互相关干扰是造成虚警错误的根本原因,而门限值过大时又容易造成漏警(MA),即接收机捕获不到实际上存在着的卫星信号。通常先根据需求设置一个虚警概率,然后根据此虚警概率计算出相应的捕获门限值 V_t。当卫星信号不存在时检测量 V 呈瑞利分布,所以门限值 V_t 所对应的虚警概率为

$$P_{fa} = \int_{v_t}^{\infty} f_r(x)dx = \int_{v_t}^{\infty} \frac{x}{\sigma_n^2} e^{-\frac{x^2}{2\sigma_n^2}} dx = e^{-\frac{v_t^2}{2\sigma_n^2}} \quad (7.10)$$

因此

$$V_t = \sigma_n \sqrt{-2\ln P_{fa}} \quad (7.11)$$

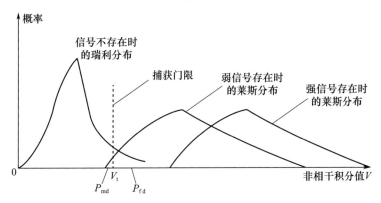

图 7.7 非相干积分值的概率分布

在给定噪声信号功率和虚警概率后通过下式可以计算捕获门限,一旦捕获门限被选定,那么一个实际存在的信号能够被检测出来的检测概率 P_d 为

$$P_d = \int_{v_t}^{\infty} f_1(x)dx = 1 - P_{md} \quad (7.12)$$

式中:P_{md} 为信号捕获的漏警概率。从图 7.7 所示的门限的设置与相应的漏警概率 P_{md} 和虚警概率 P_{fd} 的大小关系可以看出:当卫星信号较强时检测量超过门限值 V_t 比较容易,当卫星信号较弱时莱斯分布的概率密度曲线与瑞利分布有一部分是重叠在一起的,所以信号捕获要保持一个较小的虚警概率则漏警率会高,弱信号不能被检测出来的概率就增大。一般情况下,理论上计算出的门限值只是限定了一个基准,至于最后门限值的确定还要通过大量的试验统计,以理论值为基础、统计值为辅助来确定。

7.3.3 信号跟踪

完成信号捕获后,伪卫星接收机就对信号的载波频率和码相位有了粗略估计,对于载波频率的估计大约是几百赫,对测距码相位的估计在 ±0.5 个码片的范围内,但这个精度还不能实现导航电文数据的解调,解调电文必须进入稳健的跟踪后才能进行。由于存在信号多普勒频移和本地钟漂的影响,接收机需要实时更新载波数字控制振荡器(NCO)和测距码 NCO,否则跟踪的信号就会失锁。

信号跟踪的主要任务之一是对 BD 信号中的载波分量进行跟踪,之二是对测距码分量进行跟踪,这两个跟踪环路要紧密融合在一起。因此,码环和载波跟踪环路共同组成了跟踪环路。[9]

载波跟踪环路的主要任务是动态更新载波频率,使其与接收伪卫星信号载波信号频率或者相位相同。伪卫星信号的导航电文速率为 50bit/s,为了避免导航电文翻转带来的鉴相误差,载波跟踪环通常采用 Costas 环,它对 180°相位翻转不敏感。

码环的主要任务是动态调节本地 C/A 码相位,使之与接收信号码相位相同。通常复制出超前(E)、即时(P)和滞后(L)3 路本地码即时码,3 路码相位各相差半个码片,这样 3 个复制码与信号进行相关后,就可以通过相应的鉴别算法,推算出相关值的最大位置,继而可以得到正确的伪码相位,这就是码环复制 3 种不同码相位的伪码的原因。

这里采用的跟踪环路结构如图 7.8 所示。

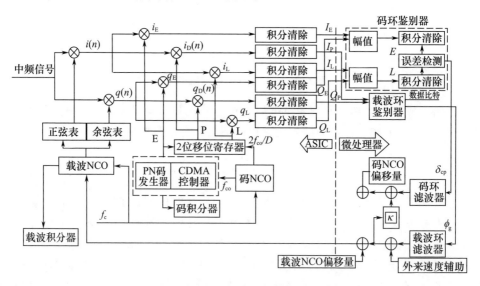

图 7.8 跟踪环路结构

如图 7.8 所示,处理信号的流程为:首先,输入的数字中频信号 $S_{IF}(n)$ 先与本地复制的正弦信号和余弦信号进行混频相乘得到 I/Q 两路相关信号,接着,3 路本地复制码分别与 I/Q 两路结果进行相关积分得 6 路相关结果;然后,6 路相关结果分别经积分清除器输出相干积分值 I_E、I_P、I_L、Q_E、Q_P、Q_L;再后,将相干积分值 I_P、Q_P 输入载波环鉴别器,其他两路的相关积分值输入码环鉴别器;最后将经过环路滤波后的结果用来调节各自的载波 NCO 和码 NCO 的输出相位和频率等状态,形成一个封闭的环路。由于存在多普勒频移,因此在调节码 NCO 的时候需要载波辅助以使码跟踪环路更紧密地运行。

其中整个环路鉴别器性能的优劣会直接影响到环路是否能稳健地跟踪上信号,码环和载波环路都会引入各自的环路鉴别器。

1) 码环鉴别器

码环鉴别器是利用非相干超前减滞后幅值法进行鉴相处理,该鉴别器运算量较小且输入误差在 0.5 个码基时,产生真实的跟踪误差。码相位差异为

$$\delta = \frac{1}{2} \times \frac{E - L}{E + L} \quad (7.13)$$

式中:$E = \sqrt{I_E^2 + Q_E^2}$,$L = \sqrt{I_L^2 + Q_L^2}$。由式(7.13)知道,只有当 E 和 L 的值相等,级超前幅值和滞后幅值相等的时候 δ 才为零。

码环鉴别器的工作原理如图 7.9 所示,只有在 E 和 L 的值相等时,也就是当 δ 值为零的时候,本地复制的即时 C/A 码相位与接收信号的 C/A 码相位相同。不需要对本地的复制码相位进行调整,否则根据 δ 的大小来调整本地复制的码相位,直到码相位差异 δ 小于某一设定的值为止。

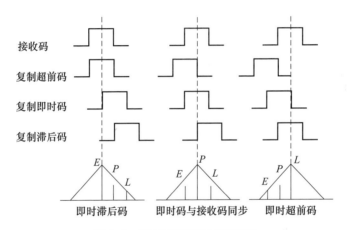

图 7.9 码环鉴别器的工作原理

2) 载波环路鉴别器

当载波环路鉴别器用来鉴别输入的载波和复制的载波相位差异时,相应的载波跟踪环路称为相位锁定环路。当载波环路鉴别器用来鉴别输入载波与复制载波之间的频率差异时,称该载波跟踪环路为频率锁定环路(FLL)。

载波跟踪环路采用二阶锁频辅助三阶锁相环路方案,锁相环的窄噪声带宽使其可精密地跟踪信号,而且数据解调比特错误率较低,缺点是当噪声较大时信号容易失锁。锁频环的噪声带宽较宽,能跟踪信噪比较低的信号,对数据比特解调不敏感且跟踪不够精确。载波环鉴别器及其特性如表 7.1 所列。

表中:$P_{\text{dot}} = I_P(n-1)I_P(n) + Q_P(n-1)Q_P(n)$;$P_{\text{cross}} = I_P(n-1)Q_P(n) + Q_P(n-1) \cdot I_P(n)$;$I_P$ 为 I 路积分结果;Q_P 为 Q 路积分结果;n 和 $n-1$ 表示历元;φ_e 表示相位。

表 7.1 载波环鉴别器及其特性

锁定环路	鉴别器算法	特性	用法
锁频环	$\omega_e(n) = \dfrac{\arctan 2(P_{cross}, P_{dot})}{t(n) - t(n-1)}$	牵引的范围比较大,并且其鉴频结果与信号幅值无关	捕获牵引到跟踪环路时使用
	$\omega_e(n) = \dfrac{P_{cross} \cdot \text{sign}(P_{dot})}{t(n) - t(n-1)}$ 式中:sign(·)为符号函数	能检测出数据比特的跳变引起的 180°相位翻转,但是频率的牵引范围比较小,鉴频结果与信号的幅值的平方成正比	跟踪环路锁定时使用
锁相环	$\varphi_e = \arctan\dfrac{Q_P(n)}{I_P(n)}$	当实际相位差异在 ±90°范围内时,该鉴相器能一直保持线性状态,而且输出的鉴相结果与幅值没有关系	稳定跟踪信号后使用

7.3.4 基带处理

在完成捕获跟踪后,下一步的工作就是对卫星信号进行同步解调电文,从中获取导航电文信息以及卫星发射时间,计算接收机位置。主要由位同步、帧同步、电文提取和位置解算 4 部分组成。

1) 位同步

在载波跟踪环中,接收机中的位同步也可以称为比特同步,位同步的过程就是找到卫星信号中数据比特的位置边缘过程。如果信号的数据比特边缘不能确定,接收机就不能完成卫星信号的提取和导航电文的解调。位同步算法有多种,主要思路为以下 3 点:第一,如果相邻两个 1 ms 宽的比特数值发生跳变,那么只可能在数据比特的边沿的地方;第二,接收机接收到的伪卫星信号中所含的导航电文比特数据中,一定存在着跳变;第三,每一个数据比特宽度的起始沿在时间上必定和某个 C/A 码周期中的第一个码片的起始沿重合。根据导航电文数据比特和 C/A 码的同步性,在本设计中采用直方图算法。

直方图算法的基本原理是通过统计一段时间 T 发生跳变的次数以及发生跳变的地方,从而判断最为可靠的比特边沿,其算法如图 7.10 所示。

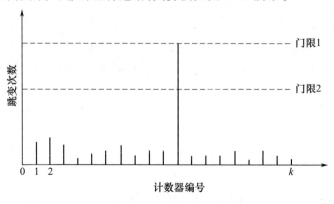

图 7.10 实现位同步的直方图算法

首先定义 k 个计数器,k 为该系统导航电文的数据比特的长度,单位为 ms。如中圆地球轨道(MEO)卫星导航电文长度为 20 ms,那么就定义 20 个计数器。然后对跟踪环路依次输出的 1ms 的数据比特信息进行一次循环编号 $(0 \sim k-1)$,如果相邻的 2ms 之间的数据比特发生跳变,则相对应的计数器值加 1,否则计数器的值保持不变。根据导航电文反转的概率,设定两个门限值,当计数器中有且只有一个值超过门限 1 和门限 2 的时候,就表示位同步成功,否则表示位同步失败。门限 N_1 的取值公式为

$$N_1 = p \times \frac{T}{T_{bs}} \qquad (7.14)$$

式中:T 为统计的时间长度,单位为 s;p 为电文比特跳变的概率;T_{bs} 为导航电文的长度,单位为 s。

门限 N_2 的取值公式为

$$\frac{T}{T_{bs}}P_{es} \leq N_2 \leq p \times \frac{T}{T_{bs}} - 3\sqrt{\frac{T}{T_{bs}}P_{es}(1-P_{es})} \qquad (7.15)$$

式中:$P_{es} = 2P_e(1-P_e)$,P_{es} 为跳变比特概率,P_e 为载波环发生 1 ms 宽解调错误比特概率。

2) 帧同步

接收机在实现位同步后就知道了导航电文数据比特的数据起始沿,接下来的任务是完成信号的帧同步过程。帧同步过程相当于找到每个子帧头同步的过程,在伪卫星播报的电文中,帧同步码一共 8bit,在导航电文的每一子帧第 1~8bit 中播发,其值为"10001011"。由于载波跟踪环解调出来的数据比特存在着 180°的相位模糊度,因此原本值为"10001011"的帧同步码有可能被接收机解调成其反相值"01110100",那么除了认为同步码被确认找到后,还应该将载波跟踪环解调出来的数据比特都做正相(或者反相)处理,从而解决载波跟踪环路解调数据比特时 180°的相位模糊问题。

由于导航电文的数据比特中"0"和"1"的数值是随机出现的,而随机产生的 11 位连续比特有可能刚好为帧同步码或者其反相码,因此在做帧同步处理中常常需要进行奇偶校验,只有满足奇偶校验方程才最终确定是否真正的帧同步。

最后进行导航电文解析。接收机在完成信号的捕获、跟踪之后,就需要对导航数据进行处理,将其转换为数据比特,并在导航数据比特中寻找子帧,进行奇偶校验,得到导航电文。导航电文包含导航信息的数据码,包括工作状态、时钟改正、发射机坐标等导航信息。

7.4 GNSS 芯片及定位 IP 软核

图 7.11 是 GNSS/伪卫星导航芯片的定位软核的实现方法。其基本原理是在商

品化GNSS芯片的IP软核模块中,加入输出伪距和载波相位测量数据、原始导航电文接口,编辑成RTCM标准格式,通过高速串口输出给上层处理器,用于高精度伪卫星/GNSS组合定位计算。

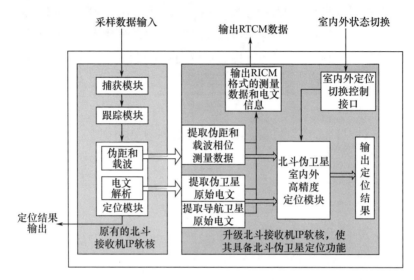

图7.11　GNSS/伪卫星导航芯片的定位软核的实现方法(见彩图)

7.5　伪卫星信号失锁

GNSS伪卫星接收机是在商用导航芯片的基础上,不改变芯片硬件,只通过嵌入伪卫星定位IP软核的方式实现兼容GNSS/伪卫星信号。由于现有的商用导航芯片多应用在较为开阔的室外环境,所以室内搭建伪卫星定位系统面临着更加复杂的信号传播问题:反射信号相比室外环境信号强度更强、与直射信号之间的时间延迟更小。这会影响到观测值的质量和信号的正常跟踪,使得接收机在室内环境运动时无法持续锁相并输出载波相位观测值。

在伪卫星室内实际测试过程中发现,即使通过基准接收机同步排除了时间同步的影响,通过调整卫星发射功率削弱了远近效应的影响,室内环境中复杂的信号传播效应依然为信号接收和观测值提取带来了极大的挑战。伪卫星接收机经常会在运动到某一点时,某颗伪卫星信号的载噪比急剧下降,造成接收机锁相环失锁,导致观测值中有周跳,需要重新确定整周模糊度。

7.6　伪卫星接收机数据处理

接收机本身误差和外界多径效应等因素,会导致接收机载波锁相环路失锁、丢星,发生周跳。其中多径对于载波相位的影响在四分之一周之内,因此准确的载波相位值是精确定位的关键。

基于上述情况,需重点设计自主完好性评估系统和多径抑制处理系统。其中:自主完好性评估软件功能包括将周跳检测、丢星重复、数据完好性检测和载波相位噪声计算等信息及时反馈给用户;多径抑制处理系统功能包括室内多径误差提取、多径误差建模和误差抑制。

7.6.1 自主完好性处理

在以载波相位定位为主的伪卫星系统中,对伪距变化量的分析将以载波相位的变化为主。在单频情况下,以多普勒频移法为例,多普勒频移法检测的周跳精度主要与多普勒观测量的观测精度以及采样间隔有关;在较高的采样频率下,多普勒频移法具有较高的灵敏度,可以用于动态定位;而对于静态定位,可以使用较低的采样频率快速地进行解算。

7.6.1.1 周跳探测

是否能够准确检测和修复周跳是室内接收机观测值质量的重要指标。可采用相邻历元间多普勒与载波相位差的关系进行周跳检测,采样间隔为 0.1s,计算方法如式(7.16)至式(7.18)所示,其中 D 表示多普勒信息。当发生周跳时,公式不再成立,将根据等式两边的差值求解周跳具体数目。

$$\Delta\phi_{\text{Li}1} = \phi_{\text{Li}}(t) - \phi_{\text{Li}}(t-1) \tag{7.16}$$

$$\Delta\phi_{\text{Li}2} = -[D_{\text{Li}}(t) + D_{\text{Li}}(t-1)]dt/2 \tag{7.17}$$

$$N = \text{round}(\Delta\phi_{\text{Li}1} - \Delta\phi_{\text{Li}2}) \tag{7.18}$$

式中:$\Delta\phi_{\text{Li}1}$ 为历元间的载波相位差,Li 表示 L 频段第 i 个历元;$\phi_{\text{Li}}(t)$ 为当前历元载波相位;$\phi_{\text{Li}}(t-1)$ 为上一个历元载波相位;dt 为相邻历元间的时间差;$\Delta\phi_{\text{Li}2}$ 为根据多普勒值计算的载波相位差;$D_{\text{Li}}(t)$ 为当前时刻多普勒值;N 为计算得出的周跳数目;round 表示取整。

7.6.1.2 丢星与重捕

输入当前场景中最多可见伪卫星数目以及对应的编号,根据式(7.19)得到丢星与重捕结果。Δn_t 大于 0 为重捕,小于 0 为丢星。

$$\Delta n_t = n(t) - n(t-1) \tag{7.19}$$

式中:Δn_t 为伪卫星数目变化量;$n(t)$ 为当前历元伪卫星数目;$n(t-1)$ 为上一历元伪卫星数目。

7.6.1.3 数据完整性检测

单频点观测数据完整率和单系统观测数据完整率按式(7.20)和式(7.21)计算。分别在不同伪卫星仰角下的不同接收区域内进行评估。

$$D_f = \left(\frac{\sum_{j=1}^{n} A^j}{\sum_{j=1}^{n} B^j} \right) \times 100\% \tag{7.20}$$

$$D_g = \left(\frac{\sum_{j=1}^n C^j}{\sum_{j=1}^n D^j} \right) \times 100\% \qquad (7.21)$$

式中：D_f 为单频点观测数据完整率；n 为在观测时间段内观测的卫星总数；A^j 为在观测时间段内第 j 颗卫星在某频点的实际观测历元总数；B^j 为在观测时间段内第 j 颗卫星在某频点的理论历元总数；D_g 为单系统观测数据完整率；C^j 为在观测时间段内第 j 颗卫星所有频点均有效观测数据的历元数；D^j 为在观测时间段内第 j 颗卫星的理论历元总数。

7.6.1.4 载波相位噪声

对所有卫星在某个频点的载波相位噪声取平均值，作为各系统在某个频点的载波相位噪声，该噪声平均值可作为定位精度的重要参考。对各系统各频点的载波相位噪声取平均值，作为系统的载波相位噪声。

伪卫星载波相位噪声计算：

$$\Delta\phi_{ti} = \phi_{ti} - \phi_{t(i-1)} \qquad (7.22)$$

$$\Delta\Delta\phi_{ti} = \Delta\phi_{ti} - \Delta\phi_{t(i-1)} \qquad (7.23)$$

$$\Delta\Delta\Delta\phi_{ti} = \Delta\Delta\phi_{ti} - \Delta\Delta\phi_{t(i-1)} \qquad (7.24)$$

式中：i 表示第 i 个历元；$\Delta\phi_{ti}$ 为某频点相邻历元载波相位观测量组差值（一次差值），单位为周；$\Delta\Delta\phi_{ti}$ 为某频点相邻历元载波相位观测量一次差值的组差值（二次差值），单位为周；$\Delta\Delta\Delta\phi_{ti}$ 为某频点相邻历元载波相位观测量二次差值的组差值（三次差值），单位为周。

$$\sigma_\phi = \sqrt{\frac{1}{8 \times (N_\phi - 1)} \sum_{i=1}^{N_\phi} (\Delta\Delta\Delta\phi_{ti})^2} \qquad (7.25)$$

式中：σ_ϕ 为某频点相邻历元载波相位观测量三次差值的八分之一的标准差；N_ϕ 为某频点相邻历元载波相位观测量的三次差值的个数。

7.6.2 多径与钟漂抑制处理

伪卫星定位系统的钟漂会引起 GNSS 伪卫星接收机产生较大的伪距观测值误差，此外，多径和室内信号传播效应也会增加时钟同步误差。采用伪距双差测量值和伪卫星信号载噪比融合定位方法后，载噪比观测量不受时钟同步误差的影响，将伪距和载噪比在观测值域进行组合，可增加观测方程的稳定性。然后使用无迹卡尔曼滤波对坐标参数进行解算，进一步削弱线性化误差，有效提高了伪卫星室内定位精度。

7.6.2.1 随机模型构建

观测方程的随机模型能够更加合理地分配各观测方程在坐标解算中所起的作用，也能一定程度上抑制多径效应对定位结果的不利影响。在 GNSS 定位中，常用的随机模型主要有等权模型、基于卫星高度角的模型和基于载噪比或信噪比的模型。实际应用中，伪卫星一般静止安置在较高处，伪卫星的高度角对于信号质量的影响很小,并且没有对流层和电离层误差,因此,主要研究等权模型和载噪比模型对定位结果的影响。

等权模型假设各颗伪卫星的观测值误差符合相同的统计分布且互不相关,其权矩阵等于单位矩阵。在滤波过程中,观测噪声矩阵设置为

$$R = I \cdot \sigma^2 \tag{7.26}$$

式中:I 为单位矩阵;σ 为观测值标准差。

载噪比模型根据接收机接收到的信号强弱来进行定权,通常载噪比大小与伪卫星的信号质量成正比,载噪比越大,观测值的误差就越小。

$$\sigma_i = \sqrt{C_0 \cdot 10^{\frac{C/N_0}{10}}} \tag{7.27}$$

式中:C_0 为常量,大小为 $1.1 \times 10^4 \mathrm{m}^2$;$C/N_0$ 为载噪比。

7.6.2.2 加权质心

质心算法的主要实现原理为:对未知节点接收的附近锚节点的坐标信息求平均,获得锚节点的质心,该质心视为未知节点所在的位置。在锚节点分布均匀且充足的情况下,可获得较高的定位精度。传统算法没有考虑各锚节点位置信息的权重,忽略了观测数据的不同影响。为了提高定位精度,通常采用加权质心定位算法。用户接收机的位置可由下式计算得到:

$$P_u = (x_u, y_u, z_u) = \frac{\sum_{i=0}^{n} w_i P_{\mathrm{pl},i}}{\sum_{i=0}^{n} w_i} \tag{7.28}$$

式中:$P_{\mathrm{pl},i}$ 为第 i 颗伪卫星的坐标矢量;w_i 为相应的权重,决定了系统的定位精度。

定权的方式有许多种,核心都是利用未知节点和锚节点的距离来修正权值。本书中的权值由接收机接收到的伪卫星载噪比值计算得到,其表达式为

$$w_i = 10^{(C/N_0)_i/10} \tag{7.29}$$

式(7.29)反映了从载噪比测量值到距离的一种变换。使用载噪比对质心算法定权的优点是,在空旷无遮挡环境下与卫星高度角定权效果相似,在比较差的信号环境中也能拥有较好的性能。此外,载噪比不受时钟同步问题的影响,避免了由于钟漂造成的测距误差。

7.6.2.3 载噪比与伪距融合处理

质心算法的固有缺陷是其定位精度依赖锚节点的分布情况和布设密度。考虑到设备成本及功耗,一般较难通过增加伪卫星的数量来提升质心算法的定位精度。因此,在该方法基础上引入新的观测量信息或定位模式,通过增加冗余观测值,进行观测值域的组合,可以提升定位的精度与可靠性。本小节阐述将伪距和载噪比观测值进行融合处理,进而实现定位的方法。

为消除接收机钟差,对观测方程式(7.30)作星间单差可得伪距双差观测方程式(7.31):

$$\Delta P_{\mathrm{ref,rov}}^i = \Delta \rho_{\mathrm{ref,rov}}^i + c \cdot \Delta \delta t_{\mathrm{ref,rov}} + \Delta \varepsilon_{\mathrm{ref,rov}}^i \tag{7.30}$$

$$\nabla\Delta P_{\text{ref,rov}}^{i,j} = \nabla\Delta\rho_{\text{ref,rov}}^{i,j} + \nabla\Delta\varepsilon_{\text{ref,rov}}^{i,j} \qquad (7.31)$$

式中:Δ 为单差算子;$\nabla\Delta$ 为双差算子;$\Delta P_{\text{ref,rov}}^{i}$ 为移动站与基准站对第 i 颗伪卫星的伪距观测量之差;$\Delta\delta t_{\text{ref,rov}}$ 为移动站和基准站之间的接收机钟差;$\Delta\varepsilon_{\text{ref,rov}}^{i}$ 为移动站和基准站关于第 i 颗伪卫星观测量的非建模误差与观测噪声之差。

联立式(7.28)和式(7.30),得到新的观测方程:

$$\begin{cases} \sqrt{(x_u - x^j)^2 + (y_u - y^j)^2 + (z_u - z^j)^2} - \sqrt{(x_u - x^i)^2 + (y_u - y^i)^2 + (z_u - z^i)^2} = \\ \nabla\Delta P_{\text{ref,rov}}^{i,j} + \rho_{\text{ref}}^{j} - \rho_{\text{ref}}^{j} + \nabla\Delta\varepsilon_{\text{ref,rov}}^{i,j} \\ (x_u, y_u, z_u) = \left(\dfrac{\sum_{j=0}^{n} w_i x^i}{\sum_{j=0}^{n} w_j}, \dfrac{\sum_{j=0}^{n} w_j y^i}{\sum_{j=0}^{n} w_j}, \dfrac{\sum_{j=0}^{n} w_j z^i}{\sum_{j=0}^{n} w_j} \right) + \sum_{j=0}^{n} v_j \end{cases}$$

$$(7.32)$$

式中:x_u、y_u、z_u 为待解坐标;v_j 为观测噪声;$\left[\nabla\Delta\varepsilon_{\text{ref,rov}}^{i,j} \quad \sum_{j=0}^{n} v_j \right]^{T} \sim N(0, \boldsymbol{R})$,$\boldsymbol{R}$ 为观测噪声协方差矩阵。然后采用卡尔曼滤波算法进行定位解算,无需对上述方程进行线性化,利用确定的样本点来描述系统状态矢量估计值的分布情况,可以削弱伪卫星定位的线性化误差。

对于系统过程噪声方差矩阵 $\boldsymbol{Q}$ 和观测噪声方差矩阵 $\boldsymbol{R}$,由于是静态定位,$\boldsymbol{Q}$ 设为零矩阵,将观测噪声方差矩阵表示为

$$\boldsymbol{R} = \begin{bmatrix} \boldsymbol{\gamma}_{(n-1) \times (n-1)} & \boldsymbol{0}_{n-1 \times 3} \\ \boldsymbol{0}_{3 \times (n-1)} & \boldsymbol{\eta}_{3 \times 3} \end{bmatrix} \qquad (7.33)$$

式中:γ、η 分别为伪距和载噪比观测噪声误差矩阵,通过分析实际观测值的统计特性得到。

参考文献

[1] ZHANG Z, LI W, WEN W, et al. A configurable multi-band GNSS receiver for Compass/GPS/Galileo applications[C]// 2013 IEEE International Symposium on Circuits and Systems (ISCAS2013), IEEE, Beijing, May 19-23, 2013: 161-164.

[2] SREEJA V, AQUINO M, ELMAS Z G. Impact of ionospheric scintillation on GNSS receiver tracking performance over Latin America: introducing the concept of tracking jitter variance maps[J]. Space Weather-the International Journal of Research & Applications, 2011, 9(10): 156-163.

[3] HUMPHREYS T E, MURRIAN M, DIGGELEN F, et al. On the feasibility of cm-accurate positioning via a smartphone's antenna and GNSS chip[C]// 2016 IEEE/ION Position, Location and Navigation Symposium (PLANS), IEEE, Savannah, GA, April 11-14, 2016: 232-242.

[4] WANG L, GROVES P D, ZIEBART M K. Smartphone shadow matching for better cross-street GNSS

positioning in urban environments[J]. Journal of Navigation,2015,68(03):411-433.

[5] UCAR A,ADANE Y,BARDAK B,et al. A chip scale atomic clock driven receiver for multi-constellation GNSS[J]. The Journal of Navigation,2013,66(3): 449-464.

[6] SHEN J,CUI X,LU M. Initial frequency refining algorithm for pull-in process with an auxiliary DLL in pseudolite receiver[J]. Electronics Letters,2016,52(14):1257-1259.

[7] KIM D,PARK B,LEE S,et al. Design of efficient navigation message format for UAV pseudolite navigation system[J]. IEEE Transactions on Aerospace & Electronic Systems,2008,44(4):1342-1355.

[8] CIGANER A,JANKY J M. Cellular telephone using pseudolites for determining location:US6813500[P]. 2004-11-02.

[9] ENRIQUEZ-CALDERA R. Global navigation satellite systems:orbital parameters,time and space reference systems and signal structures[M]. New York:Springer,2017: 735-763.

第8章　GNSS 伪卫星标准与应用

GNSS 伪卫星的技术标准发展较慢,欧洲通信委员会针对 Galileo 伪卫星的未来应用,开展了相关标准研究,日本定义了 IMES 伪卫星信号接口控制文件,澳大利亚定义了 Locata 伪卫星接口控制文件。与此同时,GNSS 伪卫星的应用层出不穷,早期的 GPS 局域增强系统中使用 GPS 伪卫星,主要是为提高 GPS 的定位精度、连续性、可用性和完好性。而随着位置服务领域的发展,伪卫星作为 GNSS 的一种主要信号增强手段,在城市导航增强领域发展迅速。此外,也诞生了一些其他的典型应用场景,包括测绘、工业控制、军事导航和 GNSS 测试应用等。本章将对 GNSS 伪卫星的标准和应用场景进行总结和阐述。

8.1 伪卫星的相关标准

8.1.1 ECC 的伪卫星标准

欧洲通信委员会(ECC)[1-5]开展了不同频段的伪卫星兼容性分析(ECCRec128),主要分析伪卫星信号对 GNSS 接收机及其他带内无线电系统的影响。ECCRec183 和 168 定义了室内外伪卫星的管理框架,保证伪卫星在可控区域内应用。

1) ECCRec 128:伪卫星与频段服务的兼容性研究

欧洲通信委员会率先开展了伪卫星频谱兼容性分析方面的研究,报告内容如下:

(1) 伪卫星接收机跟踪卫星码、远近效应、噪声水平提高的影响。
(2) 室内环境中伪卫星的聚集效应。
(3) 1164~1215MHz 频段及 1215~1300 MHz 频段连续波 PL 工作结果分析。
(4) 脉冲伪卫星的规定。
(5) 伪卫星对其他服务或系统的影响。

2) ECCRec 183 和 ECCRec168:室内外 GNSS 伪卫星的监管框架

欧洲通信委员会认为室内外伪卫星的使用和安装部署需要受到以下监管:远近效应问题、噪声水平升高引起的干扰、伪卫星在 RNSS 频率分配中的监管现状、可附属于无线电频率使用权的技术和操作条件、非参与 GNSS 接收机的保护、RNSS 频段室外伪卫星系统监管方法的额外要求等。

8.1.2 日本 IMES 伪卫星接口文件

IMES 室内信息定位系统的设计初衷是实现室内定位,其信号与标准卫星定位系统信号的特性相似。然而,与标准的卫星定位方法完全不同,采用 IMES 伪卫星定位方法简单实用,只需对调制后的导航信息进行解调和解码就可以精确定位。采用 IMES 定位的唯一要求就是对现有 GPS 接收机进行定制。从这个方面来说,IMES 与日本准天顶定位卫星系统信号具有相似的优势,并推动了 QZSS 的研发升级。

日本宇宙航空研究开发机构(JAXA)定义了 IMES 伪卫星的接口控制文件,确保国际主流 GNSS 芯片支持 IMES 室内定位(例如 ublox、高通等)。IMES 伪卫星信号接口控制文件主要定义了兼容定位信号体制、PRN 码、电文结构及内容,同时也定义了接收机入口电平和室内安装发射机与地面距离计算公式。

8.1.2.1 IMES-L1C/A 信号特性

1)信号结构

(1)标称中心载波频率。

标称中心载波频率为 1575.4282 MHz,偏差为 $\pm 0.2 \times 10^{-6}$。1575.4118 MHz 频点将用于将来的扩展。

(2)PRN 扩频码频率。

PRN 频率是标称中心载波频率的 154 倍。

(3)PRN 扩频调制方法。

载波应通过伪随机噪声码和导航信息在 IMES-L1C/A 上进行 BPSK(1)调制。

(4)频带宽度。

信号带宽 2.046MHz。

2)信号强度

(1)接收机输入端的最小信号功率电平。

对于右旋圆极化增益为 0dBi 的接收天线,最小接收功率应在 -158.5dBW 及以上。

(2)接收机输入端的最大信号功率电平。

用于对右旋圆极化增益为 0dBi 的接收天线进行监测,当接收 GPS 信号的功率估算为 -158.5dBW 及以上时,IMES 的信号最大接收功率需为 -140dBW 及以下。

用于对右旋圆极化增益为 0dBi 的接收天线进行监测,当接收 GPS 信号的功率估算为 -158.5dBW 及以下时,IMES 的信号最大接收功率需为 -150dBW 及以下。

(3)发射器输出的最大信号功率电平。

等效全向辐射功率应为 -94.35dBW 或更低,配置在 IMES 信号发射器的输出端。

3)伪随机码

与 GPS L1 C/A 信号的 PRN 码相同的代码序列,编号 173~182。

4)导航电文

适用文件的相同字结构和调制方案。

比特率定义为"高速比特率"(250bit/s)和"与 GPS 兼容的比特率"(50bit/s)。

5）载波特性

（1）相关损耗。

相关损耗是指反向扩散所产生的发射功率与接收功率之差。相关损耗功率电平小于或等于 1.2dB。

（2）载波相位噪声。

伪随机码与导航信息叠加前，未调制载波的载波相位噪声应保持在频率为 10Hz 的锁相环 0.2rad(RMS) 时的相位跟踪水平。

（3）杂散特性。

在频带内，杂散功率电平为 -40dB 或小于未调制载波功率电平。

（4）圆极化特性。

采用右旋圆极化扩频信号或线性极化扩频信号。

8.1.2.2　IMES-L1C/A 导航电文

1）字结构

一个字由 30 位组成。为每个字设置字计数器。此外，每个字由 8 位前导码或 3 位字计数器、数据位（21 位或 16 位）和 6 位奇偶校验组成。

（1）字计数器。

每个字都有其"字计数器"。

并非取与前导码的前 3 位（"100"（B））相同的值，单字计数器采用 3 位值跃进辅助识别字段和帧。

设置字计数器如图 8.1 所示。

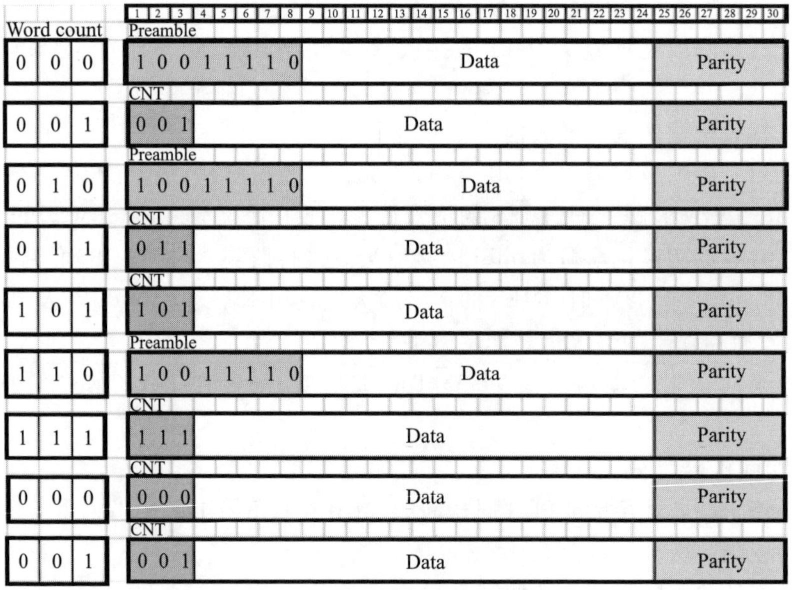

Word count			1 2 3 4 5 6 7 8	9 10 11 12 13 14 15 16 17 18 19 20 21 22 23 24	25 26 27 28 29 30
			Preamble		
0	0	0	1 0 0 1 1 1 1 0	Data	Parity
			CNT		
0	0	1	0 0 1	Data	Parity
			Preamble		
0	1	0	1 0 0 1 1 1 1 0	Data	Parity
			CNT		
0	1	1	0 1 1	Data	Parity
			CNT		
1	0	0	1 0 1	Data	Parity
			Preamble		
1	1	0	1 0 0 1 1 1 1 0	Data	Parity
			CNT		
1	1	1	1 1 1	Data	Parity
			CNT		
0	0	0	0 0 0	Data	Parity
			CNT		
0	0	1	0 0 1	Data	Parity

图 8.1　字计数器的示例（见彩图）

(2) 奇偶校验。

添加到 30 位字末尾的 6 位奇偶校验码与 GPS L1C/A 信号接口文件中规定的汉明码(Hamming code)相同,如图 8.2 所示。

```
Parity Encoding, Equations

D_1  = d_1 ⊕ D_30*
D_2  = d_2 ⊕ D_30*
D_3  = d_3 ⊕ D_30*
  ·        ·
  ·        ·
  ·        ·
D_24 = d_24 ⊕ D_30*
D_25 = D_29* ⊕ d_1 ⊕ d_2 ⊕ d_3 ⊕ d_5 ⊕ d_6 ⊕ d_10 ⊕ d_11 ⊕ d_12 ⊕ d_13 ⊕ d_14 ⊕ d_17 ⊕ d_18 ⊕ d_20 ⊕ d_23
D_26 = D_30* ⊕ d_2 ⊕ d_3 ⊕ d_4 ⊕ d_6 ⊕ d_7 ⊕ d_11 ⊕ d_12 ⊕ d_13 ⊕ d_14 ⊕ d_15 ⊕ d_18 ⊕ d_19 ⊕ d_21 ⊕ d_24
D_27 = D_29* ⊕ d_1 ⊕ d_3 ⊕ d_4 ⊕ d_5 ⊕ d_7 ⊕ d_8 ⊕ d_12 ⊕ d_13 ⊕ d_14 ⊕ d_15 ⊕ d_16 ⊕ d_19 ⊕ d_20 ⊕ d_22
D_28 = D_30* ⊕ d_2 ⊕ d_4 ⊕ d_5 ⊕ d_6 ⊕ d_8 ⊕ d_9 ⊕ d_13 ⊕ d_14 ⊕ d_15 ⊕ d_16 ⊕ d_17 ⊕ d_20 ⊕ d_21 ⊕ d_23
D_29 = D_30* ⊕ d_1 ⊕ d_3 ⊕ d_5 ⊕ d_6 ⊕ d_7 ⊕ d_9 ⊕ d_10 ⊕ d_14 ⊕ d_15 ⊕ d_16 ⊕ d_17 ⊕ d_18 ⊕ d_21 ⊕ d_22 ⊕ d_24
D_30 = D_29* ⊕ d_3 ⊕ d_5 ⊕ d_6 ⊕ d_8 ⊕ d_9 ⊕ d_10 ⊕ d_11 ⊕ d_13 ⊕ d_15 ⊕ d_19 ⊕ d_22 ⊕ d_23 ⊕ d_24

Where
  d_1, d_2, ..., d_24 are the source data bits;
  the symbol ★ is used to identify the last 2 bits of the previous word of the subframe;
  D_25, D_26, ...., D_30 are the computed parity bits;
  D_1, D_2, ..., D_29, D_30 are the bits transmitted by the SV;
  ⊕ is the "modulo-2" or "exclusive-or" operation.
```

图 8.2 奇偶校验算法

2) 帧结构

一帧由一个字的整数倍数构成,如图 8.3 所示。此图用 3 个字/帧表示示例。在超过 4 个字/帧的情况下,必要时在第二个字之后重复 3 位单字计数。

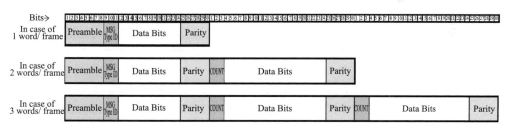

图 8.3 帧结构定义(见彩图)

第一个字带有 8 位前导码,后面跟着 3 位消息类型 ID(MID)。除 3 位单字计数器和 6 位奇偶校验外,其余位均为数据位。

(1) 同步头。

添加到每个帧的第一个字的开头的 8 位同步头是 9E(H),用于标识每个字,并且用该前导码辅助帧段。

（2）导航电文类型 ID。

3 位导航电文类型 ID，添加到每个帧的第一个字的前导码中，用于指示其帧长度和内容。

表 8.1 列出了导航电文类型 ID 值及其相关的帧长度、内容和最大重复周期。

最大重复周期指 IMES 发射器会发送绝对位置信息的周期。因此，即使没有处理紧急灾情的数据服务器，用户也能得到身份型信息和绝对位置信息。

表 8.1 导航电文类型 ID 值

MID	帧长度/字	内容	最大周期/s
0（ ="000"$_{(B)}$）	3	位置 1	12
1（ ="001"$_{(B)}$）	4	位置 2	
2（ ="010"$_{(B)}$）	—	—	—
3（ ="011"$_{(B)}$）	1	短 ID	—
4（ ="100"$_{(B)}$）	2	中等 ID	—
5（ ="101"$_{(B)}$）	—	保留	—
6（ ="110"$_{(B)}$）	—	保留	—
7（ ="111"$_{(B)}$）	—	保留	—

3）电文内容

（1）消息类型 ID（MID）"000"（B）位置数据 1。

当 MID 为"000"（B）时，帧长度为 3 个字，其内容表示位置数据 1（层号（FL）、纬度和经度）。此外，这些位置数据是"使用假设域上的位置信息"，可能不同于"IMES 发射器本身显示的位置信息"。"IMES 发射器本身显示的位置信息"将由 IMES 管理员注册进数据库进行管理。运行时，该位置数据将与地理测量所定义和管理的"Ucode"位置数据代码一致。

帧结构如图 8.4 所示，IMES-L1CA 的天线坐标格式定义见表 8.2。

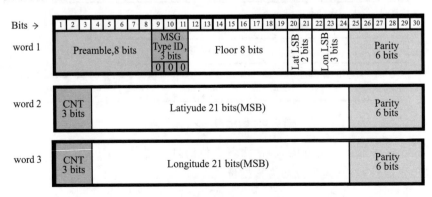

图 8.4 导航电文的帧结构图（位置数据 1）（见彩图）

表 8.2 IMES-L1CA 的天线坐标格式定义(位置数据 1)

序号	内容	位长度	尺度因子	最小值	最大值	单位
1	楼层	8	1	-50	204	FL
2	纬度	23	$90/2^{22}$	*2("*"表示"乘")		(°)
3	经度	24	$180/2^{22}$	*2		(°)

① 楼层号。

第 1 个字位 12~19 表示信号发射器所在的层号,FL(th)是单位。

位(Bits)是无符号的 8 位,比例系数是一个下限。如下所示,通过将偏移量设置为 -50[FL],-50[FL] 到 +204[FL] 表示这些位的范围。此外,"1111111"(B)[FL] 表示"室外"。

$$层号 = 2^{层号位} - 50[FL]$$

② 纬度。

第 2 个字的位 4 是有符号位,位 5~24 作为最高有效位(MSB),第 1 个字的位 20 和 21 作为最低有效位(LSB),指示发射器所在的纬度,单位是(°)。

总共 23 位是有符号位,比例系数为 $90°/2^{22}$,范围大于或等于 -90°,但当使用有符号位时则小于 +90°。它相当于南北方向距离约 2.4m。

③ 经度。

第 3 个字的位 4 是有符号位,位 5~24 作为 MSB,第一个字的位 22~24 作为 LSB,指示发射器所在的经度,单位是(°)。

总共 24 位是有符号位,比例系数是 $180°/2^{23}$,范围从 0°~ +180°(大于或等于 -180°,当使用有符号位时则小于 +180°)。它相当于赤道上东西方向距离约 2.4m。

(2) 消息类型 ID(MID)"001"(B)位置数据 2。

当 MID 为"001"(B)时,该帧长度为 4 个字,其内容表示"位置数据 2"(层号、纬度、经度、高度和 IMES 精度指数)。帧结构如图 8.5 所示,IMES-L1CA 的天线坐标格式定义见表 8.3。

表 8.3 IMES-L1CA 的天线坐标格式定义(位置 2)

序号	内容	位长度	尺度因子	最小值	最大值	单位
1	楼层	8	1	-50	204	FL
2	纬度	23	$90/2^{22}$	*2		(°)
3	经度	24	$180/2^{23}$	*2		(°)
4	高度	12	1	-95	4000	m
5	精度指数	2		0	3	

① 楼层号。

第 1 个字位 12~20 指示发射器所在的层号,FL(th)是单位。

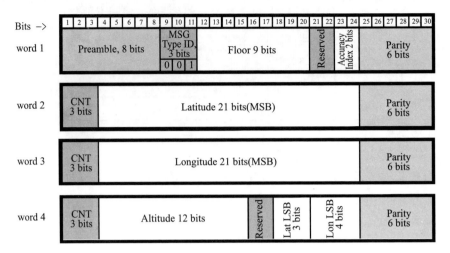

图 8.5　导航电文帧结构(位置数据2)

位是无符号的 9 位,比例系数(LSB)是 0.5 层。如下所示,通过将偏移量设置为 $-50[FL]$, $-50[FL]$ 到 $+205[FL]$ 表示这些位的范围。此外,"1111111"(B)[FL]表示"室外"。

$$楼层号 = 0.5 \times 2^{层号位} - 50 (FL)$$

② 纬度。

第 2 个字的位 4 是有符号位,位 5 ~ 24 作为 MSB,第 4 个字的位 18 ~ 20 作为 LSB,指示发射机所在的纬度,单位是度。

总共 24 位是有符号位,比例系数(LSB)是 $90°/2^{23}$,范围是大于或等于 $-90°$,当使用有符号位时则小于 $+90°$。它相当于南北方向距离约 1.2m。

③ 经度。

第 3 个字的位 4 是有符号位,位 5 ~ 24 作为 MSB,第 4 个字的位 21 ~ 24 作为 LSB,指示发射器所在的经度,度是单位。

总共 25 位是有符号位,比例系数(LSB)是 $180°/2^{24}$,范围是大于或等于 $-180°$,当使用有符号位时则小于 $+180°$。它相当于赤道上东西方向距离约 2.4m。

④ 高度。

第 4 个字位 4 ~ 15 指示发射器所在的高度,单位是 m。

这里 12 位高度位是无符号位,如下式所示,通过将偏移量设置为 $-95m$,指示值范围是从 $-95 ~ +4000m$。

$$高度 = 2^{高度位} - 95 (m)$$

⑤ IMES 精度指数。

当用户以接收功率电平 $= -160dBW(EIRP)$ 收到发射器发出的电波时,第 1 个字的位 23 ~ 24 指示所预估的位置数据的精度(误差)。IMES 定位精度指数的值取 0 ~ 3 的整数。IMES 精度指数和 IMES 定位精确性之间的关系见表 8.4。

表 8.4　IMES 精度指数和 IMES 定位精确性之间的关系

IMES 精度索引	IMES 定位精度/m
0(="00"$_{(B)}$)	
1(="01"$_{(B)}$)	IMES 定位精度小于 7.0
2(="10"$_{(B)}$)	7.0≤IMES 定位精度<15.0
3(="11"$_{(B)}$)	15.0≤IMES 定位精度

IMES 定位精确性由以下公式计算,根据表 8.4,对应结果的 IMES 定位精度指数值存储在适用位中。

$$r = \sqrt{\left(\frac{\lambda}{4\pi} \times 10^{\frac{P_t - P_r}{20}}\right)^2 - (H_t - H_r)^2}$$

式中:r 为 IMES 精确度(m);λ 为发送信号的波长(m);H_t 为发射器天线高度(m);H_r 为接收机天线高度(m);P_t 为发射功率等级(EIPR)(dBW);P_r 为接收功率等级(EIPR)(=−160(dBW))。

计算 IMES 定位精确度公式示例见图 8.6,在接收机中可以由该精度指数和接收功率电平计算出更精确的位置信息。

发射功率/dBW	\multicolumn{15}{c}{发射机天线高度/m}
	2.5	3.0	3.5	4.0	4.5	5.0	6.0	7.0	8.0	9.0	10.0	12.0	14.0	16.0	18.0	20.0
−94.4				29	29	29	29	28	28	28	28	27	26	25	24	22
−95.0				27	27	27	26	26	26	26	25	25	24	22	21	19
−96.0			24	24	24	24	23	23	23	23	22	21	20	19	17	15
−97.0			21	21	21	21	20	20	20	20	19	18	17	15	13	
−98.0		19	19	19	19	19	18	18	18	17	17	16	14	12		
−99.0		17	17	17	17	17	16	16	15	15	14	13	11			
−100.0		15	15	15	15	15	14	14	13	13	12	10				
−101.0	13	13	13	13	13	13	12	12	11	10	8					
−102.0	12	12	12	12	12	11	11	10	10	9	8					
−103.0	11	11	10	10	10	10	9	8	7	6						
−104.0	9	9	9	9	9	9	8	7	7	5						
−105.0	8	8	8	8	8	8	7	6	5							
−106.0	7	7	7	7	7	7	6	6	3							
−107.0	7	6	6	6	6	6	5	5								
−108.0	6	6	5	5	5	5	3									
−109.0	5	5	5	4	4	4										
−110.0	5	5	4	4	4	2										
−111.0	4	4	3	3	2											
−112.0	3	3	3	2												
−113.0	3	3	2													
−114.0	3	2	2													

图 8.6　IMES 定位精度计算实例(见彩图)

(3) 消息类型 ID(MID)"011"$_{(B)}$ 短 ID。

如果消息类型 ID 为"011"$_{(B)}$,则该帧长度为 1 个字,其内容为短 ID(ID_S)。图 8.7 显示了 12 位的帧结构和 ID_S 以及 1 位的边界检测标志(BD)。

Bits →	1 2 3 4 5 6 7 8	9 10 11	12 13 14 15 16 17 18 19 20 21 22 23	24	25 26 27 28 29 30
word 1	Preamble, 8 bits	MSG Type ID, 3 bits 0 1 1	Short ID(ID_S) 12 bits	BD 1 bit	Parity 6 bits

图 8.7　12 位的(导航)电文帧结构(短 ID)

① 短 ID。

第一个字的位 1)保留的位模式,一般不应使用。

② 边界检测标志(BD)。

第一个字的位 24 是边界检测标志(BD)。BD = "1"表示接收环境中有来自 GPS 卫星和 IMES 发射器的混合信号。

假设如下:

(i) 当从室内移动到室外时,如果此标示变为"1",IMES 接收机将开始搜索 GPS 信号。

(ii) 反之,当从室外进入室内时,如果该标示变为"0",则接收机将不再搜索 GPS 信号。

(4) 消息类型 ID(MID)"100"$_{(B)}$ 中等长度 ID。

如果消息类型 ID 为"100"$_{(B)}$,则此帧长度为 2 个字,其内容为中等长度 ID (ID_M)。

帧结构,ID_M(长度 = 33 位)和边界检测标志(BD)(1 位)如图 8.8 所示。

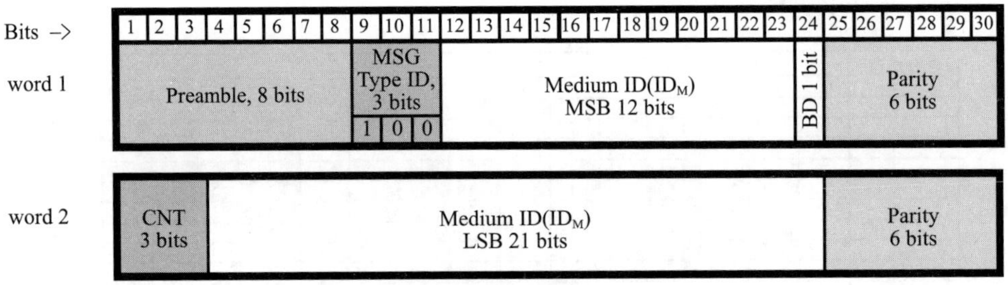

Bits →	1 2 3 4 5 6 7 8	9 10 11	12 13 14 15 16 17 18 19 20 21 22 23	24	25 26 27 28 29 30
word 1	Preamble, 8 bits	MSG Type ID, 3 bits 1 0 0	Medium ID(ID_M) MSB 12 bits	BD 1 bit	Parity 6 bits

	1 2 3	4 5 6 7 8 9 10 11 12 13 14 15 16 17 18 19 20 21 22 23 24	25 26 27 28 29 30
word 2	CNT 3 bits	Medium ID(ID_M) LSB 21 bits	Parity 6 bits

图 8.8 导航电文帧结构(中等长度 ID)

① 中等长度 ID。

ID_M(总共 33 位)第一个字的位 12 ~ 23 作为 MSB,第二个字的位 4 ~ 24 作为 LSB。用户可以自定义内容。

② 边界检测标志(BD)。

第一个字的位 24 是边界检测标志。

8.1.2.3 IMES 发射器的安装要求

符合 IMES 信号 L1C/A 类型的最大接收功率极限的分离距离和发射器 EIRP 的例子如图 8.9 所示,示例给出了发射器和接收器之间的间隔距离。

8.1.3 Locata 伪卫星接口文件

Locata 伪卫星系统的整体概念源自全球定位系统,因此,许多基本元素与 GPS 相似。Locata 承担着与 GPS 卫星相同的角色,Locata 用户接收机的运行方式与 GPS 接收机非常相似,大部分使用 GPS 技术的位置和时间计算方法。

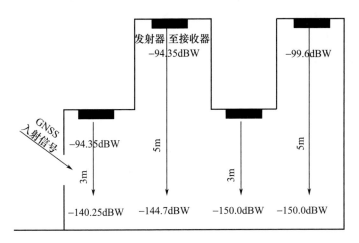

图 8.9　发射机的输出 EIRP 和距离地面部署关系的示例

　　LocataNet 包含地面段和用户段，没有单独的控制段。地面段包含位于指定的服务区域内或附近的多个 LocataLite 收发器。用户段包括在服务区内运行的任意数量的固定或移动 Locata 用户接收机（移动站），并使用地面段中 LocataLite 发出的信号得出该区域内的位置和时间。LocataNet 可以跨越数十 km 的区域，这在很大程度上受到 LocataNet 的各个元素之间几何形状的可用性的限制。由于具有足够的信号功率，已证明 LocataLite-Rover 工作范围可达 50km。LocataNets 可以适用于任何方便的坐标参考系统，包括 WGS-84 或其他全球、区域、本地或自定义坐标系。

　　Locata Rovers 使用加载在 LocataLite 传输信号上的伪随机扩频码提供的精确时间，以及这些信号上的数据提供的导航电文，来使用 GPS 用户熟知的技术计算位置和时间。Locata 网络设计还适用于载波相位精确定位技术，以获得较高的定位精度。

　　在某些方面，相对于 GPS，LocataNet 位置解决方案得到了简化。与 GPS 卫星不同，对于本规范涵盖的网络，所有发射器都是固定的本地地面发射器，因此，无需求解发射器位置随时间的变化。网络中每个发射器的位置由该发射器在其"星历"数据中广播发出，该数据是定位信号上数据叠加流的一部分。但是连续传输、经常变化的轨道参数数据集和计算 LocataLite 位置的曲线拟合系数并不是必需的。

　　LocataNets 可以 100 位/s 或 50 位/s 的速度运行其数据流。通常，前者是首选，以加快信息获取和信息更新的速度。在存在边际链接或干扰的情况下，较低的 50 位/s 的速度可提供更高的数据健壮性。

　　使用专有的 TimeLoc 时间同步过程，可以在给定的 LocataNet 中将所有有效的发射器直接或间接地同步到网络中的主站，以得到非常严格的公差。TimeLoc 在 LocataNet 中的各种 LocataLite 发出的信号之间保持设定的相位差。由于所有时钟都跟踪一个主时钟，因此 TimeLoc 处理可补偿发射器之间时钟漂移和老化的偏差，这不是位置解决方案中的因素。因此，LocataNet 不需要传递或使用时钟漂移和老化系数。

LocataNet 可以使用网络中指定的主 LocataLite 生成自己相关和独立的时间基准，完全自主地运行。LocataNets 可以与提供 1PPS 时间参考的任何时间源同步，或独立于任何此类源运行。因此，举例来说，LocataNets 可以选择将其自身与 GPS 时间同步，并将 GPS 时间传输到任何相关的 Locata 用户接收机，在 LocataLite 主站上安装 GPS 授时接收机，可实现 100ns 内时间同步精度。LocataNets 使用连续的时间基准进行操作，其中 GPS 时间就是一个示例和选项，移动站给用户提供一个 UTC 转换功能。

Locata 接口规范假定 LocataLite 是固定设备。它不包含支持移动 LocataLite 所需的那些数据元素。但由于它们不移动，因此固定发射器不会对接收信号的频率不确定性产生多普勒频移。数据叠加中指定的有限网络大小也限制了接收信号之间的相对延迟不确定性，因此与一个信号的同步会大大限制网络中其他信号的时间不确定性。这两个因素都减少了接收机在网络中寻找其他 LocataLite 的延迟和多普勒的不确定性。

LocataNet 信号仅穿过对流层，而不穿过电离层。因此，不需要电离层校正，不在本规范中说明。然而，由于局部对流层状况，网络信号仍然受到对流层引起的延迟影响。该规范支持量化本地网络的温度、压力及湿度，以用作用户提供的对流层引导延迟补偿模型的输入因子。由于 LocataNet 发射器和 Locata 流动站共享相同的本地地理区域（即彼此之间距离不超过几千米），因此接收信号强度的平均值通常明显高于 GPS，后者相比之下，所有用户相对于发射器来说都处于极端范围（对于绝大多数用户来说超过 20200km）。但是，流动站内各种网络信号的强度可能比 GPS 正常情况下能覆盖更多的范围。通过利用伪随机扩展码的处理增益来提供码分多址，这些信号很容易超出可用的范围。

从 GPS C/A 码获得的 LocataNet 伪随机扩展码的速率是 GPS 中 C/A 码的速率的 10 倍，但传输占空比只有百分之十，在该占空比范围内可以传输整个代码周期。因此，每个代码在 100μs 内完成了整个代码周期，但是在每个连续的毫秒间隔内仅在一个时隙中发送其代码序列。假设接收机设计适当，通过将不同的时隙分配给不同的发射器而为引入的附加信号正交性提供了足够的信号辨别力，从而克服了局域网可能会引入的接收机"近-远"问题。LocataNet 接收机设计人员应牢记 LocataNet 流动站所需的动态范围。

由于 Locata 扩频码的运行速度是 GPS C/A 速率的 10 倍，因此波形需要 10 倍大的带宽。LocataNet 更快的码片速率可以提高时间分辨力，但是 10% 的占空比需要相应地更大的发射器功率，以节省每个代码周期的集成能量。在 LocataNets 运行的相对较小的工作范围内，可以轻松实现所需的较高功率水平。对于大多数应用来说，发射功率小于 1W 就足够了。LocataNet 在 2.4 GHz 免许可证 ISM 频段内的两个频率上广播信号。使用非 GPS 频段可避免 GPS 的干扰问题。使用中的两个 S 频段提供频率分集以帮助减轻多径，并提供"宽通道"相位差以帮助集成载波相位技术。该规范还支持每个LocataLite在每个频率的发射天线空间分集。LocataNet的设计没有固有的内在要求,可以禁止使用其他频率。

Locata地面段和用户段之间的接口包括来自地面段中各种LocataLite的信号,该信号是在2.4 GHz ISM频段的两个RF频率中的一个频率上发射的。网络分发这些信号,以向用户段提供连续的视距局域网覆盖,并提供完成Locata导航任务所需的测距码和电文数据[6]。这两个载波由比特队列调制形成,每一个比特队列都是通过伪随机噪声测距码与下行链路导航数据(被称为电文数据)的模二加法生成的复合信号。信号还使用时分多址技术来减少来自不同LocataLite的信号之间的干扰。

8.1.3.1 接口识别

1) 测距码

LocataLite在每个载波上发送一个伪随机测距码。这个代码类似于GPS粗捕获码(C/A码),因此即使没有完成粗捕获,也用相同的名字称呼。采用码分多址技术,与一个扩展码调制的信号匹配的接收机可以从其他码调制的信号中提取信号,即使它们可以相同的频率发射,也可以部分地区分Locata信号。

Locata信号ID号"i"的PRN C/A码是Gold码,$G_i(t)$,长度为100μs,码片速率为10.23Mbit/s。$G_i(t)$序列是通过对两个子序列G1和G2i进行模二加法生成的线性模式,每个子序列均为1023码片长的线性模式。如表8.5所列,G2i序列是选择性地延迟码片的预定数量的G2序列,从而生成一组不同的C/A码。

表8.5将Locata PRN信号编号分配给每个G2i序列。PRN信号编号与参考文献1中标识的代码相同。LocataNets采用与编号对应的GPS C/A PRN码相同的PRN码,但码37除外。表8.5假定通过将G1移位寄存器全设为1,将G2移位寄存器初始化为表中的值来生成代码。这引起了表第3列中所示的码延迟。

该表的第一列引用了分配了PRN码的发射机ID。该表为200个变送器分配了唯一的代码。这对应于50个LocataLite,每个都有4个发射器(A、B、C、D),如表8.5所列。表8.5中的代码分配可最大程度地减少来自同一频率的同一LocataLite的信号之间的互相关。

在定位网络安装期间加载到每个LocataLite中的配置信息会指定LocataLite的标识、网络其他成员的标识以及发送和接收天线的位置。

表8.5 码相位分配

发射ID	PRN信号No.	G2码延迟/码片	初始G2设置 (十进制)①	前10个码片 (十进制)
01A	94	814	1550	0227
01B	19	471	0144	1633
01C	151	484	0142	1635

（续）

发射 ID	PRN 信号 No.	G2 码延迟/码片	初始 G2 设置 （十进制）[①]	前 10 个码片 （十进制）
01D	166	12	0201	1576
02A	1	5	0337	1440
02B	34	950	0064	1713
02C	172	503	1460	0317
02D	180	995	0501	1276
03A	26	514	0016	1761
03B	5	17	0644	1133
03C	199	663	0727	1050
03D	186	109	1665	0112
04A	18	470	0310	1467
04B	6	18	0322	1455
04C	118	647	0557	1220
04D	106	461	0435	1342
05A	44	625	0543	1234
05B	3	7	0067	1710
05C	138	386	0450	1327
05D	165	932	1573	0204
06A	2	6	0157	1620
06B	82	653	0365	1412
06C	127	657	0717	1060
06D	169	212	1670	0107
07A	28	516	0003	1774
07B	17	469	0621	1156
07C	125	235	1076	0701
07D	200	942	0147	1630
08A	13	255	0013	1764
08B	51	710	1716	0061
08C	115	632	0552	1225
08D	136	595	0740	1037
09A	16	258	0001	1776
09B	22	474	0014	1763
09C	143	307	1312	0465
09D	132	176	0520	1257

(续)

发射 ID	PRN 信号 No.	G2 码延迟/码片	初始 G2 设置 （十进制）①	前 10 个码片 （十进制）
10A	32	862	0065	1712
10B	25	513	0034	1743
10C	174	395	1654	0123
10D	155	1021	1774	0003
11A	83	699	0270	1507
11B	56	220	0177	1600
11C	102	957	0710	1067
11D	130	355	0341	1436
12A	53	775	1002	0775
12B	33	863	0032	1745
12C	191	292	0764	1013
12D	163	309	1662	0115
13A	7	139	0646	1131
13B	11	252	0135	1642
13C	168	891	1737	0040
13D	122	52	0267	1510
14A	88	539	1674	0103
14B	14	256	0005	1772
14C	159	670	1223	0554
14D	157	568	1153	0624
15A	21	473	0031	1746
15B	67	801	1114	0663
15C	141	499	1411	0366
15D	105	885	1751	0026
16A	45	946	1506	0271
16B	68	788	1342	0435
16C	137	68	1007	0770
16D	181	877	0455	1322
17A	69	732	0025	1752
17B	49	554	1541	0236
17C	140	456	1653	0124
17D	173	150	1362	0415
18A	55	558	1666	0111

（续）

发射 ID	PRN 信号 No.	G2 码延迟/码片	初始 G2 设置 （十进制）①	前 10 个码片 （十进制）
18B	64	729	0254	1523
18C	134	130	0706	1071
18D	120	145	1106	0671
19A	43	225	0103	1674
19B	29	859	0650	1127
19C	135	359	1216	0561
19D	113	197	0462	1315
20A	42	679	1651	0126
20B	74	407	1054	0723
20C	188	291	1750	0027
20D	195	711	1747	0030
21A	23	509	0714	1063
21B	63	1018	1745	0032
21C	119	203	0364	1413
21D	175	345	0510	1267
22A	58	55	0426	1351
22B	8	140	0323	1454
22C	183	144	0215	1562
22D	142	883	1644	0133
23A	37**	310	0731	1046
23B	72	327	0404	1373
23C	131	1012	0551	1226
23D	153	811	1504	0273
24A	36	948	0321	1456
24B	78	761	0521	1256
24C	121	175	1241	0536
24D	116	771	0045	1732
25A	24	512	0071	1706
25B	20	472	0062	1715
25C	107	248	0735	1042
25D	171	675	1224	0553
26A	30	860	0324	1453
26B	31	861	0152	1625

(续)

发射 ID	PRN 信号 No.	G2 码延迟/码片	初始 G2 设置 （十进制）[①]	前 10 个码片 （十进制）
26C	187	445	0471	1306
26D	103	159	0721	1056
27A	9	141	0151	1626
27B	15	257	0002	1775
27C	164	644	1570	0207
27D	184	476	1003	0774
28A	35	947	0643	1134
28B	27	515	0007	1770
28C	146	121	0035	1742
28D	147	118	0355	1422
29A	4	8	0033	1744
29B	87	959	1562	0215
29C	160	230	1702	0075
29D	139	797	0305	1472
30A	62	299	1333	0444
30B	54	864	1015	0762
30C	133	603	1731	0046
30D	194	208	1607	0170
31A	61	367	0336	1441
31B	40	91	1714	0063
31C	176	846	0242	1535
31D	156	463	0107	1670
32A	41	19	1151	0626
32B	65	695	1602	0175
32C	129	762	1250	0527
32D	189	87	0307	1470
33A	52	709	1635	0142
33B	39	103	0541	1236
33C	110	807	0111	1666
33D	126	886	1764	0013
34A	50	280	1327	0450
34B	66	780	1160	0617
34C	149	628	1254	0523

（续）

发射 ID	PRN 信号 No.	G2 码延迟/码片	初始 G2 设置（十进制）[①]	前 10 个码片（十进制）
34D	197	263	0540	1237
35A	38	67	0017	1760
35B	80	326	1010	0767
35C	196	189	1305	0472
35D	104	712	1763	0014
36A	75	525	0072	1705
36B	48	1001	1365	0412
36C	178	992	1017	0760
36D	170	185	0134	1643
37A	47	161	1564	0213
37B	57	397	1353	0424
37C	123	21	0232	1545
37D	109	126	0140	1637
38A	60	759	0506	1271
38B	76	405	0262	1515
38C	128	634	1532	0245
38D	190	399	0272	1505
39A	12	254	0027	1750
39B	86	438	0277	1500
39C	167	314	0635	1142
39D	114	693	1011	0766
40A	70	34	1523	0254
40B	91	586	0606	1171
40C	182	112	1566	0211
40D	101	156	1213	0564
41A	84	422	0263	1514
41B	46	638	1065	0712
41C	162	684	1735	0042
41D	198	537	1363	0414
42A	59	898	0227	1550
42B	77	221	0077	1700
42C	192	901	1422	0355
42D	150	853	1041	0736

（续）

发射 ID	PRN 信号 No.	G2 码延迟/码片	初始 G2 设置（十进制）①	前 10 个码片（十进制）
43 A	89	879	1113	0664
43 B	73	389	1445	0332
43 C	193	339	1050	0727
43 D	152	289	1641	0136
44 A	97	1015	1455	0322
44 B	92	153	0136	1641
44 C	124	237	1617	0160
44 D	145	211	1560	0217
45 A	90	677	1245	0532
45 B	79	260	1400	0377
45 C	158	904	1542	0235
45 D	179	357	1070	0707
46 A	81	955	1441	0336
46 B	85	188	0613	1164
46 C	117	467	1104	0673
46 D	154	202	0751	1026
47 A	10	251	0273	1504
47 B	93	792	0256	1521
47 C	177	798	1142	0635
47 D	108	713	0771	1006
48 A	71	320	1046	0731
48 B	96	264	0260	1517
48 C	112	122	1016	0761
48 D	148	163	0335	1442
49 A	98	278	1535	0242
49 B	99	536	0746	1031
49 C	111	279	0656	1121
49 D	185	193	1454	0323
50 A	95	446	1234	0543
50 B	100	819	1033	0744
50 C	161	911	0436	1341
50 D	144	127	1060	0717

① 第 1 个数字(1)代表第 1 个码片的"1"，最后 3 个数字是其余 9 个码片的常规八进制表示。例如，PRN 信号 1 的 C/A 代码的前 10 个码片为 1100100000。

2）时隙结构和 TDMA 分配

在所有 LocataNet 中,每个毫秒周期都分为 10 个连续的时隙,每个时隙 100μs,时隙之间没有保护带。位于连续整数毫秒时间值之间的十个时隙一起被称为时分多址(TDMA)帧。帧开始于 0 时间边界,以 1ms 为模。200 个时隙帧共同构成一个时隙超帧,持续 200ms。时隙超帧开始于 0 时间边界,以 200ms 为模。图 8.10 展示出了 TDMA 结构。

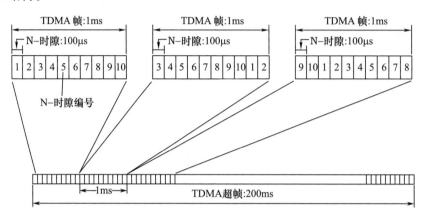

图 8.10 TDMA 结构

在给定的 LocataNet 中运行的 LocataLite 在地理基础上被划分为每个子网最多包含 10 个 LocataLite 的子网。每个帧内的时隙以不重叠的方式分配给子网内的每个 LocataLite。子网内的每个 LocataLite 发送器在帧中 LocataLite 分配的时隙内发送,而在该帧的其余时隙内保持静音。在一帧内的时隙之间的这种分配对于超帧内的每个连续帧以使分配邻接随机化的方式改变,这样可以平滑并分配任何被接收机看到的时隙间的残留的干扰影响。在每个超帧期间重复此分配模式。

最多可定义 5 个不同的子网,每个子网在一个超帧上的成员之间具有不同的时隙分配顺序,可在单个 LocataNet 中使用。这些子网中的每个子网每帧重复使用相同的 10 个时隙。因此,当在 LocataNet 中使用多个完全填充的子网时,对于给定帧中的任何给定时隙,一个子网中的 LocataLite 将与另一个活动子网中的 LocataLite 在同一时隙上运行。子网之间的模式是为了在将来自不同子网的子网所有成员之间的重叠尽可能地随机化,这适用于 5 个子网中的所有组合。子网应在地理位置上分开或以其他方式操作,以降低从一个子网到另一个子网的信号电平。

5 个子网在 LocataNet 中最多支持 50 个 LocataLite。可以将大量子网分配给单个 LocataNet,在这种情况下,新子网将重用所选现有子网的时隙模式,并依靠地理隔离或其他隔离因素来最大程度地减少干扰。

表 8.6 至表 8.10 为 200 个 TDMA 帧中的每一个呈现了针对所有 5 个子网的帧中每个时隙分配的 LocataLite 号。子网 1 的 LocataLite 编号为 1~10,子网 2 的 编号

为 11~20,子网 3 的编号为 21~30,子网 4 的编号为 31~40,子网 5 的编号为 41~50。

表 8.6 分配给 LocataLite 编号的 TMDA 位置(子网 1)

TDMA 帧	设备传输序列									
	1	2	3	4	5	6	7	8	9	10
1	1	9	2	5	10	8	6	4	3	7
2	5	8	4	2	9	7	1	6	10	3
3	10	2	6	1	3	4	5	7	9	8
4	3	2	8	7	4	9	10	1	5	6
5	5	1	2	3	8	10	4	7	6	9
6	3	5	4	8	1	7	2	10	9	6
7	7	10	5	9	4	1	3	6	8	2
8	10	7	8	6	2	3	9	5	1	4
9	6	4	10	3	1	2	7	8	9	5
10	2	1	4	8	5	10	6	3	7	9
11	1	6	10	5	3	8	9	2	4	7
12	4	3	9	6	7	5	2	1	8	10
13	1	10	6	9	7	3	5	8	2	4
14	6	3	1	10	9	4	8	7	2	5
15	9	1	7	10	2	6	8	4	5	3
16	4	9	3	2	6	1	8	5	10	7
17	9	8	3	10	4	2	5	7	6	1
18	3	6	5	4	10	9	7	8	1	2
19	8	7	1	5	3	6	2	9	10	4
20	9	4	10	1	8	2	7	3	5	6
21	7	5	1	4	6	9	10	2	3	8
22	4	1	9	6	3	5	8	10	7	2
23	7	10	8	3	6	5	9	2	4	1
24	9	8	2	1	7	3	4	5	6	10
25	2	8	5	9	1	6	7	4	3	10
26	6	9	7	4	2	10	3	1	8	5
27	2	3	9	5	4	1	10	8	7	6
28	8	6	3	1	5	10	2	9	4	7
29	10	9	3	4	5	6	1	6	2	8
30	3	2	6	7	5	8	1	4	9	10

(续)

TDMA 帧	设备传输序列									
	1	2	3	4	5	6	7	8	9	10
31	5	6	7	1	2	4	10	3	8	9
32	8	4	5	2	10	7	6	9	1	3
33	7	5	4	8	10	3	2	9	6	1
34	2	1	5	9	7	4	3	10	6	8
35	5	7	2	10	8	6	4	3	1	9
36	3	7	8	1	9	10	4	6	2	5
37	1	10	7	8	9	6	4	2	5	3
38	5	2	6	10	1	8	9	4	7	3
39	6	5	8	1	3	9	2	7	10	4
40	8	3	2	7	4	9	5	10	1	6
41	2	4	10	6	8	7	3	1	5	9
42	8	4	10	5	6	1	7	3	9	2
43	6	5	4	2	1	10	7	9	3	8
44	2	9	1	3	4	7	6	8	10	5
45	7	2	1	4	6	3	10	9	5	8
46	10	8	9	7	6	4	1	5	3	2
47	3	7	1	6	10	5	8	2	4	9
48	10	2	9	3	8	6	7	5	1	4
49	1	10	6	9	7	2	8	4	3	5
50	4	6	2	3	9	5	10	1	7	8
51	9	4	7	10	2	8	5	3	6	1
52	7	4	8	2	5	9	6	10	3	1
53	2	10	6	3	4	5	1	8	7	9
54	5	7	1	9	8	3	6	10	4	2
55	6	5	7	4	3	10	9	2	8	1
56	4	10	3	5	6	8	9	1	2	7
57	8	6	9	1	7	2	3	4	5	10
58	8	10	5	9	3	7	1	6	2	4
59	7	3	9	10	5	2	1	8	4	6
60	4	1	10	2	5	3	8	7	9	6
61	1	5	2	7	10	8	4	9	6	3
62	9	8	3	6	10	4	2	5	1	7

（续）

TDMA 帧	设备传输序列									
	1	2	3	4	5	6	7	8	9	10
63	6	9	4	8	1	5	2	3	7	10
64	7	5	4	2	10	1	9	8	6	3
65	4	1	3	10	9	2	5	6	8	7
66	2	9	5	6	7	8	3	1	10	4
67	9	1	6	5	3	2	10	7	4	8
68	6	7	10	8	2	9	4	5	1	3
69	10	1	4	3	7	6	8	5	9	2
70	1	2	9	7	4	6	5	3	8	10
71	5	10	6	4	8	1	7	9	3	2
72	4	3	5	8	1	10	6	2	7	9
73	10	4	7	1	9	3	6	2	8	5
74	1	3	7	5	8	4	10	9	2	6
75	3	8	10	7	5	4	2	6	9	1
76	8	5	6	7	2	10	3	1	9	4
77	10	9	8	2	3	5	7	4	6	1
78	2	8	3	10	1	6	9	5	4	7
79	6	4	8	9	2	7	3	10	1	5
80	3	9	7	8	6	1	10	5	2	4
81	9	6	2	5	10	8	7	1	4	3
82	4	7	3	1	8	2	9	6	5	10
83	3	2	1	4	5	9	8	6	7	10
84	7	3	4	9	1	8	5	6	10	2
85	7	6	5	8	1	9	4	2	10	3
86	5	2	4	1	6	3	7	9	10	8
87	7	1	2	6	10	9	3	8	4	5
88	4	6	10	2	8	3	9	7	5	1
89	10	2	3	6	4	1	7	8	9	5
90	3	1	5	9	2	7	4	10	6	8
91	5	7	9	10	4	1	3	2	8	6
92	1	8	10	5	9	4	6	3	7	2
93	5	10	6	4	7	2	1	3	8	9
94	10	8	1	5	2	6	9	7	3	4

(续)

TDMA 帧	设备传输序列									
	1	2	3	4	5	6	7	8	9	10
95	9	8	2	4	3	10	1	6	5	7
96	6	7	1	3	9	5	8	10	4	2
97	9	3	6	2	1	7	8	4	10	5
98	8	3	7	10	9	5	6	1	2	4
99	8	5	1	9	4	6	3	2	10	7
100	6	4	2	3	5	9	1	10	8	7
101	2	6	8	1	7	4	5	9	3	10
102	3	9	8	2	10	4	5	7	1	6
103	1	2	9	6	8	7	3	5	4	10
104	7	5	4	8	3	6	2	10	9	1
105	8	7	5	3	2	1	4	9	6	10
106	2	3	10	6	5	8	4	7	9	1
107	4	3	1	5	6	7	2	8	9	10
108	1	2	9	7	6	5	10	3	4	8
109	2	5	6	3	7	8	10	4	1	9
110	7	10	9	4	5	2	1	3	8	6
111	4	6	9	2	7	3	5	1	10	8
112	9	8	3	7	10	6	1	4	2	5
113	3	2	8	4	9	10	5	7	1	6
114	9	6	7	8	2	1	5	10	3	4
115	10	4	7	9	2	6	3	8	5	1
116	8	1	4	9	6	10	7	5	2	3
117	5	4	7	10	1	9	8	3	6	2
118	8	10	3	1	7	4	2	9	5	6
119	8	10	6	5	3	2	4	1	7	9
120	3	9	2	4	10	5	8	6	1	7
121	1	9	10	2	7	8	6	4	3	5
122	10	9	5	7	3	4	6	8	1	2
123	5	1	8	6	2	10	7	4	3	9
124	4	7	2	6	9	1	10	8	5	3
125	8	7	5	9	4	3	1	6	10	2
126	6	7	3	10	1	2	5	4	8	9

（续）

TDMA 帧	设备传输序列									
	1	2	3	4	5	6	7	8	9	10
127	3	6	1	8	4	5	2	9	10	7
128	10	8	4	5	1	3	9	7	6	2
129	1	5	3	10	6	9	8	2	7	4
130	6	8	4	1	10	9	7	5	2	3
131	1	5	4	8	3	6	10	2	7	9
132	5	7	2	3	8	1	9	10	4	6
133	7	1	3	2	8	5	10	4	9	6
134	2	4	1	6	5	9	3	8	7	10
135	7	8	9	1	6	3	4	2	10	5
136	1	4	7	6	9	2	10	3	5	8
137	10	5	8	3	6	4	9	1	2	7
138	2	6	3	7	1	5	4	10	8	9
139	3	2	10	9	5	7	6	1	4	8
140	10	3	7	4	2	9	8	5	6	1
141	9	4	5	10	1	8	6	2	7	3
142	4	1	8	7	5	6	10	9	2	3
143	5	9	6	8	4	10	7	2	3	1
144	10	6	5	8	2	4	1	3	9	7
145	4	3	1	5	6	7	9	10	2	8
146	6	4	10	2	8	1	3	7	5	9
147	2	5	9	4	3	10	1	6	7	8
148	9	3	2	4	8	10	1	7	6	5
149	4	10	6	3	9	5	2	1	7	8
150	5	3	10	1	4	7	9	6	8	2
151	9	7	4	6	10	3	8	1	2	5
152	2	5	1	10	7	6	4	9	8	3
153	6	10	5	7	3	8	9	1	4	2
154	10	8	7	2	6	9	3	4	5	1
155	9	3	2	7	1	8	6	5	10	4
156	1	2	9	8	4	3	7	10	5	6
157	3	10	8	5	7	2	1	9	6	4
158	6	9	5	3	4	2	8	7	1	10

(续)

TDMA 帧	设备传输序列									
	1	2	3	4	5	6	7	8	9	10
159	6	9	1	7	10	2	4	8	3	5
160	4	6	7	9	10	8	2	3	1	5
161	10	2	6	8	9	4	5	7	1	3
162	8	10	3	2	1	7	5	6	4	9
163	7	5	2	9	8	1	10	4	3	6
164	1	8	4	7	3	6	2	5	9	10
165	4	7	10	9	2	1	3	5	8	6
166	2	4	8	1	5	10	6	7	3	9
167	5	8	2	3	1	6	4	10	9	7
168	2	1	9	4	5	3	7	8	6	10
169	7	6	8	5	3	4	9	1	2	10
170	8	1	10	3	7	9	2	6	5	4
171	2	3	9	6	5	7	8	10	4	1
172	6	2	8	3	10	5	1	7	9	4
173	3	6	1	9	8	5	10	2	7	4
174	8	3	5	2	6	1	4	9	10	7
175	10	1	2	9	8	7	5	4	6	3
176	9	7	10	1	3	4	5	6	8	2
177	5	9	2	4	7	6	3	8	10	1
178	4	2	3	10	9	1	6	7	5	8
179	9	3	6	2	10	8	7	4	1	5
180	3	9	6	10	4	8	1	5	2	7
181	1	8	7	3	4	10	6	9	2	5
182	7	4	10	5	9	3	2	6	1	8
183	9	5	1	6	7	8	4	3	10	2
184	4	9	5	2	7	6	8	10	3	1
185	10	7	9	4	2	1	3	5	8	6
186	5	6	7	8	3	2	4	1	9	10
187	6	9	1	2	8	4	7	3	10	5
188	1	7	4	6	5	10	3	8	2	9
189	7	2	8	10	6	3	1	5	4	9
190	6	8	3	7	1	2	5	10	9	4

(续)

TDMA 帧	设备传输序列									
	1	2	3	4	5	6	7	8	9	10
191	5	1	6	4	9	8	7	2	10	3
192	8	5	10	1	4	2	6	9	3	7
193	1	4	3	7	5	9	2	8	6	10
194	8	10	5	6	2	9	1	3	4	7
195	3	5	4	8	1	10	2	7	9	6
196	4	10	7	9	8	5	2	3	6	1
197	7	6	10	5	2	3	9	4	1	8
198	2	10	4	3	6	1	9	5	7	8
199	5	3	1	10	9	7	8	2	4	6
200	2	1	9	5	8	7	10	4	6	3

表 8.7 分配给 LocataLite 编号的 TDMA 位置(子网 2)

TDMA 帧	设备传输序列									
	1	2	3	4	5	6	7	8	9	10
1	16	20	13	14	11	12	18	17	19	15
2	12	16	14	15	18	19	11	13	20	17
3	14	19	16	17	13	15	20	12	11	18
4	13	18	11	19	14	17	20	15	16	12
5	13	12	14	18	20	11	17	16	15	19
6	20	14	17	12	19	18	15	13	16	11
7	17	15	11	20	16	13	19	18	14	12
8	18	12	15	17	11	14	16	19	13	20
9	19	17	18	11	16	15	14	20	12	13
10	17	19	12	20	15	13	11	16	18	14
11	20	18	19	16	17	12	15	14	13	11
12	19	14	20	11	15	18	16	12	17	13
13	15	17	20	19	12	11	13	14	16	18
14	12	15	16	13	18	20	17	11	14	19
15	17	16	20	14	18	13	12	19	11	15
16	11	20	16	12	17	14	18	15	19	13
17	19	12	14	15	13	16	11	18	17	20
18	14	11	18	12	16	20	13	17	15	19
19	15	20	13	16	19	18	17	11	12	14

(续)

TDMA 帧	设备传输序列									
	1	2	3	4	5	6	7	8	9	10
20	13	15	12	19	20	11	16	17	18	14
21	16	13	11	18	19	15	14	12	20	17
22	15	11	17	13	12	20	18	14	19	16
23	18	16	15	11	19	17	14	13	20	12
24	11	13	19	18	12	17	20	16	14	15
25	20	19	13	17	14	11	12	15	18	16
26	14	13	18	11	20	15	12	16	19	17
27	16	11	15	17	12	19	14	20	18	13
28	14	12	18	20	15	19	11	17	13	16
29	17	18	15	16	11	14	12	20	13	19
30	12	13	17	19	14	16	15	18	20	11
31	20	18	11	14	17	19	13	15	12	16
32	13	11	19	20	12	17	16	18	15	14
33	17	15	20	14	11	16	19	13	12	18
34	19	20	11	12	13	18	17	14	15	16
35	12	15	13	16	14	20	19	11	17	18
36	13	20	12	11	15	17	18	16	14	19
37	18	19	16	13	14	15	17	12	11	20
38	17	11	14	18	20	16	19	15	12	13
39	19	17	13	15	18	12	14	16	20	11
40	18	17	12	14	13	11	16	20	19	15
41	11	13	12	19	16	18	15	14	20	17
42	16	12	18	13	20	14	17	19	11	15
43	19	14	16	15	13	12	20	18	17	11
44	15	16	17	20	19	14	12	11	13	18
45	14	18	13	17	20	15	19	12	16	11
46	18	14	19	12	17	11	13	20	16	15
47	20	17	19	18	11	16	13	14	15	12
48	15	14	18	19	17	16	20	13	11	12
49	13	17	14	11	19	20	15	16	18	12
50	19	16	20	13	14	12	18	11	17	15
51	12	14	11	20	18	13	16	19	15	17

(续)

TDMA 帧	设备传输序列									
	1	2	3	4	5	6	7	8	9	10
52	11	19	15	20	12	17	13	18	16	14
53	11	16	17	18	15	19	14	13	12	20
54	18	20	12	16	15	13	19	11	14	17
55	15	18	19	13	14	16	11	17	12	20
56	14	19	12	15	11	20	16	18	17	13
57	20	15	17	16	13	18	11	12	14	19
58	11	17	14	13	15	18	16	12	19	20
59	11	12	16	17	18	14	15	19	20	13
60	15	11	19	14	17	12	18	20	13	16
61	12	13	17	11	16	19	18	15	20	14
62	15	14	20	17	16	19	13	11	18	12
63	18	16	14	12	17	20	11	15	13	19
64	16	11	18	15	13	20	19	17	12	14
65	16	12	11	14	13	15	20	19	18	17
66	13	17	15	12	20	16	14	18	19	11
67	14	18	13	15	16	11	12	19	17	20
68	16	13	11	19	12	14	20	17	15	18
69	11	13	16	18	14	12	17	19	15	20
70	12	15	16	18	19	13	14	17	11	20
71	12	11	15	16	17	18	20	14	13	19
72	12	16	20	15	11	13	17	14	19	18
73	15	13	12	14	11	17	19	20	18	16
74	17	20	19	11	15	14	18	12	16	13
75	20	14	15	17	18	12	13	16	11	19
76	16	15	14	12	20	17	19	11	13	18
77	17	16	20	13	14	19	15	12	18	11
78	16	19	14	17	15	11	12	13	20	18
79	20	18	13	19	16	14	11	15	12	17
80	13	12	15	18	16	19	14	20	11	17
81	13	11	18	12	19	20	17	14	16	15
82	17	19	13	18	11	20	15	14	16	12
83	11	18	14	16	20	15	19	13	17	12

(续)

TDMA 帧	设备传输序列									
	1	2	3	4	5	6	7	8	9	10
84	13	15	11	14	18	19	12	17	20	16
85	18	16	17	20	12	15	13	11	14	19
86	17	12	11	20	14	13	19	18	15	16
87	15	20	19	17	11	13	16	12	18	14
88	11	19	20	18	17	12	16	13	14	15
89	18	19	16	11	12	13	15	17	14	20
90	13	14	17	15	11	18	20	16	12	19
91	14	13	12	20	19	17	18	15	11	16
92	14	20	12	15	19	16	17	11	13	18
93	19	15	20	11	17	16	14	18	13	12
94	14	12	18	13	19	20	17	15	16	11
95	19	18	12	20	16	13	11	15	17	14
96	20	14	15	19	13	12	11	16	18	17
97	18	11	14	13	20	15	12	17	19	16
98	20	18	16	19	14	11	12	13	17	15
99	18	14	17	12	16	19	11	20	15	13
100	16	12	15	17	13	18	20	14	19	11
101	20	11	13	17	18	16	15	14	19	12
102	20	13	18	16	17	14	12	19	15	11
103	19	17	16	14	12	11	13	20	15	18
104	12	17	13	14	16	15	19	20	11	18
105	17	20	19	15	16	12	18	11	14	13
106	15	20	12	19	18	14	17	16	13	11
107	16	19	13	12	14	11	15	18	20	17
108	19	17	20	11	15	12	16	18	13	14
109	18	15	14	12	17	19	20	13	16	11
110	12	14	19	16	20	18	13	11	17	15
111	14	18	17	13	20	16	11	19	12	15
112	13	19	14	12	18	15	20	12	11	17
113	19	12	16	14	15	17	11	18	20	13
114	19	13	16	15	12	17	18	11	14	20
115	15	19	11	20	14	17	12	13	18	16

（续）

TDMA 帧	设备传输序列									
	1	2	3	4	5	6	7	8	9	10
116	17	16	15	13	18	12	20	19	14	11
117	12	20	17	11	18	14	19	15	16	13
118	11	16	20	14	15	13	17	12	19	18
119	13	15	18	11	19	17	14	16	20	12
120	18	12	19	11	20	16	13	17	15	14
121	11	13	20	17	16	14	18	19	12	15
122	20	11	14	15	12	18	19	16	17	13
123	19	17	11	12	13	15	14	20	16	18
124	14	17	18	13	19	20	15	12	11	16
125	14	19	15	16	11	13	12	20	18	17
126	12	14	17	20	13	11	16	18	15	19
127	20	19	13	16	12	15	18	11	17	14
128	15	17	13	14	12	11	16	19	18	20
129	17	16	12	19	18	20	11	15	13	14
130	16	17	11	19	12	18	15	20	14	13
131	17	18	19	16	13	20	15	11	12	14
132	12	11	18	17	15	19	14	13	16	20
133	19	15	20	18	17	14	13	12	16	11
134	14	16	15	19	11	17	20	13	18	12
135	13	15	11	18	20	12	16	19	14	17
136	11	13	12	15	17	19	18	16	14	20
137	16	20	14	18	11	15	12	17	13	19
138	11	20	16	18	14	12	19	13	17	15
139	18	12	16	13	15	17	14	20	11	19
140	13	11	17	20	12	18	14	19	15	16
141	17	12	13	18	19	16	20	14	11	15
142	11	14	18	15	13	16	19	20	12	17
143	15	18	11	20	13	19	17	16	12	14
144	16	15	13	14	11	12	18	17	19	20
145	19	12	15	16	11	14	17	18	13	20
146	18	13	11	12	19	16	14	15	20	17
147	16	18	20	15	14	11	13	17	19	12

（续）

TDMA 帧	设备传输序列									
	1	2	3	4	5	6	7	8	9	10
148	20	19	17	14	15	11	18	12	16	13
149	18	20	19	11	17	13	16	15	14	12
150	15	20	18	19	14	13	12	17	11	16
151	17	15	12	20	16	11	13	14	19	18
152	12	14	18	16	13	20	17	11	15	19
153	15	16	19	12	11	20	13	14	17	18
154	14	11	19	17	20	18	16	12	15	13
155	19	14	20	17	18	15	11	16	12	13
156	16	18	19	13	15	17	12	11	20	14
157	13	20	11	17	19	18	15	14	12	16
158	14	16	20	13	18	19	11	15	17	12
159	14	15	18	13	17	16	11	12	19	20
160	17	13	15	16	20	12	14	18	11	19
161	12	17	14	19	16	11	18	13	20	15
162	20	11	14	13	12	18	17	16	15	19
163	13	11	12	17	20	16	19	15	14	18
164	16	19	13	11	15	12	20	18	14	17
165	20	14	13	12	16	17	15	19	18	11
166	18	16	17	12	11	13	14	20	19	15
167	11	14	15	12	13	19	17	18	20	16
168	12	13	17	19	18	15	16	14	11	20
169	13	11	16	18	17	14	19	12	20	15
170	11	17	15	13	18	14	12	19	16	20
171	14	20	12	18	19	15	16	13	17	11
172	16	15	18	12	14	17	13	20	11	19
173	18	12	19	14	16	13	15	17	11	20
174	18	13	16	14	15	20	12	17	19	11
175	17	16	19	20	11	14	18	15	13	12
176	15	18	16	11	19	12	20	17	13	14
177	11	16	17	18	20	13	15	19	14	12
178	11	12	18	20	13	19	16	15	17	14
179	19	17	20	15	14	12	11	18	16	13

(续)

TDMA 帧	设备传输序列									
	1	2	3	4	5	6	7	8	9	10
180	16	18	14	20	17	11	13	19	15	12
181	15	19	20	16	12	17	14	11	18	13
182	20	19	11	15	16	12	13	18	14	17
183	15	14	19	13	18	11	17	20	12	16
184	14	18	17	19	20	11	15	13	12	16
185	18	17	12	11	14	15	20	13	16	19
186	12	13	11	20	19	14	16	15	18	17
187	12	20	15	11	13	17	18	19	14	16
188	20	17	13	15	12	14	18	11	19	16
189	18	13	14	19	17	16	11	12	20	15
190	13	19	11	16	14	20	12	18	15	17
191	15	11	20	14	13	12	19	16	17	18
192	20	18	12	19	13	17	11	14	16	15
193	12	16	11	17	15	19	20	14	13	18
194	19	13	11	18	12	15	20	16	17	14
195	17	19	18	14	11	13	15	16	20	12
196	13	14	16	19	15	20	17	12	18	11
197	14	15	16	12	20	18	11	19	17	13
198	16	15	12	14	17	18	13	20	19	11
199	12	14	20	11	15	18	16	17	13	19
200	14	12	17	20	18	16	13	15	11	19

表 8.8 分配给 LocataLite 编号的 TDMA 位置（子网 3）

TDMA 帧	设备传输序列									
	1	2	3	4	5	6	7	8	9	10
1	22	23	26	30	28	29	21	27	24	25
2	27	25	24	22	26	28	23	29	30	21
3	26	21	25	28	22	30	29	24	27	23
4	30	22	27	21	29	25	26	23	28	24
5	21	30	23	25	27	22	24	28	26	29
6	27	28	21	23	24	26	30	25	29	22
7	29	24	23	22	21	28	25	30	27	26
8	24	22	30	26	25	23	27	29	21	28

（续）

TDMA 帧	设备传输序列									
	1	2	3	4	5	6	7	8	9	10
9	23	24	29	26	30	25	21	22	28	27
10	29	27	22	25	23	26	28	21	24	30
11	24	29	28	26	27	30	25	22	23	21
12	23	27	25	28	30	21	29	26	22	24
13	26	25	21	24	30	27	28	29	23	22
14	28	30	24	27	23	21	26	22	25	29
15	22	29	30	21	27	24	23	28	25	26
16	27	26	29	28	23	25	22	24	21	30
17	26	21	28	29	25	24	30	23	22	27
18	30	29	23	25	21	22	26	24	28	27
19	21	30	22	27	26	23	29	24	25	28
20	24	27	23	30	28	26	22	29	21	25
21	26	28	22	21	27	29	25	30	24	23
22	28	25	24	22	21	29	27	30	26	23
23	29	23	21	24	25	30	28	27	22	26
24	21	26	27	28	22	25	23	30	29	24
25	28	22	30	24	21	23	27	25	29	26
26	25	26	24	29	28	21	27	23	30	22
27	28	24	29	30	26	22	23	25	27	21
28	22	23	26	29	27	21	24	28	30	25
29	30	28	29	22	25	27	24	26	23	21
30	29	21	30	23	24	26	28	25	22	27
31	25	21	28	27	26	29	30	23	24	22
32	29	23	22	28	30	27	24	21	26	25
33	23	26	27	22	29	28	21	25	24	30
34	24	27	29	25	28	23	22	26	30	21
35	27	28	24	23	29	26	25	22	21	30
36	25	29	26	21	23	28	30	27	22	24
37	25	28	26	30	22	27	24	21	29	23
38	21	25	27	30	22	24	23	26	29	28
39	25	30	23	27	26	24	21	22	28	29
40	28	24	27	29	22	30	26	21	25	23

（续）

TDMA 帧	设备传输序列									
	1	2	3	4	5	6	7	8	9	10
41	30	29	25	26	28	24	22	21	23	27
42	25	21	22	23	30	29	27	28	26	24
43	26	24	30	21	28	22	25	27	23	29
44	30	28	23	25	29	21	24	26	27	22
45	24	25	21	26	29	22	30	27	23	28
46	21	26	23	27	30	28	29	24	25	22
47	26	22	25	29	23	24	27	30	21	28
48	22	23	29	24	28	27	21	25	30	26
49	23	27	28	21	24	29	26	22	30	25
50	28	30	24	22	21	23	25	26	27	29
51	30	23	26	28	25	21	22	29	27	24
52	30	27	25	24	23	22	21	29	28	26
53	21	22	28	27	24	29	26	30	25	23
54	28	23	21	30	27	26	25	24	22	29
55	22	27	21	23	24	28	30	25	26	29
56	23	21	22	26	24	30	29	25	28	27
57	26	21	27	29	25	22	28	24	23	30
58	28	22	25	24	29	21	27	23	26	30
59	22	30	21	25	26	27	28	23	29	24
60	25	30	26	23	22	27	24	28	29	21
61	29	22	23	24	26	25	28	27	21	30
62	24	29	27	30	23	25	21	26	22	28
63	22	26	30	28	25	23	29	21	24	27
64	22	24	21	30	29	27	23	28	26	25
65	29	25	27	26	21	28	30	22	24	23
66	27	25	22	28	29	30	26	23	24	21
67	27	30	28	21	25	23	22	29	26	24
68	27	25	29	22	23	30	24	28	21	26
69	23	24	26	27	29	30	22	21	28	25
70	21	29	24	25	30	23	26	28	22	27
71	28	23	25	22	21	26	29	24	30	27
72	21	24	22	25	30	27	29	23	28	26

(续)

TDMA 帧	设备传输序列									
	1	2	3	4	5	6	7	8	9	10
73	29	26	28	23	21	24	27	22	30	25
74	24	21	23	25	27	28	29	30	26	22
75	23	28	24	29	25	22	26	30	21	27
76	24	28	30	29	21	25	23	27	22	26
77	27	30	23	26	24	25	28	21	29	22
78	25	29	28	30	22	24	23	27	26	21
79	30	27	25	24	22	26	21	23	29	28
80	24	22	30	29	27	21	28	26	25	23
81	26	22	29	21	28	24	30	25	27	23
82	21	22	23	30	24	25	26	28	27	29
83	27	24	26	29	23	22	30	21	25	28
84	25	26	28	22	27	30	24	23	21	29
85	23	30	29	24	26	25	22	27	28	21
86	26	30	22	21	24	28	25	27	23	29
87	25	21	30	23	22	29	28	27	26	24
88	29	26	27	28	30	21	23	25	24	22
89	29	27	25	26	28	23	21	22	24	30
90	25	29	21	27	23	24	30	26	22	28
91	26	23	28	22	21	29	30	24	27	25
92	21	26	24	27	22	25	23	29	30	28
93	23	24	21	27	26	30	29	22	28	25
94	30	23	26	24	28	29	22	27	21	25
95	30	28	29	25	27	22	24	26	23	21
96	28	27	24	23	30	22	25	21	29	26
97	27	21	24	22	30	26	25	29	28	23
98	24	29	22	26	25	23	27	28	21	30
99	28	30	27	29	24	26	21	23	25	22
100	23	26	22	21	28	24	25	29	27	30
101	21	22	30	25	28	27	26	29	23	24
102	28	26	22	25	24	21	27	30	23	29
103	24	21	25	26	27	23	28	29	30	22
104	27	29	21	23	22	28	26	24	25	30

（续）

TDMA 帧	设备传输序列									
	1	2	3	4	5	6	7	8	9	10
105	26	25	22	23	29	28	24	30	27	21
106	30	28	25	27	23	21	22	24	29	26
107	23	25	26	30	29	28	21	22	24	27
108	22	27	26	28	21	24	23	30	29	25
109	27	25	28	22	24	30	21	26	29	23
110	22	29	21	30	27	26	23	28	25	24
111	22	29	30	24	23	27	25	28	26	21
112	23	24	27	21	26	29	30	25	22	28
113	24	21	29	22	26	27	28	23	25	30
114	23	28	27	24	29	26	21	25	22	30
115	22	23	26	28	30	29	27	24	21	25
116	21	22	28	29	25	23	27	30	26	24
117	26	27	29	23	22	25	24	21	28	30
118	24	28	26	25	29	27	22	21	30	23
119	25	23	30	21	22	26	29	24	27	28
120	29	25	24	26	30	28	22	21	23	27
121	29	26	22	28	23	21	24	25	30	27
122	24	23	28	21	26	30	25	27	22	29
123	22	24	25	29	21	27	23	30	26	28
124	24	30	23	27	21	29	28	22	25	26
125	21	28	27	30	24	25	29	22	23	26
126	28	25	30	21	24	22	27	26	23	29
127	27	25	28	23	21	24	29	26	30	22
128	29	23	22	26	25	30	21	27	24	28
129	26	22	30	28	25	23	27	29	24	21
130	25	21	23	30	26	27	28	29	24	22
131	23	24	29	30	27	22	25	28	21	26
132	22	26	27	23	29	21	30	25	28	24
133	30	27	25	24	26	29	28	22	21	23
134	26	24	28	25	21	30	29	23	22	27
135	21	28	29	25	22	23	26	24	27	30
136	21	29	24	23	28	30	22	25	27	26

(续)

TDMA 帧	设备传输序列									
	1	2	3	4	5	6	7	8	9	10
137	21	26	23	22	30	25	24	28	27	29
138	28	30	24	27	22	21	25	26	29	23
139	25	23	21	27	30	26	22	24	29	28
140	27	21	24	26	23	25	29	22	30	28
141	22	27	29	26	28	23	24	30	25	21
142	30	29	25	22	26	24	23	27	28	21
143	27	23	21	28	24	26	25	29	30	22
144	29	24	21	27	25	22	30	23	28	26
145	25	28	26	30	27	24	22	21	23	29
146	21	22	28	24	27	23	30	29	25	26
147	30	21	26	28	23	29	27	24	22	25
148	30	24	25	27	26	28	21	29	23	22
149	23	26	21	29	22	27	28	30	24	25
150	26	27	30	29	23	28	25	21	22	24
151	29	25	23	24	27	22	26	21	30	28
152	22	28	29	21	30	26	27	25	24	23
153	28	22	29	26	25	24	30	23	27	21
154	28	30	26	29	22	21	24	23	25	27
155	28	29	27	24	25	21	23	30	26	22
156	27	30	22	29	28	23	26	24	21	25
157	29	30	23	25	22	24	28	27	26	21
158	29	27	21	22	25	28	26	23	30	24
159	26	23	24	21	27	29	30	22	28	25
160	27	25	30	28	23	29	26	22	21	24
161	30	27	22	26	29	25	23	21	28	24
162	22	29	24	23	28	30	21	26	25	27
163	23	22	30	21	25	26	27	29	24	28
164	27	22	23	26	30	24	29	28	21	25
165	30	25	28	24	26	29	21	27	23	22
166	24	28	27	21	29	30	23	25	26	22
167	25	21	27	23	24	22	28	26	29	30
168	25	21	26	24	30	28	22	27	29	23

（续）

TDMA 帧	设备传输序列									
	1	2	3	4	5	6	7	8	9	10
169	30	27	26	28	25	22	23	21	24	29
170	21	24	25	23	29	27	26	30	22	28
171	22	26	25	29	24	30	27	28	21	23
172	26	21	28	24	29	25	22	23	27	30
173	29	23	25	24	21	22	30	26	28	27
174	24	26	23	22	27	25	30	28	29	21
175	23	28	21	30	24	27	25	26	22	29
176	28	23	24	27	22	21	29	26	30	25
177	27	24	25	26	21	28	29	22	23	30
178	29	26	27	28	25	23	21	22	24	30
179	22	25	29	27	26	23	24	28	30	21
180	29	27	21	25	28	26	24	23	22	30
181	23	25	27	30	24	22	28	21	26	29
182	22	26	30	21	23	29	28	25	24	27
183	25	30	22	21	26	28	23	27	29	24
184	26	24	29	25	27	21	22	30	28	23
185	30	25	22	27	23	26	21	24	28	29
186	21	30	26	22	29	23	25	24	27	28
187	27	30	21	25	28	24	23	29	22	26
188	28	22	24	25	23	21	29	30	27	26
189	24	22	25	21	28	26	27	29	30	23
190	30	29	27	22	23	28	24	21	26	25
191	29	22	28	30	21	27	23	26	25	24
192	26	23	22	27	24	30	25	28	29	21
193	27	21	30	29	26	23	24	28	25	22
194	29	26	30	23	27	24	22	25	21	28
195	26	21	22	30	28	29	24	25	23	27
196	25	24	29	28	30	27	21	23	22	26
197	22	30	24	28	21	25	26	29	27	23
198	25	29	23	28	21	24	27	30	26	22
199	21	30	24	23	29	25	26	28	27	22
200	25	27	28	22	23	21	29	24	26	30

表 8.9 分配给 LocataLite 编号的 TDMA 位置(子网 4)

TDMA 帧	设备传输序列									
	1	2	3	4	5	6	7	8	9	10
1	32	40	35	34	31	39	33	38	36	37
2	33	34	39	38	37	40	36	32	31	35
3	36	38	31	37	34	33	32	35	40	39
4	37	36	35	31	40	34	38	33	39	32
5	38	35	33	40	32	39	31	36	34	37
6	39	35	37	31	38	32	36	40	33	34
7	40	37	35	39	36	31	33	38	34	32
8	33	37	32	40	35	38	39	31	34	36
9	35	39	34	36	40	31	32	37	38	33
10	39	40	38	35	32	36	37	34	33	31
11	34	32	39	38	36	33	35	31	37	40
12	32	34	37	33	36	31	40	39	35	38
13	40	33	36	39	34	38	32	37	31	35
14	37	32	31	38	39	33	40	34	35	36
15	38	31	33	39	37	35	40	36	32	34
16	35	38	36	33	31	32	34	40	37	39
17	34	31	32	35	33	37	38	36	39	40
18	31	33	37	36	35	34	39	32	38	40
19	38	35	33	32	39	40	37	31	36	34
20	36	31	40	34	39	37	35	32	33	38
21	31	39	36	32	33	35	34	40	37	38
22	37	39	40	36	38	34	31	35	32	33
23	34	38	39	33	31	36	37	32	40	35
24	31	37	34	35	39	36	40	38	33	32
25	35	40	32	37	36	34	31	39	38	33
26	40	31	38	32	36	33	35	34	37	39
27	32	31	38	34	33	37	36	40	39	35
28	33	36	39	35	37	40	32	31	34	38
29	35	36	31	40	32	38	37	33	39	34
30	33	32	36	38	40	35	34	39	31	37
31	31	34	40	33	35	32	38	39	36	37
32	38	37	33	31	32	40	34	35	36	39

（续）

TDMA 帧	设备传输序列									
	1	2	3	4	5	6	7	8	9	10
33	37	32	34	36	33	40	39	38	35	31
34	35	39	38	37	40	31	33	34	32	36
35	39	33	36	34	38	32	31	37	35	40
36	37	39	31	36	34	32	35	38	40	33
37	36	35	37	40	38	31	34	33	39	32
38	37	36	38	34	32	39	33	35	40	31
39	39	33	34	37	31	36	32	35	38	40
40	33	38	31	32	34	39	35	37	40	36
41	40	39	32	37	34	38	33	31	35	36
42	32	38	34	31	37	35	39	36	33	40
43	35	40	38	39	34	36	31	33	32	37
44	34	35	33	38	36	37	32	40	31	39
45	31	33	35	32	39	37	38	34	40	36
46	40	34	39	38	37	33	36	35	32	31
47	38	33	37	34	35	31	40	39	36	32
48	36	39	40	35	31	38	34	37	32	33
49	39	40	33	31	35	36	37	38	32	34
50	31	36	34	40	32	38	39	33	37	35
51	39	37	36	35	38	32	31	40	34	33
52	32	35	38	36	33	34	40	37	39	31
53	34	37	35	33	40	38	36	39	31	32
54	40	32	37	31	33	39	35	34	36	38
55	40	36	34	35	31	39	32	33	38	37
56	34	38	31	40	37	33	36	32	39	35
57	33	34	32	39	36	40	38	35	37	31
58	38	40	35	39	34	37	32	36	31	33
59	32	34	33	40	39	37	38	31	35	36
60	34	31	32	33	35	37	40	36	38	39
61	36	31	38	32	40	33	37	39	34	35
62	36	37	40	31	39	32	35	33	38	34
63	32	33	31	34	38	35	39	40	37	36
64	31	37	39	38	33	32	36	35	40	34

（续）

TDMA 帧	设备传输序列									
	1	2	3	4	5	6	7	8	9	10
65	39	32	35	37	38	40	34	31	36	33
66	34	36	35	32	38	31	39	37	33	40
67	31	32	40	36	35	34	33	39	38	37
68	33	35	31	37	32	36	39	34	40	38
69	36	38	33	37	40	39	35	32	34	31
70	40	31	36	33	37	35	38	32	39	34
71	36	40	39	33	31	35	34	32	37	38
72	39	40	32	36	37	31	33	38	35	34
73	37	36	34	38	35	39	31	40	33	32
74	38	37	34	39	33	31	35	40	36	32
75	31	38	32	34	40	35	37	36	33	39
76	32	39	40	37	31	34	36	38	33	35
77	40	35	38	34	32	37	33	36	31	39
78	37	34	33	40	32	38	39	36	35	31
79	38	34	37	35	33	36	39	31	32	40
80	33	32	39	31	36	38	40	34	35	37
81	33	38	36	37	39	40	31	34	32	35
82	36	32	40	39	35	33	31	37	34	38
83	35	34	39	38	36	33	40	37	32	31
84	33	35	39	32	34	36	40	38	31	37
85	31	40	36	39	34	35	32	33	37	38
86	32	35	40	33	34	39	38	31	36	37
87	40	38	39	35	31	34	37	36	32	33
88	34	31	39	32	37	35	38	33	36	40
89	35	36	31	40	32	39	37	34	33	38
90	35	33	31	32	38	40	34	37	39	36
91	39	33	40	38	37	32	36	31	35	34
92	40	37	35	36	34	32	31	33	39	38
93	37	39	35	31	32	34	36	38	40	33
94	36	33	37	38	34	31	35	32	40	39
95	33	32	37	36	40	31	34	35	38	39
96	40	32	35	39	36	37	33	34	38	31

(续)

TDMA 帧	设备传输序列									
	1	2	3	4	5	6	7	8	9	10
97	39	34	40	37	31	38	36	32	33	35
98	32	31	36	40	38	33	35	37	34	39
99	37	34	33	40	35	38	32	39	31	36
100	34	33	38	39	31	37	32	36	35	40
101	36	38	32	31	33	39	37	40	35	34
102	32	35	36	33	39	40	34	38	37	31
103	38	36	37	32	40	33	34	35	31	39
104	35	39	32	38	40	34	33	31	37	36
105	39	40	31	35	33	37	38	34	36	32
106	33	36	32	34	37	35	40	39	38	31
107	37	40	36	31	35	34	39	33	38	32
108	38	33	34	31	37	39	36	35	32	40
109	35	31	38	36	39	34	37	33	40	32
110	38	35	33	39	36	40	31	32	34	37
111	32	39	31	34	40	33	35	37	36	38
112	34	32	37	35	33	36	38	31	40	39
113	31	33	38	35	39	32	37	40	36	34
114	35	36	33	32	31	40	38	34	39	37
115	38	40	37	33	32	39	34	31	36	35
116	38	35	40	32	36	37	31	39	34	33
117	40	36	34	38	39	33	31	32	35	37
118	39	38	32	35	36	31	34	40	37	33
119	39	37	35	40	34	32	33	36	31	38
120	37	39	32	34	36	31	40	38	33	35
121	32	40	34	36	39	35	31	33	37	38
122	33	37	34	31	38	36	40	39	35	32
123	33	34	39	40	35	38	36	37	31	32
124	34	35	38	37	32	40	33	31	39	36
125	34	36	35	37	40	33	32	39	38	31
126	35	31	33	32	38	39	37	36	34	40
127	36	38	40	32	31	34	35	39	33	37
128	34	31	36	39	33	38	40	32	37	35

(续)

TDMA 帧	设备传输序列									
	1	2	3	4	5	6	7	8	9	10
129	37	31	35	34	38	32	36	40	39	33
130	40	37	36	33	34	32	38	35	39	31
131	36	32	33	34	40	35	39	38	31	37
132	38	34	37	33	35	32	39	40	31	36
133	35	32	37	40	38	36	33	31	34	39
134	32	38	31	39	33	36	37	35	40	34
135	38	39	35	36	33	40	31	37	32	34
136	31	35	34	33	38	40	32	36	37	39
137	34	40	39	36	31	32	35	37	38	33
138	35	33	38	37	34	36	32	31	39	40
139	31	40	33	39	37	38	35	36	34	32
140	37	36	32	40	39	35	38	34	33	31
141	40	35	33	37	31	34	39	32	36	38
142	37	39	34	38	32	31	35	40	33	36
143	39	31	32	38	33	35	34	37	40	36
144	39	38	40	31	36	37	33	32	34	35
145	38	39	36	35	40	37	31	34	32	33
146	39	37	32	36	35	31	33	34	38	40
147	35	34	31	38	37	36	40	33	32	39
148	33	37	40	34	36	31	39	38	32	35
149	31	32	40	36	34	33	38	39	35	37
150	34	39	38	33	31	40	37	35	36	32
151	31	33	39	34	37	38	36	35	40	32
152	33	40	35	32	37	39	36	38	31	34
153	37	32	31	35	39	33	36	40	38	34
154	35	32	39	31	37	34	40	38	36	33
155	36	31	38	33	39	40	34	32	37	35
156	34	38	36	39	32	35	33	31	37	40
157	32	38	34	35	39	36	37	33	31	40
158	36	33	35	31	38	39	32	34	40	37
159	32	36	34	33	40	39	37	35	38	31
160	39	34	40	31	33	37	38	32	35	36

(续)

TDMA 帧	设备传输序列									
	1	2	3	4	5	6	7	8	9	10
161	38	39	31	32	35	37	33	36	40	34
162	39	35	33	32	40	34	38	37	31	36
163	31	34	36	37	32	39	40	38	35	33
164	37	40	38	35	32	33	34	31	39	36
165	40	39	37	34	36	32	31	33	35	38
166	35	40	37	39	31	38	32	36	34	33
167	40	35	31	32	37	36	33	38	34	39
168	34	31	37	36	39	32	38	40	33	35
169	31	36	38	40	34	35	37	39	33	32
170	40	31	35	36	32	33	39	34	37	38
171	37	33	34	40	38	31	36	35	39	32
172	36	33	34	39	35	38	31	40	32	37
173	31	32	34	38	33	36	35	37	39	40
174	36	34	31	33	40	37	32	35	39	38
175	39	37	36	38	34	32	40	35	33	31
176	39	40	36	37	35	34	33	32	31	38
177	35	36	39	33	38	32	34	37	40	31
178	37	34	35	40	33	38	32	39	31	36
179	32	33	37	36	31	40	35	39	38	34
180	32	38	31	34	36	33	39	35	37	40
181	33	37	31	35	34	39	32	36	40	38
182	36	38	33	39	40	31	35	32	34	37
183	35	34	38	37	39	36	31	33	32	40
184	36	37	32	31	34	35	33	38	40	39
185	38	36	32	34	31	40	37	33	35	39
186	36	35	40	32	37	31	39	34	38	33
187	34	32	33	31	38	35	36	39	37	40
188	33	36	40	39	35	38	34	31	32	37
189	33	31	38	36	37	34	40	32	39	35
190	38	39	31	37	33	35	32	40	36	34
191	32	38	39	37	31	33	40	34	36	35
192	31	40	34	35	32	38	37	39	33	36

(续)

TDMA 帧	设备传输序列									
	1	2	3	4	5	6	7	8	9	10
193	31	35	36	38	40	37	34	33	32	39
194	34	33	37	38	31	36	39	40	32	35
195	33	39	32	35	34	40	31	37	36	38
196	40	37	33	38	35	34	39	36	32	31
197	34	37	32	33	40	39	38	31	36	35
198	37	31	39	40	35	38	34	36	33	32
199	36	40	35	31	32	37	38	33	39	34
200	38	37	39	31	32	33	36	34	35	40

表 8.10 分配给 LocataLite 编号的 TDMA 位置(子网 5)

TDMA 帧	设备传输序列									
	1	2	3	4	5	6	7	8	9	10
1	46	49	42	50	45	44	43	41	48	47
2	50	48	46	43	44	42	41	45	47	49
3	43	46	41	44	47	48	42	49	45	50
4	41	50	47	44	49	46	45	42	43	48
5	44	45	48	41	43	49	47	42	46	50
6	43	47	45	46	48	49	44	50	41	42
7	48	42	44	46	47	43	45	50	49	41
8	49	45	41	47	46	42	48	43	50	44
9	45	44	48	43	49	50	42	47	41	46
10	44	41	43	42	45	46	50	49	47	48
11	50	46	47	49	48	45	42	44	43	41
12	47	45	49	43	42	41	46	48	50	44
13	42	47	50	41	44	46	49	48	45	43
14	46	43	45	41	42	49	50	48	44	47
15	42	46	41	45	47	50	43	44	48	49
16	44	50	43	48	49	47	41	46	42	45
17	49	42	50	44	41	48	47	46	45	43
18	42	43	44	49	41	47	48	46	50	45
19	47	43	49	50	46	44	42	45	48	41
20	50	49	46	47	44	45	48	41	42	43
21	50	42	46	48	43	47	41	49	44	45

(续)

TDMA 帧	设备传输序列									
	1	2	3	4	5	6	7	8	9	10
22	41	49	43	45	50	42	48	47	44	46
23	45	44	50	48	46	41	43	47	49	42
24	48	45	42	49	41	50	47	46	44	43
25	41	48	42	46	49	44	47	45	43	50
26	46	42	47	50	45	41	44	43	49	48
27	47	41	45	42	50	43	46	44	49	48
28	44	47	43	41	48	50	49	45	46	42
29	44	48	49	43	50	45	47	42	41	46
30	45	43	48	44	41	49	46	50	47	42
31	48	41	47	46	43	45	49	50	42	44
32	41	50	44	42	43	47	49	46	48	45
33	49	45	44	46	42	41	43	48	50	47
34	45	50	49	48	46	43	44	41	42	47
35	49	47	48	43	42	45	44	50	46	41
36	47	43	46	45	44	48	42	49	41	50
37	43	48	42	50	47	44	45	41	46	49
38	43	42	41	45	46	47	50	48	44	49
39	42	46	50	41	44	43	47	49	45	48
40	45	47	42	50	48	46	41	43	49	44
41	50	46	49	42	45	43	41	44	48	47
42	46	43	45	49	41	48	50	42	47	44
43	43	49	50	45	42	44	46	47	48	41
44	48	44	42	49	47	45	50	41	43	46
45	50	44	47	41	49	46	48	45	42	43
46	46	44	41	45	48	49	43	42	47	50
47	48	50	46	47	45	43	44	49	41	42
48	49	50	44	47	41	42	48	43	45	46
49	41	47	43	44	50	46	49	48	42	45
50	48	47	46	42	43	50	41	44	49	45
51	50	45	47	48	49	44	42	46	43	41
52	49	41	50	43	47	42	45	46	44	48
53	46	44	45	49	42	41	47	43	48	50

(续)

TDMA 帧	设备传输序列									
	1	2	3	4	5	6	7	8	9	10
54	45	41	44	46	48	43	49	42	50	47
55	42	41	49	47	44	48	45	43	46	50
56	42	44	45	48	41	47	43	50	49	46
57	45	50	48	42	44	49	46	47	41	43
58	47	49	43	42	48	46	50	41	45	44
59	42	50	49	47	45	41	46	48	43	44
60	43	48	44	46	45	42	49	41	50	47
61	48	41	49	44	50	42	47	45	46	43
62	41	42	46	44	47	50	48	43	45	49
63	45	41	46	42	43	50	44	47	48	49
64	46	49	42	48	47	44	41	50	43	45
65	44	43	42	50	46	49	45	47	41	48
66	47	46	41	49	50	43	44	48	45	42
67	49	48	50	45	43	47	42	41	44	46
68	41	45	43	50	49	48	46	47	44	42
69	46	42	47	43	45	48	49	44	50	41
70	43	41	45	42	46	48	44	49	47	50
71	47	48	41	45	50	49	43	46	42	44
72	41	44	48	45	49	50	42	47	46	43
73	47	49	48	42	43	41	46	50	44	45
74	44	42	41	48	46	45	50	47	43	49
75	43	48	47	46	41	42	45	44	50	49
76	41	46	45	47	42	49	50	44	43	48
77	42	48	50	41	47	44	43	49	45	46
78	48	49	46	41	43	42	44	45	47	50
79	46	44	47	49	45	48	41	42	50	43
80	50	43	44	41	48	45	46	49	47	42
81	43	46	44	49	42	45	50	48	41	47
82	45	48	43	50	42	46	49	44	47	41
83	50	45	49	48	44	41	43	46	42	47
84	49	46	47	43	44	42	45	41	48	50
85	47	50	45	49	41	44	46	43	42	48

(续)

TDMA 帧	设备传输序列									
	1	2	3	4	5	6	7	8	9	10
86	46	43	48	47	45	50	41	42	49	44
87	43	45	42	44	49	47	48	41	46	50
88	42	50	48	44	46	41	49	45	43	47
89	46	47	44	48	49	50	42	43	41	45
90	41	49	50	46	48	43	44	45	47	42
91	47	45	41	50	44	46	48	42	43	49
92	42	41	45	46	50	43	47	49	44	48
93	49	43	48	50	47	41	42	45	46	44
94	49	42	47	43	41	48	44	50	46	45
95	44	47	43	45	50	49	41	46	42	48
96	44	42	50	47	46	45	48	43	49	41
97	47	50	41	48	42	44	45	49	43	46
98	42	46	49	45	47	44	50	48	41	43
99	50	44	49	48	46	47	45	43	42	41
100	44	47	46	43	49	48	41	50	45	42
101	49	47	41	50	43	42	45	44	48	46
102	45	42	43	41	44	47	48	50	49	46
103	41	43	50	48	45	46	47	42	49	44
104	41	42	44	43	46	49	50	45	48	47
105	48	45	47	49	50	44	42	41	46	43
106	48	49	46	42	47	50	43	44	45	41
107	45	49	42	44	41	43	47	50	46	48
108	43	45	41	47	44	46	50	42	48	49
109	44	48	43	42	50	41	49	46	47	45
110	43	41	48	47	42	49	45	46	44	50
111	44	49	42	46	48	45	43	41	50	47
112	49	47	41	44	48	42	46	43	45	50
113	48	46	45	42	43	49	41	47	44	50
114	45	44	42	41	49	43	50	46	48	47
115	41	48	44	43	45	47	46	49	50	42
116	45	49	46	44	47	43	48	42	50	41
117	42	43	50	49	48	44	46	47	41	45

(续)

TDMA 帧	设备传输序列									
	1	2	3	4	5	6	7	8	9	10
118	48	50	44	45	46	41	47	42	49	43
119	44	41	49	47	45	42	48	50	43	46
120	50	46	43	42	41	45	44	48	47	49
121	43	47	46	50	45	41	42	48	49	44
122	46	45	49	41	43	47	50	48	42	44
123	47	48	43	44	42	50	49	45	41	46
124	42	46	47	43	49	48	41	44	50	45
125	48	46	43	45	50	42	47	44	41	49
126	42	47	50	41	48	45	43	46	44	49
127	41	42	45	46	49	47	48	50	44	43
128	50	43	49	47	41	46	42	44	45	48
129	46	50	41	44	43	48	49	45	47	42
130	50	48	45	49	42	46	41	47	43	44
131	45	42	49	48	44	50	47	43	46	41
132	49	44	42	43	48	41	50	46	45	47
133	48	43	47	44	49	46	45	50	42	41
134	50	41	44	46	49	45	43	42	48	47
135	45	44	42	46	48	50	47	49	41	43
136	47	49	50	46	44	43	41	45	48	42
137	43	41	48	42	50	45	44	49	47	46
138	50	49	46	47	42	48	44	41	43	45
139	47	44	48	41	46	42	45	49	43	50
140	43	44	41	50	42	49	48	47	45	46
141	48	50	44	45	43	46	49	42	41	47
142	46	41	45	50	48	47	42	43	49	44
143	49	50	42	47	48	43	45	41	46	44
144	46	44	48	45	47	41	43	42	50	49
145	44	47	50	49	46	43	48	45	41	42
146	41	46	43	49	47	44	50	48	42	45
147	44	50	47	48	46	41	42	45	49	43
148	50	43	41	45	42	44	46	47	49	48
149	42	46	45	44	41	48	49	43	47	50

（续）

TDMA 帧	设备传输序列									
	1	2	3	4	5	6	7	8	9	10
150	47	45	43	48	41	49	50	46	42	44
151	49	42	48	43	46	50	45	44	47	41
152	47	46	41	50	43	42	49	44	45	48
153	49	45	46	44	42	48	47	43	50	41
154	42	41	45	50	44	43	47	48	46	49
155	50	49	42	47	45	48	43	41	44	46
156	44	45	43	49	41	47	46	48	50	42
157	45	47	49	41	50	46	42	44	48	43
158	46	43	45	41	49	47	44	42	50	48
159	49	48	46	45	42	43	44	47	41	50
160	41	48	44	43	47	50	42	49	46	45
161	43	48	47	42	41	45	46	50	44	49
162	43	44	50	47	45	49	46	48	41	42
163	46	47	48	49	44	50	45	41	43	42
164	47	41	46	43	48	44	49	45	42	50
165	46	49	42	48	50	47	43	45	44	41
166	44	42	46	41	43	49	50	48	45	47
167	49	45	48	46	50	41	47	44	43	42
168	43	48	45	50	44	47	41	46	42	49
169	43	50	49	41	44	45	42	47	46	48
170	47	42	49	46	45	50	43	41	48	44
171	46	41	49	47	43	44	48	42	50	45
172	48	50	44	45	47	42	41	43	46	49
173	42	44	43	49	50	45	46	47	48	41
174	48	43	42	45	49	47	50	46	44	41
175	45	46	49	48	41	47	44	50	42	43
176	45	43	44	42	48	49	41	46	47	50
177	49	45	41	44	46	48	42	43	50	47
178	45	46	50	48	44	41	42	47	49	43
179	46	42	47	43	50	41	49	48	45	44
180	48	49	44	50	43	42	46	41	47	45
181	41	44	46	43	47	42	45	49	48	50

(续)

TDMA 帧	设备传输序列									
	1	2	3	4	5	6	7	8	9	10
182	44	47	41	42	50	45	48	43	49	46
183	50	49	47	43	41	46	48	44	45	42
184	41	50	43	46	42	44	48	47	49	45
185	48	42	44	41	49	43	45	50	47	46
186	44	41	50	42	48	46	47	49	45	43
187	44	42	45	50	46	49	43	48	41	47
188	50	41	42	46	45	44	49	43	47	48
189	42	49	41	45	47	50	48	44	43	46
190	42	50	45	41	48	46	43	49	44	47
191	41	43	45	47	46	49	44	50	42	48
192	45	42	46	44	47	48	50	43	41	49
193	48	46	47	43	50	41	44	45	49	42
194	47	44	48	42	41	43	45	49	50	46
195	49	47	46	41	45	50	44	42	43	48
196	47	44	42	49	45	46	43	41	50	48
197	50	49	42	44	46	48	41	47	45	43
198	42	48	49	50	45	43	47	41	46	44
199	47	42	45	48	43	44	49	46	50	41
200	44	43	48	47	50	42	46	45	49	41

3）导航数据

将导航电文数据 D(t)模二加到 PRN 扩频码上,以形成每个 LocataLite 广播的复合信号。尽管 LocataNet 能够配置为以 100bit/s 的速度进行导航电文数据传输,为了实现要求更高的导航电文数据鲁棒性,例如在存在干扰的情况下,LocataLite 通常以 50bit/s 的速度传输导航电文数据。在这种情况下,导航电文数据仅会减慢至 50bit/s,并且导航电文数据的子帧和帧持续时间是此处引用的数字的 2 倍。

导航电文数据包括 LocataLite 星历、系统时间、网络状态、校正因子和其他数据。导航电文数据以模二形式添加到 C/A 代码中,所得的比特流用于调制载波。尽管数据链的结构在所有情况下都是相同的,但是来自给定 LocataLite 的每个信号的数据链的内容不一定与来自该 LocataLite 的其他信号的数据链的内容相同。

4）信号结构

载波信号都是由 1 个位列调制的二进制相移键控信号。位列是 C/A 码和导航电文数据模二的和。对于特定的 LocataLite,所有传输的信号元素(载波、PRN 码和导航电文数据)均源于相同的频率源。

8.1.3.2 接口标准

以下各段中指定的标准定义了 LocataNet 信号的特性[7]。

1) 复合信号

以下标准定义了复合信号的特性。

(1) 频率计划。

LocataNet 内发出的信号包含在 2.4GHz ISM 频段内的两个 20.46MHz 频带中。LocataNet 支持 ISM 频段内的一系列载波频率(f0),如表 8.11 所示。这些频率对于 GPS 并不常见。

表 8.11 载波频率分配

频率 ID	频率/MHz
S02	2411.211
S52	2462.361
S62	2472.591

每个 LocataLite 提供多达 4 个发射信号,其中 2 个在 1 个载波上,另外 2 个在第 2 个载波上。这些被映射到 2 个发送器信号输出端口,分别标记为 Tx1 和 Tx2。这些输出端口,每 1 个都可以在第 1 载波处传输 1 个发射信号,并在第 2 载波处传输 1 个信号,以驱动单个天线。通常将 Tx1 和 Tx2 天线分开以提供空间分集,而两个载波则提供频率分集。还可以将 LocataLite 配置为仅使用单个载波和/或单个天线。LocataNet中的每个 LocataLite 都分配有唯一的数字标识。LocataLite 中的每个发送器都根据表 8.12 接收后缀标识。因此,LocataNet 中的每个传送器都可以通过其 LocataLite 编号和传送器后缀来获知。

表 8.12 发射信号身份的推导

频率	天线端	对应于发送的信号标识后缀
载波 1	Tx1	A
载波 2	Tx1	B
载波 1	Tx2	C
载波 2	Tx2	D

(2) 相关损耗。

相关损耗定义为:相关器输入端在 20.46MHz 的工作带宽中接收到的信号功率与相关器接收到的信号相关后输出的信号功率之比。相关损耗按如下分配:

LocataLite 调制缺陷 0.6dB;

理想的接收器波形失真 0.4dB(由于滤波)。

(3) 载波相位噪声。

未调制载波的载波相位噪声频谱密度保持在等于或低于使 10 Hz 一侧噪声带宽的锁相环能够以 0.1rad 的精度跟踪载波所需的电平。

（4）杂散传输。

在 20.46MHz 的工作带宽上，带内杂散传输至少要比未调制载波低 40dB。

（5）相位正交。

Locata 信号不使用基于相位的多路复用。

（6）用户接收的信号电平。

假设用户接收设备的位置可以从紧挨 LocataLite 的位置到与接收到的设备相距数十千米的距离，则接收到的信号电平可能相差很大，甚至高达 80dB 或更大。网络中使用的扩频波形提供大约 23dB 的动态范围，仅使用码分多址技术不足以提供频率重用。使用正交时隙分配来分离 LocataLite 提供了所需的附加信号分离，以确保良好的接收。

用户设备的设计应考虑到 LocataNet 中可能存在的广泛变化的信号电平。用户段(US)设备的接收信号动态范围应在功率谱密度范围内，从接收机高斯热本底噪声水平到至少 0.1dBm/MHz。

（7）设备群时延。

设备群时延定义为特定 LocataLite 的辐射信号输出（在天线相位中心测量）与该 LocataLite 板载频率源的输出之间的时延。时延包括偏差项和不确定性。下面将给出平均群时延偏差、该时延的不确定性（变化）以及两个载波信号间的群时延差的定义。

① 平均群时延偏差。

网络中的 LocataLite 都在其天线相位中心处的 TimeLoc 同步到其天线的相位中心处发出的主 LocataLite 信号。因此，主 LocataLite 内和从属 LocataLite 的 TxA 发送器内的组延迟不会影响网络同步。LocataLite 发出的其他信号（TxB、TxC 和 TxD）本身未直接在 TimeLoc 同步过程中使用，但其时序是从 TxA 的同步时序中得出的，可能会在天线相位中心处发出差分延迟。LocataLite 测量此发射的相对延迟并在导航电文数据中传输此测量的校准指示。

② 群时延不确定度。

LocataLite 传输的校准信号之间的群时延的最大不确定度为 10ps。

（8）信号相干性。

特定 LocataLite 的所有传输信号均源于相同的机载频率标准。所有发射的数字信号都与 TxA 上发射信号的 PRN 转换同步进行计时。为了能出现在发送的 RF 载波的向上零交叉的 0.2rad 内，所有发送的数字信号都被计算时间。

（9）信号稳定度。

在自主模式下运行的 LocataNet 不与外部时间源同步，将提供表 8.13 所列的时序稳定性。

表 8.13 LocataNet 稳定性

短期稳定度	1×10^{-6}
长期稳定度	1×10^{-6}/年[①]，最大 10×10^{-6}/年
热稳定性	$< 1 \times 10^{-6}$（在工作范围内 $-30 \sim +85°C$）

① 未补偿。跟踪长期漂移并在重新启动时进行补偿

当前的外部网络同步功能支持同时、同步的 GNSS/Locata 测量捕获，以确保用户动态下的可对比位置。

（10）天线位置不确定性。

定位精度将取决于 LocataLite 发射天线的测量精度和 LocataNet 的描述精度。天线位置不确定性是一个与实现相关的变量，应注意尽可能精确、准确地描述发射天线的相位中心位置。

对于厘米级定位精度，本地天线相位中心水平放置应优于 1cm，垂直放置应优于 2cm。如果 LocataNet 仅用于基于码相位的定位，则这些公差可放宽多达 10 倍。

（11）信号极化。

地面应用通常在整个网络中采用线性、垂直极化的信号，其多径比水平极化信号少。一些应用可以在整个网络中使用右手圆极化，例如航空应用。

2）PRN 码特性

LocataNets 采用 GPS 使用的 Gold 码伪随机码库，以简化实现。在明显不同的载波频率下运行可防止 GNSS 服务的干扰。下面根据 C/A 码的结构和生成 C/A 码的基本方法定义 C/A 码的特性。代码生成器的输出与编码数据流的模二求和合成的复合比特序列随后被用于调制信号载波。

（1）码结构。

线性 $Gi(t)$ 模式（C/A 码）是两个 1023 位线性模式 G1 和 $G2i$ 的模二和。后一个序列被整数个码片选择性地延迟以产生许多不同的 $G(t)$ 模式。

（2）C/A 码生成。

每个 $Gi(t)$ 序列都是一个 1023 位的 Gold 码，它本身就是两个 1023 位线性模式 G1 和 $G2i$ 的模二和。这里显示一个，其中 $G2i$ 序列可以通过将 G2 序列延迟整数个码片来形成。G1 和 G2 序列由 10 级移位寄存器，具有移位寄存器中所指的以下多项式输入（图 8.11、图 8.12）。

$$G1 = X^{10} + X^3 + 1$$
$$G2 = X^{10} + X^9 + X^8 + X^6 + X^3 + X^2 + 1$$

G1 移位寄存器的初始化矢量是 11111111。G2 移位寄存器的初始化矢量在表 8.5（码相位分配）的第 4 列中给出。G1 和 G2 寄存器的时钟频率为 10.23MHz，将它们的输出模二相加，即生成所需的码（图 8.13）。与 C/A 代码相关的时序关系如图 8.14 所示。

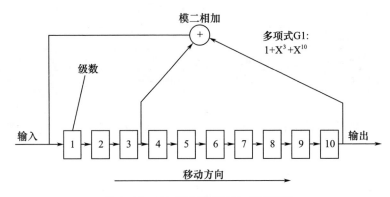

图 8.11 G1 移位寄存器生成器配置

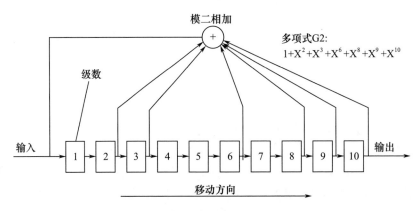

图 8.12 G2 移位寄存器生成器配置

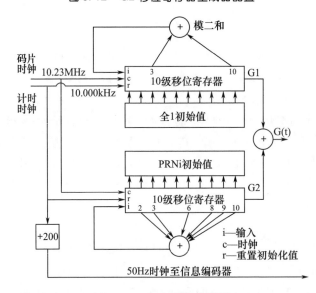

图 8.13 C/A 码生成示例

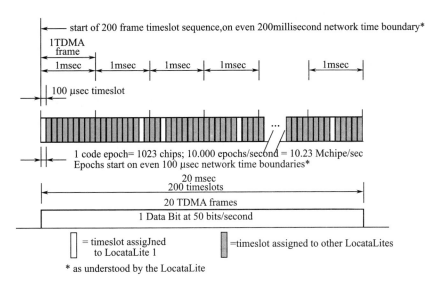

图 8.14 数据、C/A 代码和时序计时关系（原程序图）

3）Locata 时间和 LocataLite Z 计数

每个 LocataNet 都有一个主 LocataLite，所有其他 LocataLite 在时间和频率上都直接或间接同步到该主 LocataLite。主 LocataLite 继而可以将自身与外部时基同步，从而提供每秒 1 个脉冲的接口和串行时标消息时间基础，或保持独立于所有外部时间源，并使用它自己的浮动时间基础。

LocataLite 将自身与参考 LocataLite 同步的过程称为 TimeLoc。TimeLoc 同步过程在成对的 LocataLite（设备及参考 LocataLite）之间运行。通常从 LocataLite 将使用 TimeLoc 技术同步到主 LocataLite，主 LocataLite 提供整个网络的时间参考。如果不可见，则从 LocataLite 将尝试同步到本身已与网络主 LocataLite 同步的从 LocataLite，以最大程度减少到网络主 LocataLite 的 TimeLoc 跃点数。给定的 LocataLite 被 TimeLoc 定位到的 LocataLite 称为参考站，而不必是网络主站。

从 LocataLite 与被其 TimeLoc 引用的 LocataLite 之间的单个 TimeLoc 同步循环将从属内的时钟时间保持在其参考的指定公差内。这种差异的大小受环境因素的影响，例如多径和对流层残留延迟。表 8.14 给出了 TimeLoc 同步质量的规范。

表 8.14 TimeLoc 同步质量（净链上的单跳）

TimeLoc 同步参数	数值
最大相位噪声	0.03 周（11/s）[①]RMS
典型整周模糊度	6 周（约 2ns）[①]
① 当前的硬件和网络实施	

由于未补偿的对流层延迟和多径造成的局部影响将影响从属 LocataLite 可以用 TimeLoc 为其参考提供的精度。从站准确地知道其相对于参考位置的测量位置，并

可以计算相对于参考位置的观察到的分数周期,并根据需要调整时间进行复制。但是,多径、残余对流层引起的 TimeLoc 链路延迟、与/或信号互相关可能导致时间偏差和选择不适当的整数周期计数,从而出现一个周期的整数倍计时错误。用户在部署 LocataNet 时需要谨慎设计,以最大程度地减小多径和对流层延迟补偿的影响。在使用标准对流层建模和宽波束扇区 LocataLite 接收天线的部署网络中,TimeLoc 同步达到 2ns 之内,包括对流层延迟和多径的影响,这在部署网络中是很典型的,对多径只有适度的分辨力。

(1) GPS 同步时间基准。

在此模式下,主 LocataLite 在时间和频率上均与 GPS 同步。LocataNet 剩余时间相对于 GPS 时间的不确定性不会超过 100ns。

(2) 浮动时间基准。

在没有 GPS 同步的情况下,主 LocataLite 仅以其板载振荡器的速率从可配置的起始点开始计时。在这种模式下,与外部任何源均不保持时间或频率关系。

(3) 周内时间。

周内时间,由 17 位表示,定义为自一周开始以来当前 6s 间隔(子帧间隔)的递增计数。计数是短周期的,以使 TOW 计数的范围从 0~403199(等于一周),并在每个 GPS 周结束时重置为零。因此,TOW 计数的零状态(GPS 周的第一个 6s 间隔)适用于一周的第一个子帧间隔。这个计数周期的边界发生在(大约)周六晚上至周日上午的午夜,其中午夜被定义为 UTC 零时。

1980 年 1 月 1 日这一天时 GPS 时间与 UTC 是一致的。然而,从这一时刻起,UTC 以每几个月至几年的速度累积闰秒,使其与平太阳时间保持一致,而 GPS 时间是连续的,不包含闰秒。因此,多年来,"零值纪元"的发生与 UTC 零时可能相差几秒钟。

17 位 TOW 包含在 NAV 数据(D(t))流的时间字(TM)中。

8.1.3.3 导航数据结构[8-11]

1) 数据特征

叠加在载波信号 C/A 码上的数据流以 50bit/s 或 100bit/s 的速率运行。数据变换与 1s 秒沿同步。

2) 信息结构

Locata 导航(NAV)消息结构大致遵循 GPS L1 方式,在该方式中,数据在信号上编码以形成位、字、子帧和帧。每个数据位的长度为 10ms 或 20ms,具体取决于 LocataNet NAV 数据速率配置。NAV 数据字由 30bit 的块组成。每个数据字分配其比特,如表 8.15 所列。字的传输始终从字的最高有效位(MSB)开始(即第一个数据位)。

导航电文数据子帧由 20 个数据字(编号为 1~20)组成。所有子帧都共享第 1 个至第 3 个字的通用格式。这 3 个字包含频繁重复的数据,对于快速获取、

LocataLite 和 LocataNet 的状态非常重要。Locata 导航电文数据结构中有两个不同的子帧，分别编号为"1"和"2"，它们定义了第 4 个至第 20 个字的特定内容。子帧 1 包含有关信号/LocataLite 的数据，而子帧 2 可以包含有关具有 LocataNet 的任何 LocataLite 的数据。可以粗略地认为这两个子帧代表来自 GPS 样式的星历和历书数据。

表 8.15 导航电文字的比特分配

字段	开始比特	结束比特	使用几个比特	注释
数据	1	22	22	按照第 8.1.3.3 中 3)的规定，分配这些比特以承载数据内容
余	23	24	2	选择以确保 6 个奇偶校验位在 29bit 和 30bit 中为零
校验	25	30	6	

子帧 1 的结构从一帧到下一帧是一致的，而子帧 2 支持页面在帧之间变化的概念。目前，仅定义了子帧 2 的第 1 页和第 2 页，并且对于每个 LocataLite，使用此接口控制文件(ICD)的网络仅发送子帧 2 的前两个页面。该 ICD 的未来版本可能会定义更多的子帧 1、2 页。

图 8.15 显示了块、帧和子帧 1 的关系和时序的导航电文数据消息结构。每个帧包含网络中一个 LocataLite 的广播信号子帧 1 数据和子帧 2 数据的单页。连续的帧重复相同的子帧 1，并提供子帧 2 的不同页面。页面号将在整个帧中递增，直到所有支持的页面都已广播。然后，子帧 2 的数据将重置页码，并切换到网络的其他 LocataLite。此过程将继续进行，直到广播了所有已知 LocataLites 的数据为止，然后将重复整个序列。给定的 LocataLite 通常会在其 4 个信号之间错开年历传输定时，以加快数据的传播，在 LocataNet 上，不同的 LocataLite 也可能错开其年历传输时间。

传输器将需要 $(2 \times L \times P \times N)/60\text{min}$ 来传输网络中所有 N 个 LocataLite 的历书数据，其中 P 是每个 LocataLite 的子帧 2 页数，L 是每个 SubcataLite 的长度 帧(s)(对于 100bit/s 的 NAV 数据速率为 6s，对于 50bit/s 为 12s)。

图 8.16 至图 8.17 显示了 LocataLite、帧和子帧之间的关系，包括子帧 1 和子帧 2 交织的方式，子帧 2 中的 LocataLite 身份如何在帧之间彼此连续。

3) 信息内容

每个子帧包含遥测(TLM)字、时间(TM)字和捕获辅助(AA)字，分别为字 1~3。在每个子帧中，这 3 个字之后又增加了 17 个字，每个子帧共有 20 个字。

每个帧中的每个字以两比特余数结尾，后跟 6 个奇偶校验位。始终选择两位余数以确保在字的 24 位内容上计算出的 6 个奇偶校验位以二进制 00 结尾。因此，每个字都以两个零值结尾，从而使每个字都有机会检查接收到的数据位是否有反转。TLM，TW 和 AA 字的格式和内容，以及每个子帧/页面的 3~10 个字的格式和内容将在以下小节中介绍。

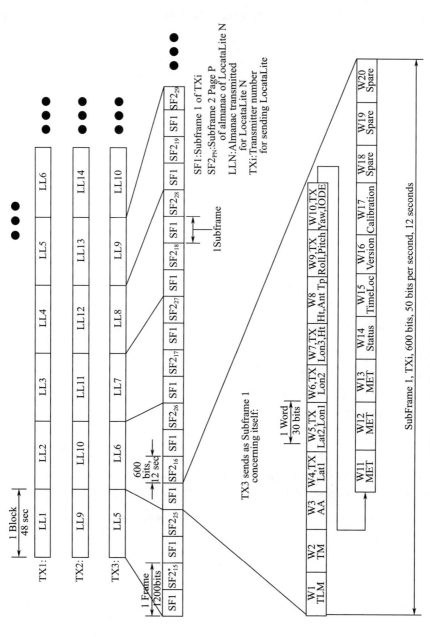

图 8.15 块、帧和子帧 1 的关系时序（原程序图）

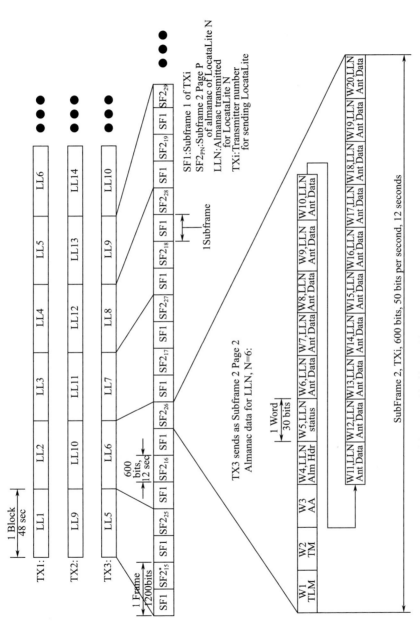

图 8.16 块、帧和子帧 2 的关系和时序（原程序图）

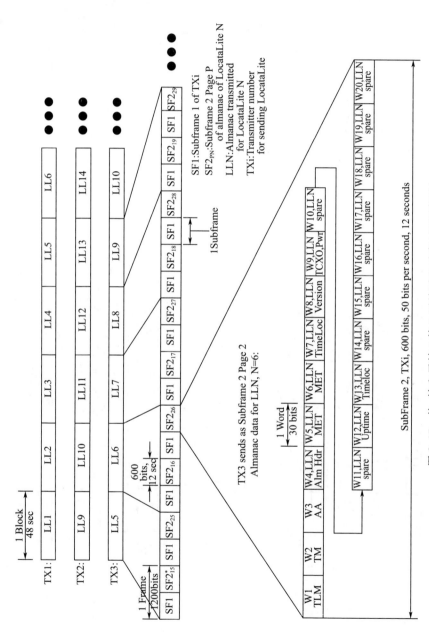

图 8.17 块、帧和子帧 2 第 2 页关系和时序（原程序图）

(1) 遥测(TLM)字。

每个 TLM 字长 30bit,每 6s 在数据帧中出现一次(当 D(t)工作于 100bit/s 时),并且是每个子帧中的第一个字。表 8.16 为字 1 的定义,遥测字显示了 TLM 字的数据位格式。先发送比特 1。每个 TLM 字均以前导码开头,然后是 TLM 消息和 6 个奇偶校验位。TLM 消息由表 8.16 中所示的元素组成。

表 8.16 字 1 的定义(遥测字)

字	字段	开始位	结束位	使用几位	内容
1	同步头	1	8	8	与 GPS 同步头相同。用于同步和数据反转检测。值 10001011,MSB 优先
	LocataNet ID	9	11	3	该 LocataLite 所属的网络的标识
	LocataLite ID	12	19	8	LocataLite 的身份
	LocataLite 信号 ID	20	21	2	该发射信号的通道号 数字 | 含义 00 | LocataLite 信号 A:频率 1,发射机 1 01 | LocataLite 信号 B:频率 2,发射机 1 10 | LocataLite 信号 C:频率 1,发射机 2 11 | LocataLite 信号 D:频率 2,发射机 2
	备份	22	22	1	

(2) 时间(TM)字。

TM 为 30 位长,是紧随 TLM 字之后的每个子帧/页中的第 2 个字。M 在数据帧中每 6s 出现一次(当 D(t)以 100bit/s 的速率运行时)。表 8.17 为字 2 的定义,时间字显示 TM 的格式和内容。任何字都是 MSB 先发送。

TM 以周内时间(TOW)计数的 17 个 MSB 开始。这 17 个比特对应于下一个子帧的开始(前沿)处的 TOW 计数。表 8.17 显示了 TM 的字段。

表 8.17 字 2 的定义(时间字)

字	字段	起始位	结束位	使用几位	内容
2	周内时间	1	17	17	如参考文献 1 第 20.3.3.2 节所述,在下一个子帧的开始(前沿)计算周内时间
	子帧 ID	18	18	1	标识此子帧类型 0—子帧 1 1—子帧 2
	LocataNet 外部同步状态	19	19	1	外部时间源同步状态: 0—未同步到外部时间源; 1—同步到外部时间源。 此状态信息适用于 TLM Word 中标识的整个 LocataNet。LocataLite 在此字段中广播 0,直到它与外部时间源实现同步或从另一个 LocataLite 接收到网络在外部进行时间同步的通知为止

(续)

字	字段	起始位	结束位	使用几位	内容
2	LocataLite 健康度	20	20	1	指示正在传输的 LocataLite 的运行状况 0—不健康 1—健康
	备份	21	22	2	

(3) 捕获辅助(AA)字。

AA 长 30 位,是每个子帧/页中紧接 TM 字的第 3 个字。在数据帧中每 6s 就会出现一次 AA(D(t)的工作速率为 100bit/s)。表 8.18 显示了 AA 的格式和内容。表 8.19 中显示了 AA 的参数。

表 8.18 字 3 的定义(捕获辅助(AA)字)

字	字段	起始位	结束位	使用几位	内容
3	周计数	1	10	10	附录 1 指定的周计数
	LocataNet 大小	11	13	3	参见表 16,捕获辅助参数
	相邻 LocataLite ID	14	21	8	参见表 16,捕获辅助参数
	备份	22	22	1	

表 8.19 捕获辅助参数

参数	比特个数	比例因子	有效范围			单位
			值	标定值	码片	
LocataNet 大小	3	240×2^N	0	240	8	米(m)
			1	480	16	
			2	960	32	
			3	1920	64	
			4	3840	128	
			5	7680	256	
			6	15360	512	
			7	30720	1024	
相邻 LocataLite ID	8	1	LocataLite ID,是提供此星历表的最接近 LocataLite 的 8 个 LocataLite 之一。 ·在子帧 1 中,LocataLite ID 在 1~4 个最接近的 LocataLite 之间循环(D(t)以 100bit/s 每 48s 重复一次)。 ·在子帧 2 中,LocataLite ID 在 5~8 个最接近的 LocataLite 之间循环(D(t)以 100bit/s 每 48s 重复一次)。 如果 LocataLite 没有信息可填充此字段,它将在此字段中广播自己的 LocataLite ID。 如果知道少于 8 个 LocataLite,则 LocataLite 将在缩短的列表中循环,在这种情况下,列表将在不到 48s 内重复			Integer ID

周数将与原始 GPS 周数同步,并从 0 到 1023 进行计数,然后再转换为零。第零周从 1980 年 1 月 6 日世界标准时间 00:00:00 开始,并在 1999 年 8 月 21 日世界标准时间 23:59:47 再次变为零。每周的周日上午 00:00:00 GPS 时间的周计数递增。对于正常一周,GPS 周包含 604800s(7 天)。

4)子帧 1

图 8.18 和图 8.19 显示了子帧 1 的布局。表 8.20 至表 8.23 中定义了子帧 1 的第 3 个至第 20 个字的内容,随后是相关的算法和与数据有关的材料。

(1)子帧内容。

子帧 1 的第 4 个至第 2 个字每个包含 6 个奇偶校验位,作为该字的 6 个 LSB。此外,所有字的第 23 位和第 24 位都是非信息承载位,用于确保该字的最后两个奇偶校验位为零。第 4 个至第 20 个字中的其余 352 位包含特定用于传输信号或所传输 LocataLite 和备份比特的数据。该数据类似于 GPS 空间飞行器星历数据。星历信息描述了发射信号的发射天线的位置和方向、星历数据期号(IODE)、LocataLite 处的温度、压力和湿度以及 LocataLite 的健康状况和状态。IODE 为用户提供了一种方便的方法,用于检测星历数据的任何变化,因为子帧 1 中信息的任何变化都将伴随 IODE 的变化。

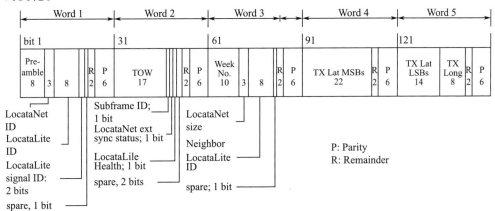

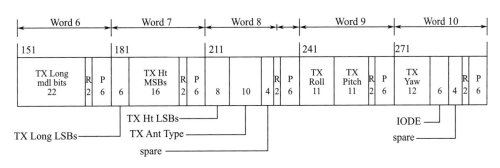

图 8.18 子帧 1 的布局(第 1 个至第 10 个字)(原程序图)

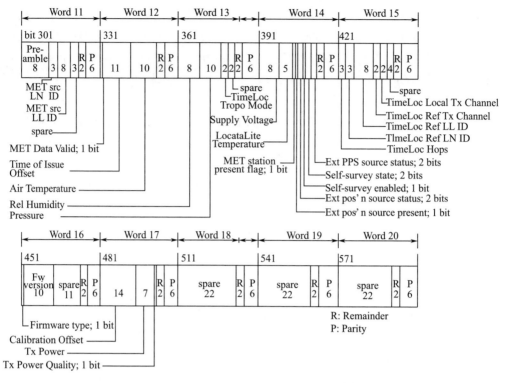

图 8.19　子帧 1 的布局（第 11 个至第 20 个字）（原程序图）

表 8.20　子帧 1 定义（第 4 个至第 10 个字）

字	字段	起始比特	结束比特	使用比特数	备注
第 4 个至第 10 个字，星历字——位置，方向和 IODE					
4	Tx 纬度 第 1～22 比特	1	22	22	参见表 8.24 的子帧 1 参数
5	Tx 纬度 第 23～36 比特	1	14	14	参见表 8.24 的子帧 1 参数
	Tx 经度 第 1～8 比特	15	22	8	参见表 8.24 的子帧 1 参数
6	Tx 经度 第 9～30 比特	1	22	22	参见表 8.24 的子帧 1 参数
7	Tx 经度 第 31～36 比特	1	6	6	参见表 8.24 的子帧 1 参数
	Tx 高度 第 1～16 比特	7	22	16	参见表 8.24 的子帧 1 参数
8	Tx 高度 第 17～24 比特	1	8	8	参见表 8.24 的子帧 1 参数
	Tx 天线类型	9	18	10	参见表 8.24 的子帧 1 参数
	备用	19	22	4	

(续)

字	字段	起始比特	结束比特	使用比特数	备注
9	Tx 横滚角 第 1~11 比特	1	11	11	参见表8.24 的子帧1 参数
	Tx 俯仰角 第 1~11 比特	12	22	11	参见表8.24 的子帧1 参数
10	Tx 偏航角 第 1~12 比特	1	12	12	参见表8.24 的子帧1 参数
	IODE	13	18	6	参见表8.24 的子帧1 参数
	备用	19	22	4	

表 8.21　子帧 1 定义（第 11 个至第 13 个字）

字	字段	起始比特	结束比特	使用比特数	备注
	第 11 个至第 13 个字，第二前导码及气象信息				
11	第二前导码	1	8	8	11011101
	气象（MET）源 LocataNet ID	9	11	3	适用于此 MET 数据的 LocataNet ID 号
	MET 源 LocataLite ID	12	19	8	适用于此 MET 数据的 LocataNet ID 号
	备用	20	22	3	
12	Met 数据有效标志	1	1	1	0—无效 1—有效
	发布时间偏移	2	12	11	参见表8.24 的子帧1 参数
	空气温度	13	22	10	参见表8.24 的子帧1 参数
13	相对湿度	1	8	8	参见表8.24 的子帧1 参数
	大气压力	9	18	10	参见表8.24 的子帧1 参数
	TimeLoc 对流层模式	19	20	2	0—无对流层矫正 1—建立 TimeLoc 后，对流层改正计算并应用一次 2—对流层改正的计算并持续应用 3—对流层校正模式将从主机继承
	备用	21	22	2	

表 8.22　子帧 1 定义（第 14 个、第 15 个字定义）

字	字段	起始比特	结束比特	使用比特数	备注
	14 字，状态和健康				
14	LocataLite 电池电量	1	8	8	参加表8.24 的子帧1 参数
	LocataLite 温度	9	13	5	参加表8.24 的子帧1 参数
	MET 站点显示	14	14	1	0—MET 站点不显示 1—MET 站点显示

(续)

字段	字段	起始比特	结束比特	使用比特数	备注
14	外部位置来源显示	15	15	1	0—外部位置来源无效 1—外部位置来源有效
14	外部位置来源状态	16	17	2	00—无解决方案,01—标准码解决方案,10—差分码解决方案,11—RTK 解决方案
14	启用自查	18	18	1	0—自查禁用 1—自查启用
14	自查状态	19	20	2	00—自查质量差 01—正在进行自查 10—自查完成 11—检测到自查活动
14	外部秒脉冲(PPS)源状态	21	22	2	00—没有外部 PPS 源有效 01—外部 PPS 源有效,但健康度差 10—外部 PPS 有效、健康度好,没有在使用 11—外部 PPS 有效、健康度好,正在使用
15	第 15 个字,TimeLoc 系谱				
15	TimeLoc 跳跃	1	3	3	0~7;0 表示这个 LocataLite 是主设备
15	TimeLoc 参考 LocataNet ID 号	4	6	3	该 LocataLite 被 TimeLoc 定位到 LocataNet ID 号
15	TimeLoc 参考 LocataLite ID 号	7	14	8	该 LocataLite 为 TimeLoc 的 LocataLite ID 号
15	TimeLoc 参考发射通道	15	16	2	此 LocataLite 是 TimeLoc 的参考发射通道
15	备用	17	22	6	

表 8.23 子帧 1 定义(第 16 个至第 20 个字定义)

字	字段	起始比特	结束比特	使用比特数	备注
	第 16 个字,固件版本信息				
16	LocataLite 固件类型	1	1	1	0—未发布 1—已发布
16	LocataLite 固件版本	2	11	10	LocataLite 固件版本
16	备用	12	22	11	
	第 17 个字,标准差分				
17	标准偏移	1	14	14	此信号与来自同一 LocataLite 的本地 TimeLoc 信号之间的范围偏移。 参见表 8.24 的子帧 1 参数
17	发射功率	15	21	7	这个信号的发射功率。 参见表 8.24 的子帧 1 参数

(续)

字段	字段	起始比特	结束比特	使用比特数	备注
17	发射功率质量	22	22	1	0—估值 1—实测
第 18 个至第 20 个字,备份					
18	备份	1	22	22	
19	备份	1	22	22	
20	备份	1	22	22	

(2)子帧 1 参数特征。

表 8.24 规定了子帧 1 中包含的位数、LSB 的比例因子(接收到的最后一位)、范围以及所选参数的单位。

表 8.24　子帧 1 参数

参数	比特数	比例因子	有效范围	单位
子帧 1 参数				
空气温度	10	0.1	$-45(0x000) \sim 57.3(0x3FF)$	℃
校准偏移	14	0.2	$-1638.4 \sim +1638.2$ 同一 LocataLite 的给定发射信号和发射信号 A 之间的范围偏移	mm
发射功率	7	1	$-50 \sim +60$ LocataLite 对该信号的发射功率,包括任何外部放大器和电缆损耗,但不包括发射天线增益	dBm
IODE	6	1	更改星历坐标数据时递增 $0 \sim 63$	整数
LocataLite 电池电量	8	0.1	$9.0(0x00) \sim 30.0(0xD2)$	V
LocataLite 温度	5	5	$-40(0x0) \sim 115(0xF)$	℃
参数	比特数	比例因子	有效范围	单位
压力	10	1	$75(全 0) \sim 1098(全 1)$	hPa
相对湿度	8	0.4	$0(0x00) \sim 100(0xFA)$	%
发布时间偏移	11	12	$0(0x00) \sim 24564(0x7FF)$	s
TimeLoc 跳跃	3	1	$0 \sim 7$,从此 LocataLite 到主 TimeLoc 的跳数	整数
发射天线类型	10	1	发射天线的编码标识符	整数
发射高度	24	10^{-3}	$-6000(0x000000) \sim 10777.215(0xFFFFFF)$ 相对于 WGS-84 大地水准面	m
Tx 纬度	36	10^{-10}	$0 \sim \pi$(此处引用的值是 WGS-84 纬度加 $\pi/2$)	rad
Tx 经度	36	10^{-10}	WGS-84 本初午线向东前进 $0 \sim 2\pi$	rad
Tx 俯仰角	11	0.1	± 90	(°)
Tx 横滚角	11	0.1	± 90	(°)
Tx 偏航角	12	0.1	± 180	(°)

（3）子帧 1 用户算法。

① TimeLoc 跳。

TimeLoc 整跳数给出了从这个 LocataLite 到网络同步的主 LocataLite 的射频跳数的总和。如果这个 LocataLite 是主 LocataLite，则该值为零。如果此 LocataLite 通过直接射频链接与主站同步，则该值为 1。如果将此 LocataLite 同步到一个直接射频连接到主 LocataLite 的 LocataLite 上，则该值为 2，以此类推。这样可以确定给定的 LocataLite 发生同步的总路径长度，以帮助缩放与路径长度有关的影响，例如剩余的未补偿对流层延迟。

② 对流层数据。

某些 LocataLite 可能配备气象站，以感测大气温度、压力和相对湿度。如果配备了发射的 LocataLite，它将随着子帧 1 发送测量大气值，这些值同时也有有效期。用户主要将对流层压力、温度、相对湿度和年龄特征应用于适当的模型，以确定对流层对路径延迟的影响。TimeLoc Tropo Mode 字段指示 LocataLite 是否已尝试从 TimeLoc 进程中删除对流层影响。

请注意，在子帧 2 页面中传输的对流层数据用于在子帧 2、页面 1、字 4 中标识的 LocataLite 设备 ID，而不用于传输 LocataLite。

5）子帧 2

子帧 2 的每一页在第 4 个至 20 个字中包含不同的特定数据。页面数据字段将在接下来的参数与算法部分有更多的详细描述。

（1）子帧 2 相对时间。

从 1~7 个连续的帧描述了网络中每个 LocataLite 的历书。目前是使用子帧 2 中的两页来描述每个 LocataLite。在这种情况下，需要 $2 \times N$ 帧来描述网络中所有的 LocataLite。每个 LocataLite 广播的 4 个信号会及时偏移其帧中描述的历书数据，从而使 4 个信号中的每一个都在给定时间发送不同 LocataLite 的数据。这使接收器可以在最短的时间内收集网络中所有 LocataLite 上的历书信息。由于每个子帧都标识了它所属的 LocataLite，因此可以根据需要将子帧 2 页面动态分配给 LocataLite，以便高效地在网络上分发信息。

（2）子帧 2 内容。

每页的第 4 个到第 20 个字包含 6 个奇偶校验位，这 6 位在最低有效位。此外，所有字的第 23 比特和第 24 比特都是非信息承载位，用于确保该字的最后两个奇偶校验位为零。

第 1 个至第 3 个字与子帧 1 相同。以下小节以及图 8.20 至图 8.22 描述了子帧 2 中两个页面的第 4 个至第 20 个字中包含的数据。

在将来的实现中，该 ICD 可以在子帧 2 中定义用于分发网络信息的附加页面。如果使用这些页面，则它们在第 1 至 4 字和第 11 字的前 8 位中将包含与第 1 页和第 2 页相同的数据。

第 8 章 GNSS 伪卫星标准与应用

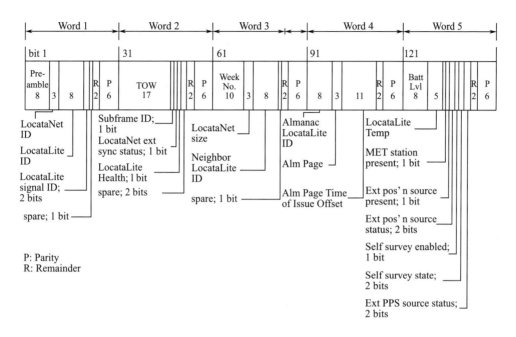

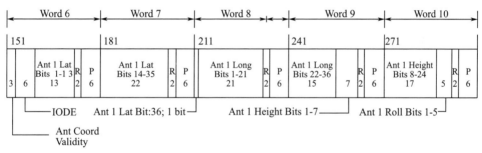

图 8.20　子帧 2,第 1 页,第 1 个至第 10 个字的结构(原程序图)

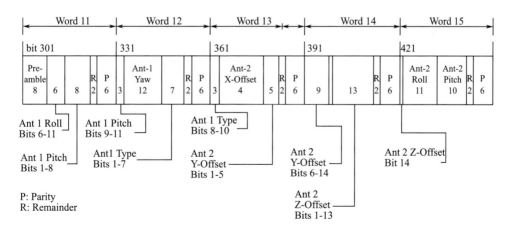

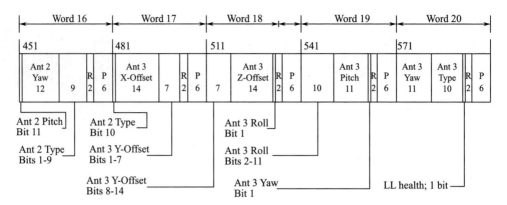

图 8.21　子帧 2,第 1 页,第 11 个至第 20 个字的结构(原程序图)

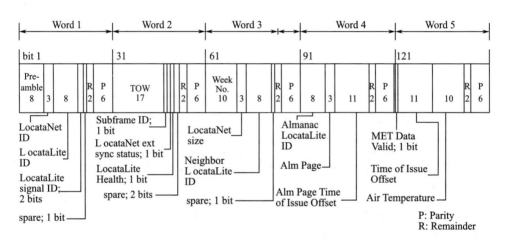

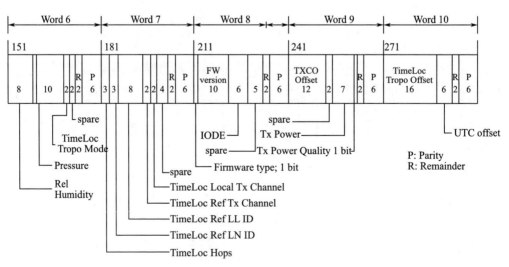

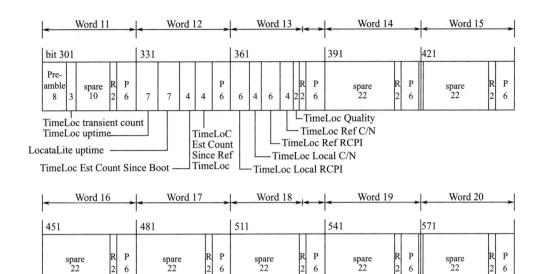

图 8.22 子帧 2,第 2 页,第 1 个至第 20 个字的结构(原程序图)

① 子帧 2 第 4 个字。

表 8.25 展示出子帧 2 第 4 个字的字段定义。该字对于子帧 2 的所有页面通用,并且包含 LocataLite ID、LocataNet ID 和子帧中的历书数据描述的 LocataLite 的历书。

表 8.25 子帧 2 第 4 个字定义

字	字段	起始比特	结束比特	使用比特数	备注
	子帧 2,第 4 个字——所有页面共用				
	第 3 个字,LocataLite 标志				
4	历书 LocataLite ID 号	1	8	8	历书所属的 LocataLite 数字标识符
	历书页 ID 号	9	11	3	下面历书数据的页面 ID;0~7
	历书数据发布时间偏移	12	22	11	参见表 8.24 中"发布时间偏移"的子帧 1 参数,该参数用于位解释

② 子帧 2 第 1 页第 5~20 个字。

表 8.26 至表 8.30 描述了子帧 2 第 1 页中第 5~20 个字的定义。

表 8.26 子帧 2,第 1 页,第 5 个字的定义

字	字段	起始比特	结束比特	使用比特数	备注
	第 5 个字,健康和状态				
5	LocataLite 电源电压	1	8	8	参见表 8.24 的子帧 1 参数
	LocataLite 温度	9	13	5	参见"LocataLite 温度",表 8.24 的子帧 1 参数
	MET 站点显示	14	14	1	0—MET 站点不显示 1—MET 站点显示

(续)

字	字段	起始比特	结束比特	使用比特数	备注
5	外部位置来源显示	15	15	1	0—外部位置来源无效 1—外部位置来源有效
	外部位置来源状态	16	17	2	00—无解决方案;01—标准码解决方案; 10—差分码解决方案;11—RTK 解决方案
	启用自查	18	18	1	0—自查禁用;1—自查启用
	自查状态	19	20	2	00—自查质量差;01—正在进行自查; 10—自查完成;11—检测到自查活动
	外部 PPS 源状态	21	22	2	00—没有外部 PPS 有效;01—外部 PPS 有效,但健康差 10—外部 PPS 健康好,但未用 11—外部 PPS 健康好,并正在使用

表 8.27 子帧 2,第 1 页,第 6~8 个字的定义

子帧 2,第 1 页					
字	字段	起始比特	结束比特	使用比特数	备注
第 6 个字,设备和有效性					
6	天线坐标有效	1	3	3	请参阅表 8.34 的天线坐标的有效性
	IODE	4	9	6	请参阅表 8.24 的子帧 1 参数
	天线 1 纬度 第 1~13bit	10	22	13	请参阅表 8.24 的"Tx 纬度"中用于位解释的子帧 1 参数
第 7~8 个字,天线细节					
7	天线 1 纬度 第 14~35bit	1	22	22	请参阅表 8.24 的"Tx 纬度"中用于位解释的子帧 1 参数
8	天线 1 纬度 第 36bit	1	1	1	请参阅表 8.24 的"Tx 纬度"中用于位解释的子帧 1 参数
	天线 1 经度 第 1~21bit	2	22	21	请参阅表 8.24 的"Tx 经度"中用于位解释的子帧 1 参数

表 8.28 子帧 2,第 1 页,第 9~14 个字的定义

字	字段	起始比特	结束比特	使用比特数	备注
第 9~14 个字,天线细节(续)					
9	天线 1 经度 第 22~36bit	1	15	15	请参阅表 8.24 的"Tx 经度"中用于位解释的子帧 1 参数
	天线 1 高度 第 1~7bit	16	22	7	请参阅表 8.24 的"Tx 高度"中用于位解释的子帧 1 参数
10	天线 1 高度 第 8~24bit	1	17	17	请参阅表 8.24 的"Tx 高度"中用于位解释的子帧 1 参数
	天线 1 横滚角 第 1~5bit	18	22	5	请参阅表 8.24 的"Tx 横滚角"中用于位解释的子帧 1 参数

(续)

字	字段	起始比特	结束比特	使用比特数	备注
11	第二前导码	1	8	8	11011101
	天线横滚角 第6~11bit	9	14	6	请参阅表8.24的"Tx横滚角"中用于位解释的子帧1参数
	天线1俯仰角 第1~8bit	15	22	8	请参阅表8.24的"Tx俯仰角"中用于位解释的子帧1参数
12	天线1俯仰角 第9~11bit	1	3	3	请参阅表8.24的"Tx俯仰角"中用于位解释的子帧1参数
	天线1偏航角	4	15	12	请参阅表8.24的"Tx偏航角"中用于位解释的子帧1参数
	天线1类型 第1~7bit	16	22	7	请参阅表8.24的"发射天线类型"中用于位解释的子帧1参数
13	天线1类型 第8~10bit	1	3	3	请参阅表8.24的"发射天线类型"中用于位解释的子帧1参数
	天线2 X偏移	4	17	14	请参阅表8.35的"天线N X/Y/Z-偏移"中用于位解释的子帧2参数
	天线2Y偏移 第1~5bit	18	22	5	请参阅表8.35的"天线N X/Y/Z-偏移"中用于位解释的子帧2参数
14	天线2Y偏移 第6~14bit	1	9	9	请参阅表8.35的"天线N X/Y/Z-偏移"中用于位解释的子帧2参数
	天线2 Z偏移 第1~13bit	10	22	13	请参阅表8.35的"天线N X/Y/Z-偏移"中用于位解释的子帧2参数

表8.29 子帧2,第1页,第15~17个字的定义

字	字段	起始比特	结束比特	使用比特数	备注
	第15~17字,天线细节(续)				
15	天线2Z偏移 第14bit	1	1	1	请参阅表8.35的"天线N X/Y/Z-偏移"中用于位解释的子帧2参数
	天线2横滚角	2	12	11	请参阅表8.24的"发射横滚角"中用于位解释的子帧1参数
	天线2俯仰角 第1~10bit	13	22	10	请参阅表8.24的"发射俯仰角"中用于位解释的子帧1参数
16	天线2俯仰角 第11bit	1	1	1	请参阅表8.24的"发射俯仰角"中用于位解释的子帧1参数
	天线2偏航角	2	13	12	请参阅表8.24的"发射偏航角"中用于位解释的子帧1参数
	天线2类型 第1~9bit	14	22	9	请参阅表8.24的"发射天线类型"中用于位解释的子帧1参数
17	天线2类型 第10bit	1	1	1	请参阅表8.24的"发射天线类型"中用于位解释的子帧1参数
	天线3 X-偏移	2	15	14	请参阅表8.35的"天线N X/Y/Z-偏移"中用于位解释的子帧2参数
	天线3 Y-偏移 第1~7bit	16	22	7	请参阅表8.35的"天线N X/Y/Z-偏移"中用于位解释的子帧2参数

表 8.30　子帧 2,第 1 页,第 18～20 个字的定义

字	字段	起始比特	结束比特	使用比特数	备注
第 18～20 个字,天线细节(续)					
18	天线 3 Y-偏移 第 8～14bit	1	7	7	请参阅表 8.35 的"天线 N X/Y/Z-偏移"中用于位解释的子帧 2 参数
	天线 3 Z-偏移	8	21	14	请参阅表 8.35 的"天线 N X/Y/Z-偏移"中用于位解释的子帧 2 参数、
	天线 3 横滚角 第 1bit	22	22	1	请参阅表 8.24 的"发射横滚角"中用于位解释的子帧 1 参数
19	天线 3 横滚角 第 2～11bit	1	10	10	请参阅表 8.24 的"发射横滚角"中用于位解释的子帧 1 参数
	天线 3 俯仰角	11	21	11	请参阅表 8.24 的"发射俯仰角"中用于位解释的子帧 1 参数
	天线 3 偏航角 第 1bit	22	22	1	请参阅表 8.24 的"发射偏航角"中用于位解释的子帧 1 参数
20	天线 3 偏航角 第 2～12bit	1	11	11	请参阅表 8.24 的"发射偏航角"中用于位解释的子帧 1 参数
	天线 3 类型	12	21	10	请参阅表 8.24 的"发射天线类型"中用于位解释的子帧 1 参数
	LocataLite 健康度	22	22	1	0—不健康,1—健康

③ 子帧 2 第 2 页第 5～20 个字。

表 8.31 至表 8.33 描述了子帧 2 第 2 页第 5～20 个字的内容。本规范的未来版本将在此页面的保留字段中包含其他完整性监视数据。

表 8.31　子帧 2,第 2 页,第 5～9 个字的定义

字	字段	起始比特	结束比特	使用比特数	备注
第 5～6 个字,气象信息					
5	MET 数据有效	1	1	1	0—无效 1—有效
	MET 数据发布时间偏移	2	12	11	请参阅表 8.24 的"发布时间偏移"中子帧 1 参数
	空气温度	13	22	10	请参阅表 8.24 的子帧 1 参数
6	相对湿度	1	8	8	请参阅表 8.24 的子帧 1 参数
	压力	9	18	10	请参阅表 8.24 的子帧 1 参数
	TimeLoc 对流层模式	19	20	2	0—没有应用对流层校正 1—建立 TimeLoc 后,对流层改正计算并应用一次 2—对流层改正计算并持续应用 3—对流层校正模式将从主机继承
	备用	21	22	2	
第 7 个字,TimeLoc 信息					

(续)

字	字段	起始比特	结束比特	使用比特数	备注
7	TimeLoc 跳跃	1	3	3	请参阅表8.24 的子帧1 参数
	TimeLoc 参考 LocataNet ID	4	6	3	该 LocataLite 被 TimeLoc 定位到的 LocataNet ID 号
	TimeLoc 参考 LocataLite ID	7	14	8	该 LocataLite 被 TimeLoc 定位到的 LocataNet ID 号
	TimeLoc 参考 发射通道	15	16	2	参考 TxChannel,该 LocataLite 是 TimeLoc'd
	备用	17	22	8	
	第8~9个字,LocataLite 配置信息				
8	固件类型	1	1	1	0—未发布 1—已发布
	固件版本	2	11	10	此 LocataLite 的固件版本,0~1023
	IODE	12	17	6	请参阅表8.24 的子帧1 参数
	备用	18	22	5	
	子帧2,第2页				
9	TCXO 偏移	1	12	12	TCXO 偏移量(十亿分之一)
	备用	13	14	2	
	发射功率	15	21	7	请参阅表8.24 的子帧1 参数
	发射功率质量	22	22	1	0—估计值 1—测量值

表8.32 子帧2,第2页,第10~13个字的定义

字	字段	起始比特	结束比特	使用比特数	备注
	第10个字,备用				
10	TimeLoc 对流层偏移	1	16	16	LocataLite 对自身的参考,以毫米为单位应用了无符号的 TimeLoc 对流层校正
	UTC 偏移	17	22	6	"0"被视为未知
	第11个字,第二先导码				
11	第二先导码	1	8	8	11011101
	TimeLoc 瞬时计数	9	12	4	自上次建立 TimeLoc 以来经历的非致命 TimeLoc 干扰数量的饱和计数
	备用	13	22	10	
	第12个字 正常运行时间				
12	TimeLoc 正常运行时间	1	7	7	参见表8.36 的时间戳值
	LocataLite 正常运行时间	8	14	7	参见表8.36 的时间戳值
	TimeLoc 自启动以来的计数	15	18	4	启动后 TimeLoc 已建立次数的饱和计数
	TimeLoc 自参考 TL 以来的计数	19	22	4	自该从站参考上次建立 TimeLoc 以来建立 TimeLoc 的次数的饱和计数

(续)

字	字段	起始比特	结束比特	使用比特数	备注
	第 13~15 个字　TimeLoc 质量字				
13	TimeLoc 本地接收信道功率参数(RCPI)	1	6	6	请参阅表 8.35 的子帧 2 参数
	TimeLoc 本地载噪比	7	10	4	请参阅表 8.35 的子帧 2 参数
	TimeLoc 参考 RCPI	11	16	6	请参阅表 8.35 的子帧 2 参数
	TimeLoc 参考载噪比	17	20	4	请参阅表 8.35 的子帧 2 参数
	TimeLoc 质量	21	22	2	00—坏 01——般 10—好 11—极好

表 8.33　子帧 2,第 2 页,第 14~20 个字的定义

字	字段	起始比特	结束比特	使用比特数	备注
	第 14~20 个字,备用				
14	备用	1	22	22	
15	备用	1	22	22	
16	备用	1	22	22	
17	备用	1	22	22	
18	备用	1	22	22	
19	备用	1	22	22	
20	备用	1	22	22	

(3) 子帧 2 参数特性。

表 8.34 提供了天线坐标有效性,表 8.35 提供了天线偏移量测量以及信号校准差异的更多信息,表 8.36 给出了子帧 2 第 2 页的第 12 字中引用的时间戳的值。

表 8.34　天线坐标有效性

字段值	天线 1 涉及的	天线 2 涉及的	天线 3 涉及的	备注
000				没有历书数据
001	发射天线 1	—	—	只有发射 1 有效
010	发射天线 2	—	—	只有发射 2 有效
011	发射天线 1	发射天线 2		发射 1 和发射 2 有效
100	接收天线	—	—	没有历书数据
101	接收天线	发射天线 1	—	接收和发射 1 有效
110	接收天线	发射天线 2	—	接收和发射 2 有效
111	接收天线	发射天线 1	发射天线 2	接收、发射 1 和发射 2 有效

表 8.35 子帧 2 参数

子帧 2 参数				
参数	比特数	LSB 比例因子	有效范围	单位
天线 N X/Y/Z-偏移	14	1	有符号整数,ECEF 坐标系 范围:−8192~8191	mm
TimeLoc RCPI (本地 & 参考)	6	2	TimeLoc 信号之一的 RCPI 值 范围:−116~+10	dBm
TimeLoc 载噪比 (本地 & 参考)	4	2	TimeLoc 信号之一的载噪比值 范围:2~32	dB

表 8.36 时间戳值

时间戳值		
值	代表值	单位
0	<1	h
1	1~2	h
2	2~3	h
3	3~4	h
4	4~5	h
5	5~6	h
6	6~7	h
7	7~8	h
8	8~9	h
9	9~10	h
10	10~11	h
11	11~12	h
12	12~13	h
13	13~14	h
14	14~15	h
15	15~16	h
16	16~17	h
17	17~18	h
18	18~19	h
19	19~20	h
20	20~21	h
21	21~22	h
22	22~23	h
23	23~24	h

(续)

值	时间戳值	
	代表值	单位
24	1~2	天
25	2~3	天
26	3~4	天
27	4~5	天
28	5~6	天
29	6~7	天
30	7~8	天
31	8~9	天
32	9~10	天
33	10~11	天
34	11~12	天
35	12~13	天
36	13~14	天
37	14~15	天
38	15~16	天
39	16~17	天
40	17~18	天
41	18~19	天
42	19~20	天
43	20~21	天
44	21~22	天
45	22~23	天
46	23~24	天
47	24~25	天
48	25~26	天
49	26~27	天
50	27~28	天
51	28~29	天
52	29~30	天
53	30~31	天
54	31~32	天
55	32~33	天
56	33~34	天

（续）

值	时间戳值	
	代表值	单位
57	34~35	天
58	35~36	天
59	36~37	天
60	37~38	天
61	38~39	天
62	39~40	天
63	40~41	天
64	41~42	天
65	42~43	天
66	43~44	天
67	44~45	天
68	45~46	天
69	46~47	天
70	47~48	天
71	48~49	天
72	49~50	天
73	50~51	天
74	51~52	天
75	52~53	天
76	53~54	天
77	54~55	天
78	55~56	天
79	8~9	周
80	9~10	周
81	10~11	周
82	11~12	周
83	12~13	周
84	13~14	周
85	15~16	周
86	16~17	周
87	17~18	周
88	18~19	周
89	19~20	周

（续）

值	时间戳值	单位
	代表值	
90	20~21	周
91	21~22	周
92	22~23	周
93	23~24	周
94	24~25	周
95	25~26	周
96	26~27	周
97	27~28	周
98	28~29	周
99	29~30	周
100	30~31	周
101	31~32	周
102	32~33	周
103	33~34	周
104	34~35	周
105	35~36	周
106	36~37	周
107	37~38	周
108	38~39	周
109	39~40	周
110	40~41	周
111	41~42	周
112	42~43	周
113	43~44	周
114	44~45	周
115	45~46	周
116	46~47	周
117	47~48	周
118	48~49	周
119	49~50	周
120	50~51	周
121	51~52	周
122	52~53	周

(续)

时间戳值		
值	代表值	单位
123	53~54	周
124	54~55	周
125	55~56	周
126	57~58	周
127	58~59	周

(4)子帧2用户算法。

子帧2中的大多数数据不需要解释或给出应用的算法,以下数据除外。

① 天线偏移。

在这些字段中给出了从接收机天线到发射机天线的偏移,每字段14bit。距离矢量来自于地心地固坐标系,单位是 mm。注意,天线2与天线3的偏移量是通过笛卡儿坐标表示的,而天线1坐标是以相对于 WGS-84 大地水准面的极坐标/经度/纬度坐标表示的。

② 气象数据。

如果将不止一个 LocataLite 连接到气象站并提供气象数据,则用户可以选择要使用的数据以及使用方式。例如,用户可以将来自最近的 LocataLite 的数据应用于链接,或应用对链接的 MET 数据进行插值的算法。用户提供适当的 MET 数据算法,以将大气情况转换为附加的链路延迟。

6)时间关系

(1)重新分页与数据转换。

以下各段描述了重新开始计算帧和页数以及更新数据的方式。

① 框架重启。

在一周开始(当 TOW 重置为零时)的时候,将从子帧1开始循环发送子帧1至2,不管周起始或周结束前发送的是哪个子帧。

② 子帧重启。

在一周的开始(当 TOW 重置为零时),子帧2页面的 $P \times N$ 序列(其中 P 是活动的子帧2页面的数目,N 是网络中的 LocataLites 的数目)从页面的第1页重新开始。

③ 数据转换。

转换到新更新的子帧1数据发生在帧边界上(即相对于 $D(t)$ 在 100bit/s 时相对于一周的结束/开始以模12s为单位)。转换到新更新的子帧2数据发生在 P 帧边界的整数倍上(即相对于一周的始末,以 $12 \times P$ 单位为 s 为模),其中 P 是历书(子帧2)中每个 LocataLite 的活动页面数。

(2)LocataNet 时间维护。

以下原理适用于 LocataNet 在整个网络中维护时间和频率的方式。

① LocataNet 始终使用连续的时间基准(即不像 UTC 那样包含闰秒情况的时间基准)。

② 每个 LocataLite 都使用 TimeLoc 进程与网络保持时间同步。

③ TLM 字和子帧第二个交接字(HOW)中所有与时间相关的数据均以 LocataLite (也就是 LocataNet)时间为准。

④ 每个 LocataLite 都使用自己对 LocataNet 时间的理解来传输其 NAV 数据。

(3) 正常操作。

LocataLites 传输子帧 1 和子帧 2 的数据集,直到它们从权威来源接收到更新的信息位置。这种情况能够发生在任何速率情况下,最高速率可达到 8.1.3.3 小节的 1)中指定的最高限速。

7) 帧奇偶校验

LocataNet 使用图 8.23 所示的奇偶校验编码算法。

$$D_1 = d_1 \oplus D_{30}\star$$
$$D_2 = d_2 \oplus D_{30}\star$$
$$D_3 = d_3 \oplus D_{30}\star$$
$$\cdots$$
$$D_{24} = d_{24} \oplus D_{30}\star$$
$$D_{25} = D_{29}\star \oplus d_1 \oplus d_2 \oplus d_3 \oplus d_5 \oplus d_6 \oplus d_{10} \oplus d_{11} \oplus d_{12} \oplus d_{13} \oplus d_{14} \oplus d_{17} \oplus d_{18} \oplus d_{20} \oplus d_{23}$$
$$D_{26} = D_{30}\star \oplus d_2 \oplus d_3 \oplus d_4 \oplus d_6 \oplus d_7 \oplus d_{11} \oplus d_{12} \oplus d_{13} \oplus d_{14} \oplus d_{15} \oplus d_{18} \oplus d_{19} \oplus d_{21} \oplus d_{24}$$
$$D_{27} = D_{29}\star \oplus d_1 \oplus d_3 \oplus d_4 \oplus d_5 \oplus d_7 \oplus d_8 \oplus d_{12} \oplus d_{13} \oplus d_{14} \oplus d_{15} \oplus d_{16} \oplus d_{19} \oplus d_{20} \oplus d_{22}$$
$$D_{28} = D_{30}\star \oplus d_2 \oplus d_4 \oplus d_5 \oplus d_6 \oplus d_8 \oplus d_9 \oplus d_{13} \oplus d_{14} \oplus d_{15} \oplus d_{16} \oplus d_{17} \oplus d_{20} \oplus d_{21} \oplus d_{23}$$
$$D_{29} = D_{30}\star \oplus d_1 \oplus d_3 \oplus d_5 \oplus d_6 \oplus d_7 \oplus d_9 \oplus d_{10} \oplus d_{14} \oplus d_{15} \oplus d_{16} \oplus d_{17} \oplus d_{18} \oplus d_{21} \oplus d_{22} \oplus d_{24}$$
$$D_{30} = D_{29}\star \oplus d_3 \oplus d_5 \oplus d_6 \oplus d_8 \oplus d_9 \oplus d_{10} \oplus d_{11} \oplus d_{13} \oplus d_{15} \oplus d_{19} \oplus d_{22} \oplus d_{23} \oplus d_{24}$$

Where

$d_1, d_2, \ldots, d_{24}$ are the source data bits;

the symbol ★ is used to identify the last 2 bits of the previous word of the subframe;

$D_{25}, D_{26}, \ldots, D_{30}$ are the computed parity bits;

$D_1, D_2, \ldots, D_{29}, D_{30}$ are the bits transmitted by the SV;

$\oplus$ is the "modulo-2" or "exclusive-or" operation.

图 8.23 奇偶校验编码算法

图 8.24 给出了示例流程图。该流程图定义了一种恢复数据(d_n)和检查奇偶校验的方法。奇偶校验位 D_{30} 用于恢复原始数据。图 8.24 还示出奇偶校验位 $D_{29}*$ 和 $D_{30}*$ 以及恢复的原始数据(d_n)。

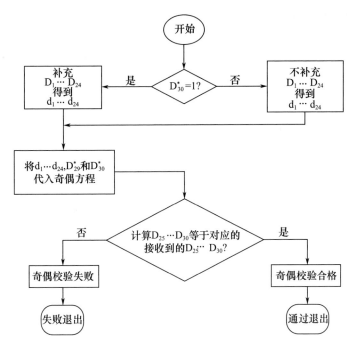

图 8.24 奇偶编码算法示例

8.2 伪卫星应用实践

随着伪卫星系统的飞速发展,伪卫星技术在现有定位系统中应用越来越广泛。伪卫星作为 GNSS 的补充增强手段,可以提高卫星定位的可靠性和完备性、提升定位精度、加快定位速度等。在卫星数过少、卫星信号遮挡严重、低仰角等不利观测条件下可以通过改善空间卫星星座结构,较好地改善定位精度,同时具有体积小、成本低、布设灵活等应用优势。伪卫星也可以独立使用,在不能接收 GNSS 信号的环境下,例如隧道、室内环境等,提供稳定的定位导航服务。

中国、美国、欧洲、日本、澳大利亚等世界各国都针对伪卫星的应用展开了探索,并形成了相关标准和规范。伪卫星典型应用主要包括城市应用、景区应用、工业应用、飞机应用、测绘应用、军事应用、太空探测和 GNSS 测试应用等。

8.2.1 城市应用

GNSS 卫星导航应用的大部分用户集中在城市,这里 GNSS 信号微弱,无法进入室内并极易受到干扰,无法为用户提供可靠的连续覆盖的定位服务。

伪卫星在城市环境的补充增强应用场景总体可分为两类[12-13]:一是在高楼林立的狭窄街道、室外和室内的交接区域,伪卫星主要解决导航信号微弱、不连贯的问题、典型应用如澳大利亚的 Locata 伪卫星系统。二是在完全接收不到 GNSS 信号的室内区域,伪卫星主要解决导航信号缺失、无法实现定位的问题。在室内场景中,伪卫星系统通过载波相位测量技术最高可实现厘米级的定位效果,提供各目标物体的精准位置信息,满足用户的导航定位需求。典型应用如日本的 IMES 系统,博通、ublox 等导航芯片制造商也推出了支持 GNSS/IMES 的导航芯片。

8.2.2 景区应用

山区景区的定位需求十分强烈,包括游客的导览需求、管理人员和搜救人员的位置知悉需求。然而景区大多处于复杂地理环境,卫星导航信号覆盖性差,导致可见卫星数量不足、接收信号电平低。

为了改善景区内的导航定位效果,中国电子科技集团公司第五十四研究所依托"十二五"国家科技支撑计划项目"智能导航搜救终端及其区域应用示范系统",研制了小型化、低成本的北斗/GPS 双模伪卫星设备,在九寨沟风景名胜区进行了伪卫星网络布设,提升了导航信号覆盖性能,利用差分增强手段,改善了定位精度,建成了我国第一个基于北斗伪卫星技术的智慧景区位置服务系统[14],弥补了卫星导航系统在特殊地理环境下造成的可视导航卫星数不足、星座几何分布不佳、定位精度不高的缺陷。实际测试表明,伪卫星智慧景区服务系统对九寨沟景区的导航信号覆盖性以及定位的准确性和可靠性有了显著提升。

8.2.3 工业应用

工业领域涉及的应用场景更为丰富,定位性能直接影响到经济效益、安全监测、能源节约等各方面,伪卫星作为重要的定位增强手段,在各行业实现了广泛应用。

经过多年的发展,澳大利亚的 Locata 伪卫星已经在矿山开采、无人驾驶、机场调度、港口机械控制、仓储无人车等领域得到更加广泛的应用,伪卫星已成为工业控制领域的一个重要定位手段。

在露天采矿中,矿坑往往较深且视线较窄,卫星信号时常被遮挡,此时使用伪卫星技术结合 GNSS 导航系统就可以对矿车精确定位以使其自动化驾驶,并且还可以实现露天矿车监控调度预警。

在变形监测中,对于城市高楼密集区和位于深山峡谷的水库、电站、大坝、矿山等环境,GNSS 很难满足大坝、桥梁和高层建筑等安全监测的要求,若在适当位置合理布设伪卫星,使用伪卫星改善星座布局,则可提高变形监测精度。

8.2.4 飞机应用

近年来很多国家都在大力推进地基增强系统的研发和验证试验,旨在未来能够代替传统的仪表着陆系统,成为飞机着陆的主要引导方式。星座导航信号的连续性是影响地基增强系统性能的重要因素之一,伪卫星能够有效提高卫星的几何分布,为实现精密进近服务创造良好前提条件。

在飞机精密着陆中,美国联邦航空管理局建立了 LASS 来提高站星距离测量精度。地面设施有一组高品质的 GPS 基准接收机,位于准确已知的位置上,所产生的数据经处理后,产生视线内 GPS 卫星的误差校正信号和完好性信息,再通过 VHF 数据链广播送至进近中的飞机,实现Ⅱ级和Ⅲ级精密进场着陆[15-18]。

澳大利亚新南威尔士大学的卫星导航定位 SNAP 项目组研究了伪卫星在航空导航的应用场景,该伪卫星的机载用户机采用两个接收天线的独特设计,伪卫星的定位增强效果与 GNSS 的位置及数量都有关系。国防科学办公室(DSO)国家实验室和新南威尔士大学 SNAP 项目组共同开展了伪卫星增强差分定位的飞行试验,用于分析差分 GPS/伪卫星导航系统的能力和局限性。飞机在 15km 距离还能够接收伪卫星信号,垂直定位精度 0.770m(95%),水平定位精度 0.603m(95%),并且具有进一步提高定位精度的潜力。

8.2.5 测绘应用

伪卫星亦可与空间卫星协同用于中小比例尺测绘,静、动态测量数据采集,非高精度工程放样,水文地质测绘,矿山变形观测,灾后全天候测绘等几乎涵盖所有范畴的测绘工程。

1999 年 5 月,新南威尔士大学卫星导航与定位小组利用伪卫星网络开展了相关测绘实验,实验设备包括 GPS 接收机和 3 个伪卫星信号发射机。结果证明伪卫星的载波测量质量与 GPS 的基本相当,能够满足精密测绘的应用需求。

目前国内已有基于北斗卫星的伪卫星定位系统及其测量方法,系统通过伪卫星主站与北斗卫星高精确时间同步,从而修正伪卫星从站的钟差,用户机不仅可以在北斗系统中实现主动定位,而且可以接收伪卫星信号构成多星定位。以陵水县国营岭门农场 1:1000 比例尺地形测量项目为例,岭门农场测区属于丘陵地带,测区内植被以槟榔和橡胶为主,植被枝叶茂密,隐蔽度大,使用 RTK 作业受影响太大。采用伪卫星增强方法,在一些低洼地、橡胶园地、山谷等信号较弱地带,对比 RTK 旧系统,信号明显增强,基本都能收到固定解,接收精度都能达到测量要求标准。

8.2.6 军事应用

现代战争对导航和授时的依赖程度极高,GNSS 的脆弱性对战时的导航和授时影响极大。因此,伪卫星技术在 GNSS 拒止环境中进行军事应用受到更加广泛的重视。

美国军方正在研究使用伪卫星作为其 GPS 拒止环境中的重要组成部分。早在 2014 年,美国军方在"全球鹰"或"捕食者"无人机上安装了一种名为"pseudolites"的伪卫星发射机,这种伪卫星在伊拉克上空创造一个微型 GPS 星座,通过 4 架无人机,伪卫星覆盖 300km×300km 的战区。经过一系列试验,使美国军方相信"伪卫星功能强大,足以克服干扰问题"。

此外,美国军用通信电子研究发展和工程中心正在开展一种车载、抗干扰的伪卫星系统。该系统已经开展了可行性验证,以及信号发射器、用户接收机和控制系统的采购。Rockwell 和 L-3 公司研制了伪卫星发射机,并能够利用当前的军用 GPS 接收机,只对软件进行修改,即可接收伪卫星信号及实现精密定位。

8.2.7　太空探测

导航问题是行星漫游车面临的众多挑战之一,深空探测的无人车辆必须精确知道它的位置和去向,才能完成预期任务。美国国家航空航天局计划将伪卫星用于火星探测车辆的定位与导航,正在研发一种称为自校正阵列伪卫星的类 GPS 导航系统,它由多个 GPS 伪卫星和用户接收机组成,各自的位置标定能够达到厘米级精度[19]。

美国无人机系统的全球引领者——航空环境公司宣布名为"太阳滑翔机(sunglider)"的太阳能高空伪卫星已实现了多项关键里程碑进展,包括在 60000 英尺以上的高度飞行,以及成功演示了移动宽带通信,证明了高空伪卫星技术在全球扩展连通性方面的巨大潜力。

8.2.8　GNSS 测试应用

卫星导航系统建设是技术密集型、资金密集型的系统工程。其测试试验环境是支撑卫星导航系统建设的重要设施,也是卫星导航系统长期运营的基础条件,对地面设施及其接收机研制和生产具有重要的保障作用。

国外十分重视卫星导航测试试验环境的建设,已构建了一系列卫星导航测试场,包括美国的"基于伪卫星的卫星导航 YUMA 试验场"、"逆向 GPS 测试场(IGR)",德国的"伽利略测试环境(GATE)"和"海港伽利略测试环境(sea GATE)",意大利建设的"伽利略测试场(GTR)"等。我国与欧盟合作开展了中国伽利略测试场(CGTR)系统建设[20-23],建成了基于伪卫星的地基导航试验环境,CGTR 系统由 6 颗置于山顶的伪卫星基站构成,可开展对卫星导航信号体制、定位体制的评估与试验验证。

放眼未来,伪卫星作为导航应用重要的补充增强备份手段和综合 PNT 技术体系的重要组成部分,将解决需求迫切的精密泛在时空服务重大问题。未来应用领域的发展趋势是在提高定位精度和可靠性的同时,大幅降低使用成本,与多种定位方式协同合作,打造卫星导航系统、无线定位基站网、物联网、5G 通信网深度融合系统,为万物无缝时空标签驱动位置服务提供技术和平台基础。

参考文献

[1] European Communications Committee. ECC Recommendation of 1 November 2011 on framework for authorisation regime of indoor global navigation satellite system (GNSS) pseudolites in the band 1559-1610 MHz[EB/OL].[2019-11-5]. https://www.ecodocdb.dk/document/category/ECC_Recommendations?status=ACTIVE.

[2] European Communications Committee. ECC report 128[EB/OL].(2012-9-28)[2019-11-5]. https://www.ecodocdb.dk/document/236.

[3] European Communications Committee. ECC report 183[EB/OL].(2012-9-28)[2019-11-5]. https://www.ecodocdb.dk/document/related/290.

[4] European Communications Committee. ECC report 168[EB/OL].(2012-9-28)[2019-11-5]. https://www.ecodocdb.dk/document/276.

[5] European Communications Committee. ECC report 145[EB/OL].(2012-9-28)[2019-11-5]. https://www.ecodocdb.dk/document/254.

[6] Locata Corporation Pty Ltd. Locata-ICD-100E[EB/OL].(2014-1-29)[2019-11-5]. http://www.locata.com/wp-content/uploads/2014/07/Locata-ICD-100E.pdf.

[7] 魏艳艳. Locata———一种新型的定位星座[J]. 现代导航,2013(6):461-465.

[8] KHAN F A, RIZOS C, CHRIS D, et al. Locata performance evaluation in the presence of wide- and narrow-band interference[J]. Journal of Navigation, 2010, 63(3):527-543.

[9] MONTILLET J P, ROBERTS G W C, et al. Deploying a Locata network to enable precise positioning in urban canyons[J]. Journal of Geodesy, 2009, 83(2):91-103.

[10] BARNES J, RIZOS C, KANLI M, et al. A positioning technology for classically difficult GNSS environments from Locata[C]//Position, Location, & Navigation Symposium, San Diego, California, April 25th-27th, 2006.

[11] 陈健熊,彭良福,黄勤珍. Locata 定位系统的时间同步机制[J]. 全球定位系统,2018,43(2):58-63.

[12] GAN X L, ZHANG H, ZHU R H, et al. Pseudolite cellular network in urban and its high precision positioning technology[C]//Proceedings of the 8th China Satellite Navigation Conference, Shanghai, 2017.

[13] KOHTAKE N, MORIMOT S, KOGURE S, et al. Indoor and outdoor seamless positioning using indoor messaging system and GPS[C]//Proceedings of the 2th International Conference on Indoor Positioning and Indoor Navigation, Guimarães, 2015.

[14] GAN X L, YU B G, CHAO L, et al. The development, test and application of new technology on Beidou/GPS dual-mode pseudolites[C]//Proceedings of the 6th China Satellite Navigation Conference, Xian, 2015.

[15] KIRAN S, BARTONE. Verification and mitigation of the power-induced measurement errors for airport pseudolites in LAAS[J]. GPS Solutions, 2004, 7(4):241-252.

[16] WARBURTON J, WULLSCHLEGER V, VELEZ R. FAA flight test results using airport pseudolites

with the LAAS test prototype (LTP)[C]//Proceedings of the 10th International Technical Meeting of the Satellite Division of the ION,ION GPS-97,Kansas City,Missouri,September 16-19,1997.

[17] ROWSON S,VAN DYKE K,KLINE P,et al. Evaluation of LAAS availability with an enhanced GPS constellation[C]//IEEE 1998 Position Location and Navigation Symposium,Palm Springs,CA,April 20-23,1996.

[18] SULTANA Q,SARMA A D,JAVEED M Q. Estimation of tropospheric time delay for Indian LAAS[C]//International Conference on Emerging Trends in Vlsi,Tiruvannamalai,April 11st,2013.

[19] DAI L,WANG J,RIZOS C,et al. Pseudo-satellite applications in deformation monitoring[J]. Gps Solutions,2002,5(3):80-87.

[20] 蔚保国,叶红军,李隽,等. 中国伽利略测试场总体及其关键技术研究进展[J]. 数字通信世界,2012(8):22.

[21] 支春阳,邢兆栋,李隽. CGTR室外测试环境的系统设计与最新进展[C]//第五届中国卫星导航学术年会,南京,2014.

[22] 王超,张楠,谢松. CGTR中的伪卫星信号接收机[C]//第一届中国卫星导航学术年会论文集,北京,2010.

[23] 杨川. 原子钟辅助GPS用于CGTR-OTE移动定位技术研究[D]. 西安:西北工业大学,2005.

缩略语

AA	Acquisition Assistance	捕获辅助
AD	Analog to Digital	模拟到数字（转换）
ADC	Analog to Digital Converter	模数转换器
AEC	Architecture, Engineering & Construction	建筑设计、工程设计和施工服务
AltBOC	Alternate Binary Offset Carrier	交替二进制偏移载波
AP	Access Point	访问接入点
ARM	Advanced RISC Machines	RISC 微处理器
ASIC	Application Specific Integrated Circuit	专用集成电路
AT	Atomic Time	原子时
BDS	BeiDou Navigation Satellite System	北斗卫星导航系统
BDT	BDS Time	北斗时
BIH	Bureau International de l'Heure	国际时间局
BIPM	Bureau International des Poids et Mesures	国际计量局
BM	Basic Mode	基本模式
BOC	Binary Offset Carrier	二进制偏移载波
BPSK	Binary Phase Shift Keying	二进制相移键控
CDMA	Code Division Multiple Access	码分多址
CE95	Circular Error at 95% Probability	95% 圆误差
CEP	Circular Error Probable	圆概率误差
CGTR	China Galileo Test Range	中国伽利略测试场
CIO	Conventional International Origin	国际协议原点
CPCI	Compact Peripheral Component Interconnect	紧凑型 PCI 总线
CS	Control Segment	控制段
	Commercial Service	商业服务
CT_SSC	Code Tracking Spectral Sensitivity Coefficient	码跟踪灵敏度系数
CTP	Conventional Terrestrial Pole	协议地球极
DA	Digital to Analog	数字到模拟（转换）
DDC	Direct Digital Control	直接数字控制

DLL	Delay Lock Loop	延迟锁定环
DOP	Dilution of Precision	精度衰减因子
DSO	Defense Science Office	国防科学办公室
DSP	Digital Signal Processing	数字信号处理
EBM	Extended Basic Mode	扩展基本模式
ECC	European Communications Committee	欧洲通信委员会
ECEF	Earth Centered Earth Fixed	地心地固(坐标系)
EGNOS	European Geostationary Navigation Overlay Service	欧洲静地轨道卫星导航重叠服务
EIRP	Effective Isotropic Radiated Power	有效全向辐射功率
EKF	Extended Kalman Filter	扩展卡尔曼滤波器
ENU	East North Up	东北天
EXOR	Exclusive-OR	异或
FA	False Alarm	虚警
FDMA	Frequency Division Multiple Access	频分多址
FDTD	Finite-Difference Time-Domain	时域有限差分法
FLL	Frequency Locked Loop	频率锁定环路
FPGA	Field-Programmable Gate Array	现场可编程门阵列
GAGAN	GPS-Aided Geo Augmented Navigation	GPS辅助型地球静止轨道卫星增强导航
GATE	Galileo Test Environment	伽利略测试环境
GEO	Geostationary Earth Orbit	地球静止轨道
GLONASS	Global Navigation Satellite System	(俄罗斯)全球卫星导航系统
GLONASST	GLONASS Time	GLONASS 时
GNSS	Global Navigation Satellite System	全球卫星导航系统
GO	Geometrical Optics	几何光学
GPS	Global Positioning System	全球定位系统
GPST	GPS Time	GPS 时
GST	Galileo System Time	Galileo 系统时
GTR	Galileo Test Range	伽利略测试场
GTRF	Galileo Terrestrial Reference Frame	Galileo 大地参考坐标系
HDOP	Horizontal Dilution of Precision	水平精度衰减因子
HOW	Hand Over WORD	交接字
IAU	International Astronomical Union	国际天文学联合会
ICD	Interface Control Documents	接口控制文件

IERS	International Earth Rotation Service	国际地球自转服务
IF	Intermediate Frequency	中频
IGR	Inverted GPS Range	逆向 GPS 测试场
IGSO	Inclined Geosynchronous Orbit	倾斜地球同步轨道
IM	Initial Mode	初始化模式
IMES	Indoor Messaging System	室内信息定位系统
INS	Inertial Navigation System	惯性导航系统
IODE	Issue of Data Ephemeris	星历数据期号
IP	Internet Protocol	互联网协议
	Intellectual Property	知识产权
IRIG-B(DC)	Inter-range Instrumentation Group-B(Direct Current)	美国靶场仪器组-B 码(直流)
ISM	Industrial Scientific Medical	工业科学医药
ITRF	International Terrestrial Reference Frame	国际地球参考框架
ITRS	International Terrestrial Reference System	国际地球参考系统
IUGG	International Union of Geodesy and Geophysics	国际大地测量学和地球物理学联合会
JAXA	Japan Aerospace Exploration Agency	日本宇宙航空研究开发机构
KNN	k-Nearest Neighbor	k 最邻近
KPI	Known Point Initialization	已知点初始化法
LAAS	Local Area Augmentation System	局域增强系统
LAMBDA	Least-Squares Ambiguity Decorrelation Adjustment	最小二乘模糊度降相关平差
LAN	Local Area Network	局域网
LNA	Low Noise Amplifier	低噪声放大器
LO	Local Oscillator	本振信号
LSB	Least Significant Bit	最低有效位
MA	Missing Alarm	漏警
MBOC	Multiplexed Binary Offset Carrier	复用二进制偏移载波
MCS	Master Control Station	主控站
MEO	Medium Earth Orbit	中圆地球轨道
MET	Meteorology	气象
MID	Message Type ID	消息类型 ID
MOM	Method of Moments	矩量法
MSB	Most Significant Bit	最高有效位
NAV	Navigation	导航
NCO	Numerically Controlled Oscillator	数字控制振荡器

NTP	Network Time Protocol	网络时间协议
NTSC	National Time Service Center	中国科学院国家授时中心
OAF	OTE Archiving Facilities	OTE 存档与数据服务设施
OCN	OTE Communication Network	OTE 通信网络
OMC	OTE Mission Center	OTE 任务中心
OMCF	OTE Monitoring and Control Facilities	OTE 监控设施
OMPF	OTE Mission Planning Facilities	OTE 任务规划设施
OMPS	OTE Mission Planning Soft	OTE 任务规划软件
OMR	OTE Monitoring Facilities	OTE 监测接收机
OOC	OTE Operating Center	OTE 操作中心
OPF	OTE Processing Facilities	OTE 数据处理设施
OS	Open Service	开放服务
OSG	OTE Signal Generator	OTE 信号发生器
OST	OTE Signal Transmitter	OTE 信号发射基站
OTE	Out Test Environment	室外测试环境
OTF	OTE Timing Facility	OTE 授时设施
OTS	OTE Transmitter System	OTE 发射分系统
OUT	OTE User Terminal	OTE 用户终端
PDR	Pedestrian Dead Reckoning	步行者航位推算
PIN	Positive Intrinsic Negative	PIN 二极管
PL	Pseudolite	伪卫星
PLL	Phase Lock Loop	锁相环
PM	Pulse Mode	脉冲模式
PN	Pseudo-Noise	伪随机
PNT	Positioning, Navigation and Timing	定位、导航与授时
PPP	Precise Point Positioning	精密单点定位
PPS	Pulse Per Second	秒脉冲
	Precise Positioning Service	精确定位服务
PRN	Pseudo Random Noise	伪随机噪声
PROM	Programmable Read-Only Memory	可编程只读存储器
PRS	Public Regulated Service	公共特许服务
PVT	Position, Velocity and Time	位置、速度和时间
PWR	Power	功率
QZSS	Quasi-Zenith Satellite System	准天顶卫星系统

RAID	Redundant Arrays of Independent Disks	磁盘阵列
RAIM	Receive Autonomous Integrity Monitoring	接收机自主完好性监测
RAM	Random Access Memory	随机存取存储器
RCPI	Receive Channel Power Indicator	接收信道功率参数
RDBMS	Relational Database Management System	关系数据库管理系统
RDSS	Radio Determination Satellite Service	卫星无线电测定业务
RF	Radio Frequency	射频
RHCP	Right-Hand Circular Polarization	右旋圆极化
RMS	Root Mean Square	均方根
RNSS	Radio Navigation Satellite Service	卫星无线电导航业务
ROHS	Restriction of Hazardous Substances	关于限制在电子电气设备中使用某些有害成分的指令
RSSI	Received Signal Strength Indication	接收的信号强度指示
RTC	Real-time Communications	实时通信
RTCA	Radio Technical Commission for Aeronautics	航空无线电技术委员会
RTCM	Radio Technical Committee for Marine Services	海事无线电技术委员会
RTK	Real Time Kinematic	实时动态
RWFM	Random Walk Frequency Modulation	随机游动频率调制
SA	Selective Availability	选择可用性
SAR	Search and Rescue	搜索与援救
SAW	Surface Acoustic Wave	表面声波元件
SD	Single-Difference	单差分技术
SDCM	System of Differential Correction and Monitoring	差分校正和监测系统
SE95	Spherical Error of 95% Probability	95% 球形误差
SEP	Spherical Error Probable	球概率误差
SGU	Signal Generation Unit	信号产生单元
SI	Système International d'Unités	国际单位制
SINR	Signal to Interference Plus Noise Ratio	信号与干扰和噪声比
SIR	Signal to Interference Ratio	信号干扰比
SNR	Signal-Noise Ratio	信噪比
SOL	Safety of Life	生命安全
SPI	Serial Peripheral Interface	串行外设接口
SPS	Standard Positioning Service	标准定位服务
SRAM	Static Random Access Memory	静态随机存取存储器

SSC	Spectral Separation Coefficient	频谱分离系数
TAI	International Atomic Time	国际原子时
TCP/IP	Transmission Control Protocol/Internet Protocol	传输控制协议/互联网协议
TCXO	Temperature Compensate X'tal Oscillator	温控晶振
TDMA	Time Division Multiple Access	时分多址
TDOA	Time Difference of Arrival	到达时间差
TLM	Telemetry (Word)	遥测(字)
TM	Time (Word)	时间(字)
TOA	Time of Arrival	到达时间
TOW	Time of Week	周内时间
TTFF	Time to First Fix	首次定位时间
UART	Universal Asynchronous Receiver/Transmitter	通用异步收发传输器
UKF	Unscented Kalman Filter	无迹卡尔曼滤波
UPS	Uninterruptible Power System	不间断电源
US	User Segment	用户段
USA	User Service Area	用户服务区
USB	Universal Serial Bus	通用串行总线
UT	Universal Time	世界时
UTC	Coordinated Universal Time	协调世界时
VCO	Voltage-Controlled Oscillator	压控振荡器
VDOP	Vertical Dilution of Precision	垂向精度衰减因子
VFOC	Virtual Full Operational Capability	虚拟全运行模式
VHF	Very High Frequency	甚高频
VSWR	Voltage Standing Wave Ratio	电压驻波比
WAAS	Wide Area Augmentation System	广域增强系统
WFM	White Frequency Modulation	白色频率调制(噪声)
WGS-84	World Geodetic System 1984	1984世界大地坐标系
WKNN	Weighted k-Nearest Neighbor	加权 k 最邻近
WLAN	Wireless Local Area Network	无线局域网